John Gregory Bourke   Das Buch des Unrats

DIE ANDERE BIBLIOTHEK
Herausgegeben von
Hans Magnus Enzensberger

John Gregory Bourke

DAS BUCH DES UNRATS

Mit einem Geleitwort
von
Sigmund Freud

Aus dem Amerikanischen
von Friedrich S. Krauss
und Hermann Ihm

Bearbeitet und mit einem Essay
von Louis Kaplan

Eichborn Verlag
Frankfurt am Main 1992

Sigmund Freud
GELEITWORT

Als ich im Jahre 1885 als Schüler Charcots in Paris weilte, zogen mich neben den Vorlesungen des Meisters die Demonstrationen und Reden Brouardels am stärksten an, der uns an dem Leichenmaterial der Morgue zu zeigen pflegte, wieviel es Wissenswertes für den Arzt gäbe, wovon doch die Wissenschaft keine Notiz zu nehmen beliebte. Als er einmal die Kennzeichen erörterte, aus denen man Stand, Charakter und Herkunft des namenlosen Leichnams erraten könne, hörte ich ihn sagen: *»Les genous sales sont le signe d'une fille honnète.«* Er ließ die schmutzigen Knie Zeugnis ablegen für die Tugend des Mädchens!

Die Mitteilung, daß körperliche Reinlichkeit sich weit eher mit der Sünde als mit der Tugend vergesellschafte, beschäftigte mich oftmals später, als ich durch psychoanalytische Arbeit Einsicht in die Art gewann, wie sich die Kulturmenschen heute mit dem Problem ihrer Leiblichkeit auseinandersetzen. Sie werden offenbar durch alles geniert, was allzu deutlich an die tierische Natur des Menschen mahnt. Sie wollen es den »vollendeteren Engeln« gleichtun, die in der letzten Szene des *Faust* klagen:

»Uns bleibt ein Erdenrest
Zu tragen peinlich,
Und wär' er von Asbest,
Er ist nicht reinlich.«

Da sie aber von solcher Vollendung weit entfernt bleiben müssen, haben sie den Ausweg gewählt, diesen unbequemen Erdenrest möglichst zu verleugnen, ihn vor einander zu verbergen, obwohl ihn jeder vom anderen kennt, und ihm die Aufmerksamkeit und Pflege zu entziehen, auf welche er als integrierender Bestandteil ihres Wesens ein Anrecht hätte. Es wäre gewiß vorteilhafter gewesen, sich zu ihm zu bekennen und ihm soviel Veredelung angedeihen zu lassen, als seine Natur gestattet.

Es ist gar nicht einfach zu übersehen oder darzustellen, welche Folgen für die Kultur diese Behandlung des »peinlichen Erdenrestes« mit sich gebracht hat, als dessen Kern man die *sexuellen* und die *exkrementellen* Funktionen bezeichnen darf. Heben wir nur die eine Folge hervor, die uns hier am nächsten angeht, daß es der Wissenschaft versagt worden ist, sich mit diesen verpönten Seiten des Menschenlebens zu beschäftigen, so daß derjenige, welcher diese Dinge studiert, als kaum weniger »unanständig« gilt, wie wer das Unanständige wirklich tut.

Immerhin, Psychoanalyse und Folkloristik haben sich nicht abhalten lassen, auch diese Verbote zu übertreten, und haben uns dann allerlei lehren können, was für die Kenntnis des Menschen unentbehrlich ist. Beschränken wir uns hier auf die Ermittlungen über das Exkrementelle, so können wir als Hauptergebnis der psychoanalytischen Untersuchung mitteilen, daß das Menschenkind genötigt ist, während seiner ersten Entwicklung jene Wandlungen im Verhältnis des Menschen zum Exkrementellen zu wiederholen, welche wahrscheinlich mit der Abhebung des Homo sapiens von der Mutter Erde ihren Anfang genommen haben. In frühesten Kindheitsjahren ist von einem Schämen wegen der exkrementellen Funktionen, von einem Ekel vor den Exkrementen noch keine Spur. Das kleine Kind bringt diesen wie anderen Sekretionen seines Körpers ein großes Interesse entgegen, beschäftigt sich gerne mit ihnen und weiß aus diesen Beschäftigungen mannigfaltige Lust zu ziehen. Als Teile seines Körpers und als Leistungen seines Organismus haben die Exkremente Anteil an der — von uns narzißtisch genannten — Hochschätzung, mit der das Kind alles zu seiner Person gehörige bedenkt. Das Kind ist etwa stolz auf seine Ausscheidungen, verwendet sie im Dienste seiner Selbstbehauptung gegen die Erwachsenen. Unter dem Einfluß der Erziehung verfallen die *koprophilen* Triebe und Neigungen des Kindes allmählich der Verdrängung; das Kind lernt sie geheimhalten, sich ihrer schämen und vor den Objekten derselben Ekel empfinden. Der Ekel geht aber, streng genommen, nie so weit, daß er die eigenen Ausscheidungen träfe, er begnügt sich mit der Verwerfung dieser Produkte, wenn sie von anderen stammen. Das Interesse, das bisher den Exkrementen galt, wird auf andere Objekte übergeleitet, z. B. vom Kot aufs Geld, welches dem Kinde ja erst spät bedeutungsvoll wird. Aus der Verdrängung der koprophilen Neigungen entwickeln sich — oder verstärken sich — wichtige Beiträge zur Charakterbildung.

Die Psychoanalyse fügt noch hinzu, daß das exkrementelle Interesse beim Kinde anfänglich von den sexuellen Interessen nicht getrennt ist; die Scheidung zwischen den beiden tritt erst später auf, aber sie bleibt nur unvollkommen; die ursprüngliche, durch die Anatomie des menschlichen Körpers festgelegte Gemeinschaft schlägt noch beim normalen Erwachsenen in vielen Stücken durch. Endlich darf nicht vergessen werden, daß diese Entwicklungen ebensowenig wie irgendwelche andere ein tadelloses Ergebnis liefern können; ein Stück der alten Vorliebe bleibt erhalten, ein Anteil der koprophilen Neigungen zeigt sich auch im späteren Leben wirksam und äußert sich in den Neurosen, Perversionen, Unarten, Gewohnheiten der Erwachsenen.

Die Folkloristik hat ganz andere Wege der Forschung eingeschlagen und doch dieselben Resultate wie die psychoanalytische Arbeit erreicht. Sie zeigt uns, wie unvollkommen die Verdrängung der koprophilen Neigungen bei verschiedenen Völkern und zu verschiedenen Zeiten ausgefallen ist, wie sehr sich die Behandlung der exkrementellen Stoffe auf anderen Kulturstufen der infantilen Weise annähert. Sie beweist uns aber auch die Fortdauer der primitiven, wahrhaft unausrottbaren, koprophilen Interessen, indem sie zu unserem Erstaunen vor uns ausbreitet, in welcher Fülle von Verwendungen in Zauberbrauch, Volkssitte, Kulthandlung und Heilkunst die einstige Hochschätzung der menschlichen Ausscheidungen sich neuen Ausdruck geschaffen hat. Auch die Beziehung dieses Gebietes zum Sexualleben scheint durchweg erhalten zu sein. Mit dieser Förderung unserer Einsichten ist eine Gefährdung unserer Sittlichkeit offenbar nicht verbunden.

Das Meiste und Beste, was wir über die Rolle der Ausscheidungen im Leben der Menschen wissen, ist in dem

Buche von J. G. Bourke *Scatologic Rites of all Nations* zusammengetragen. Es ist daher nicht nur ein mutiges, sondern auch ein verdienstvolles Unternehmen, dieses Werk den deutschen Lesern zugänglich zu machen.

John Gregory Bourke
VORWORT

»Das eigentliche Studium der Menschheit ist der Mensch.«

»Das Studium des Menschen ist das Studium der Religion des Menschen.«

F. M. Müller, *Chips from a German Workshop*

»Nur wenige von denen, die sich redlich bemühten, die allgemeinen Grundgedanken der Religion der Naturvölker zu erfassen, werden jemals wieder geneigt sein, sie für lächerlich zu halten. Ihr Denken und Tun in Glaubenssachen ist weit davon entfernt, ein zusammengelesener Haufen von allen möglichen Torheiten zu sein; sie sind vielmehr in so hohem Grade folgerichtig im Denken und Tun, daß man, sobald man sie auch nur oberflächlich nach bestimmten Gesichtspunkten zusammenstellt, sofort die Grundzüge ihrer Entstehung und Weiterentwicklung erkennen kann; und diese Grundzüge beweisen, daß sie ihrem Wesen nach vernünftig sind, obwohl die geistige Verfassung, unter der sie zustande kommen, in einer groben und althergebrachten Unwissenheit besteht.«

E. B. Tylor, *Primitive Culture*

Die vorliegende Monographie verfolgt den Zweck, für rasches Nachschlagen alle Angaben über die Verwendung des menschlichen oder tierischen Kotes oder Harnes oder solcher Stoffe, die augenscheinlich als Ersatz dafür gedacht sind, zusammenzustellen; seien es nun Gebräuche von deutlich religiöser oder »medizinischer« Art, oder seien es solche, die zwar nicht in ausgesprochener Weise dazu gehören, aber dennoch Andeutungen enthalten, daß es Überbleibsel früherer Urin-Tänze oder Ur-Orgien bei solchen Stämmen und Völkern sind, aus deren späterer Lebensweise und Denkart man sie ausgeschaltet hat.

Der Gegenstand der *skatologischen* oder *exkrementellen Riten und Gebräuche* — so abstoßend er in mancher Hinsicht auch sein mag — verdient nichtsdestotrotz die gründlichste Betrachtung, und sei es auch nur aus dem einen Grunde, daß man nach der früheren allgemeinen Verbreitung solcher Verirrungen sowohl der Vernunft als auch der religiösen Triebe der Menschheit und nach ihrer gegenwärtigen Zurückdrängung oder Einschränkung den Fortschritt der menschlichen Gesittung aufwärts und vorwärts am besten bemessen kann.

Philosophische und sonst gelehrte Denker vergangener Zeiten haben mehr oder weniger umfangreiche Werke über diesen Gegenstand veröffentlicht; es genügt, an dieser Stelle unter jenen Schriftstellern nur einige namentlich anzuführen: Schurig, Ettmüller, Flemming, Paullini, Beckherius, Rosinus Lentilius und Levinus Lemnius. Auch der Geschichtsschreiber Buckle hielt ihn für wichtig genug, um ihn zu untersuchen und zu studieren, wie man aus dem im Texte angeführten Entwurfe sehen wird, den man nach seinem Tode in einem seiner Vormerkhefte aufgefunden hat.

Dem Philosophen Boyle schreibt man die Vaterschaft eines Werkes zu, das mit der Unterschrift »B.« über unser Thema erschienen ist. Der ungenannte Verfasser oder die Verfasser der sehr gelehrten Schrift *Bibliotheca Scatologica* [1850] sammelten eine Menge der wertvollsten bibliographischen Nachweise. Erst kürzlich erschienen in den Mitteilungen der anthropologischen Gesellschaft zu Wien zwei Seiten aus Dr. M. Höflers *Volkmedizin und Aberglaube in Oberbayern in Gegenwart und Vergangenheit* [1888], mit Beschreibung einiger Kotheilmittel, die noch heute die Volksmedizin Bayerns anwendet.

Haben wir also viele Abhandlungen über diesen Gegenstand, so sind sie doch selten oder nur denjenigen Gelehrten zugänglich, denen ganz große Bibliotheken zur Verfügung stehen. Und während ferner alle oder fast alle auf die Verbindung dieser Bräuche mit der Zauberei und auch mit der Volksmedizin hinweisen, hat es bis jetzt doch kein Schriftsteller gewagt, auf die ganz bestimmt religiöse Ableitung dieser Gebräuche hinzudeuten und sie ihnen zuzuschreiben.

Von dem Augenblicke an, in dem der ekelhafte »Harntanz der Zuñis« in des Verfassers Gegenwart aufgeführt wurde, bis zur Stunde der Vollendung dieses Werkes ist eine sorgfältige Untersuchung von mehr als tausend Abhandlungen der verschiedensten Art und Größe vorgenommen worden, von den verschimmelten Schweinslederbänden des 15. Jahrhunderts an bis zu den bescheideneren, aber nicht weniger wertvollen Druckschriften späterer Zeit. Diese Werke handelten von Religion, Medizin und Zauberei der Urzeit; es befand sich aber auch ein ziemlich bedeutender Teil von Reisebeschreibungen und Forschungen unter primitiven Völkern darunter, und zwar aus allen Teilen der Erde; nicht nur englische Quellen sind benutzt worden, sondern auch die Schriften der angesehensten französischen, spanischen, deutschen, lateinischen, griechischen, arabischen und keltischen Autoren; ferner wurde berücksichtigt, was uns die Führer der religiösen Anschauungen im Oriente überliefert haben und was von den mönchischen »Kurpfuschern« der Angelsachsen herstammt.

Eine große Anzahl von Beispielen über den Gebrauch von Kot als Arznei ist unter der Bezeichnung »Heilmittel« angeführt [vgl. Appendix], und zwar aus zwei ganz besonderen Gründen: erstens um zu zeigen, wie weit verbreitet der Gebrauch solcher Arzneien war, und zweitens handelte es sich um den Nachweis, daß sich dieser Gebrauch von Jahrhundert zu Jahrhundert fortgesetzt hat. Wäre ein anderer Weg eingeschlagen worden, hätte der Einwand erhoben werden können, ungewöhnliche Heilmittel oder solche, die von nicht zurechnungsfähigen Menschen angewendet werden, seien zusammengesucht und nur zu dem Zwecke des Beweises angeführt worden, daß die »Dreckapotheke« eine beständige und wohl entwickelte Abteilung der Heilwissenschaft von den ältesten Zeiten an gewesen sei, die bis in unsere Zeit hinein, ja sogar über sie hinaus bestehe.

Eine Durchsicht des vorliegenden Werkes wird sicherlich auch den schärfsten Kritiker davon überzeugen, daß es unparteiisch abgefaßt ist, soweit dies einem Menschen möglich sein kann, nämlich ohne Voreingenommenheit oder Vorurteil in irgendwelcher Hinsicht. Schon die Tatsache, daß so viele Anführungen in dieses Sammelwerk ohne Zusätze aufgenommen wurden, kann als weiterer Beweis für die unbefangene Erledigung der Aufgabe gelten. Eine Sammlung von Tatsachen konstituiert an sich noch keine Wissenschaft. Alles, was hier eigentlich mit Tatsachen geschehen kann, die bisher noch nicht zueinander in Beziehung gebracht werden konnten, ist, sie so einzuordnen, wie sie hier festgehalten wurden. Der Leser findet hier solche Tatsachen nebeneinander gestellt, die Folgerungen aber muß er selber daraus ziehen. Nur mit dieser Arbeitsmethode kann ein Schriftsteller dem Vorwurfe entgehen, er habe die Beweismittel entstellt oder gefälscht.

Die Schwierigkeiten, die mit der Aufhellung dieses Gegenstandes verbunden sind, stellen sich wohl jedem Forscher auf dem Gebiete der Anthropologie oder Ethnologie entgegen. Die hier besprochenen Gebräuche und Handlungen findet man nur in gänzlich von der übrigen Welt abgeschlossenen Gemeinwesen, und sie sind von solcher Art, daß sich selbst Primitive scheuen, sie ohne Nötigung einem Fremden zu enthüllen. Andererseits haben es aber sehr häufig fähige Beobachter unterlassen, Gelegenheiten aufzusuchen, um das Vorhandensein derartiger Gebräuche festzustellen; während wiederum andere, durch ein unangebrachtes Anstandsgefühl bewogen, ihre Bemerkungen in allgemeine und unbestimmte Redensarten einkleideten, ohne daran zu denken, daß ein Arzt, der etwas Tüchtiges leisten will, seine Patienten in Krankheit und Gesundheit kennenlernen muß. Ebenso soll auch der Anthropologe den Menschen studieren, nicht nur solange er die Herrlichkeit seines Schöpfers in ihm sehen will, sondern auch in bezug auf seine roheren und tierähnlicheren Neigungen.

Die erste Ausgabe der *Compilation of Notes and Memoranda Bearing Upon The Use of Human Ordure and Human Urine* [1888] über den vorliegenden Gegenstand wurde von der Smithsonian Institution vertrieben, und der Verfasser war der Ansicht, daß sich dieser Gegenstand für einen großen und fortwährend wachsenden Kreis von Gelehrten von ganz besonderem Interesse erweisen würde, und daß, um die Worte zu wiederholen, die ein großer Kaiser gebraucht und ein noch größerer Philosoph angeführt hat, alles, was auf den primitiven Menschen Bezug nimmt, für diejenigen der Forschung und Prüfung würdig sei, die sich mit seiner Geschichte und Entwicklung vertraut machen wollen. »Wir müssen so weit kommen, daß wir wie Kaiser Maximilian sagen können: *Homo sum, humani nihil a me alienum puto,* oder wörtlich übersetzt: Ich bin ein Mensch, und nichts Menschliches soll mir fremd sein.« [Müller, 1867. Die Stelle stammt aus Terentius.]

Daß diese ekelhaften Gebräuche ganz bestimmt einen religiösen Ursprung haben, wird niemand zu leugnen wagen, der die hierauf bezüglichen, im folgenden in Unmenge beigebrachten Angaben aufmerksam gelesen hat; und daß ihre Nachprüfung zu wichtigen Ergebnissen führen muß, wird gleichfalls nicht in Abrede gestellt werden können; vorausgesetzt, daß diese Prüfung vom weiten Gesichtskreise aus durchgeführt wird, daß der Nutzen oder der Schaden, die der Menschheit aus der Religion im allgemeinen oder aus einer besonderen Form der Religion erwachsen sind, nur dann richtig abgeschätzt werden kann, wenn man zwischen den Handlungen des Menschen und seinen Grundsätzen der Lebensführung auf den frühesten Kulturstufen Vergleiche anstellt und denjenigen, die man als Ausfluß des religiösen Gefühls der Gegenwart beobachten kann.

Juden und Christen werden einen gemeinsamen Boden, auf dem sie sich beglückwünschen können, in der Tatsache finden, daß die Anhänger ihrer Glaubenslehren gegenwärtig von jeder Andeutung dieser schmutzigen Färbung frei sind, denn jedes gegenteilige Beispiel stünde im schroffen Widerspruch zu dem Geiste und dem Brauch dieser beiden großen Religionskörper, denen die Gesittung der ganzen Welt so tiefen Dank schuldet.

Aber von einem jeden Gesichtspunkte aus ist das Studium des primitiven Menschen eine Unmöglichkeit und ein Unding, führt man es nämlich nicht als eine Untersuchung über die Art und Weise seines religiösen Denkens durch, denn die Religion war ja die Führerin alles Denkens und alles Handelns in seinem täglichen Leben. Nachdem Rink [1875] darauf hingewiesen hat, daß sich »das ganze Studium des vorgeschichtlichen Menschen bisher fast ausschließlich auf das Studium der Zierate, Waffen und anderer Überbleibsel der primitiven Völker stützte«, in Zukunft aber auf eine Untersuchung seines Denkens begründet werden müsse, bemerkt er, daß »sicherlich die Zeit kommen wird, wo man jedes Überlebsel des geistigen Lebens der vorgeschichtlichen Menschheit, das sich bis zu unserer Zeit erhalten hat und das in der Folklore abgeschlossen lebender, noch auf einer primitiven Stufe stehender Völker zu finden ist, gerade so hoch bewerten wird wie diese primitiven Überbleibsel«.

Mag der Stoff mithin auch in mancher Hinsicht abstoßend sein, so fühlte sich der Verfasser doch verpflichtet, alles das wiederzugeben, was er gesehen und gelesen, in der Hoffnung, daß bei der größeren Beachtung, die jetzt alle Formen der primitiven Religion finden, auch diese Form, vielleicht die brutalste von allen, ihren Anteil an der Prüfung und Erörterung verlangen kann. Der als Kern für die später gesammelten Notizen und Bemerkungen dieses Bandes dienende Essay »The Urine Dance of the Zuñi Indians« ist zuerst in den *Transactions of the American Association for the Advancement of Science* [1885] erschienen und im selben Jahr auf einer Konferenz in Ann Arbor, Michigan vorgetragen worden [vgl. Zuñis].

DAS LEXIKON DES UNRATS
A–Z

Abessinier. Folgendes beschreibt, was in Abessinien als die Art und Weise gilt, wie man aus einer Frau böse Geister austreibt: Der Beschwörer »legt ein Amulett auf die sich hebende und senkende Brust der Kranken, läßt sie an einem ekelhaften Gemisch riechen und beginnt ein Zwiegespräch mit dem *Bouda* (dem Dämon), der mit weiblicher Stimme antwortet; nachdem sich der aufgeregte Zustand der Kranken etwas gebessert hat: Der Teufel wird aufgefordert, im Namen aller Heiligen herauszukommen; aber die Drohung, ihn mit einigen glühenden Kohlen zu behandeln, ist gewöhnlich wirksamer, und nachdem er versprochen hat, zu gehorchen, sucht er seinen Weggang dadurch hinauszuschieben, daß er bittet, ihm etwas zu essen zu geben. Schmutziges Zeug aller Art wird dann untereinander gemischt und unter einem Busch versteckt, worauf die Frau zu der Erbrechen erregenden Mahlzeit hinkriecht und sie gierig hinunterwürgt« [*Washington Evening Star,* 1885].

Bruce [1790] beschreibt den obersten Befehlshaber des abessinischen Heeres auf einem Kriegszuge gegen die Gallas folgendermaßen, wie er sich bei seiner Toilette befindet: »Dann war ein Mann damit beschäftigt, sein Kopfhaar fertig zu schmücken, wobei er es mit einigen langen und dünnen Ochsendärmen durchflocht; daß man diese Därme jemals gereinigt, habe ich nicht bemerkt.«

Bruce schildert einen Häuptling der Gallas, der sein langes Haar mit den Eingeweiden eines Ochsen durchflochten trug, und zwar waren die Haare und die Därme derart durcheinander geschlungen und aneinander geknotet, daß es unmöglich war, sie voneinander zu unterscheiden. »Ebenso hatte er einen Kranz aus Därmen um den Hals hängen und verschiedene aus Därmen gefertigte Ringe um den Leib geschlungen.«

Die Hanswurste in unseren heutigen Zirkussen sind mit Blasen versehen; aber den Grund hierfür hat uns bis jetzt noch kein Altertumsforscher angegeben.

Achajäer. Die Bewohner von Achaja behaupten, »daß der Rauch von getrocknetem Kuhmist, ich meine damit den Mist des Tieres, wenn es sich auf der Weide befindet, ganz auffällig heilkräftig bei der Schwindsucht ist, wenn man ihn durch ein Schilfrohr einatmet« [Plinius].

Ägypter. Die Römer und die Ägypter hatten Kotgötter, deren besondere Verrichtungen in der Fürsorge für die Latrinen und für diejenigen bestanden, die diese aufsuchten. Torquemada [1723], ein spanischer Schriftsteller von hohem Ansehen, spricht sich darüber mit folgenden, sehr deutlichen Worten aus:

»Ich weise darauf hin, daß sie stinkige und schmutzige private und öffentliche Aborte zu verehren pflegten (wie der heilige Clemens an den heiligen Jacobus den Jüngeren schreibt); und was noch viel nichtswürdiger und verabscheuungswürdiger ist, so daß man darüber Tränen vergießen möchte, weil man es nicht ertragen kann und am liebsten gar nicht bei seinem Namen nennen möchte: sie beteten das Geräusch und den Wind der Eingeweide an wenn er durch irgendeine Erkältung oder Blähung oder sonst irgend etwas dieser Art herausgetrieben wird, was, nach dem Ausdrucke desselben Heiligen schändlich wäre, es zu beschreiben oder bei seinem Namen zu nennen.«

»Der Furz war eine Gottheit der alten Ägypter; sie war die Verkörperung einer natürlichen Verrichtung. Man stellte sie als ein Kind dar, das niedergehockt war und Anstrengungen zu machen schien, und man kann Abbildungen davon in den Werken über Altertümer sehen. Das Gedicht von Calotin mit der Überschrift *Le Conseil de Momus* gibt Bilder von zwei Figuren dieses Gottes wieder. Die eine bestand aus dreifarbigem Karneol, die andere war aus gebranntem Ton und befand sich in der Sammlung des Marquis de Cospy. Der Verfasser der *Dissertation sur un ancien Usage* bestreitet, daß diese Figuren mit dem Gotte Crepitus etwas zu tun haben, und glaubt, sie seien zu einem solideren Zwecke erfunden worden« [*Bibliotheca Scatologica,* 1850].

»Die alten Bewohner von Pelusium, einer Stadt in Unter-Ägypten, verehrten neben anderen absonderlichen und seltsamen Gegenständen der Anbetung und des Kultes auch einen Furz, den sie unter dem Sinnbild eines aufgeschwellten Bauches anbeteten« [Percy, 1743].

Bei Minutius Felix machen wir die Bekanntschaft des Crepitus, der, wenn er auch bei den Ägyptern wirklich verehrt worden sein sollte, vielleicht nur ein Zerrbild war, das ein Spötter jener Zeit ausgedacht hatte. »Eine Figur dieser lächerlichen Gottheit hat sich bis heute erhalten; sie stellt ein ganz kleines Kind in jener Haltung der unanständigen Vornahme dar, der der Gott seinen Namen verdankt« [Banier, 1711].

»Ihre Käfergottheiten aus ihren Aborten, ja, ihre Aborte und ihre Fürze genossen eine übelduftende Heiligkeit und galten bei den Ägyptern als Gottheiten. In dieser Weise zieht der heilige Hieronymus ihre abscheulichen Gottheiten, die Zwiebel und einen stinkenden Furz, ins Lächerliche, *Crepitus ventris inflati quae Pelusiaco religio est,* den sie zu Pelusium anbeteten« [Purchas, 1625].

»Die Ägypter verglichen das ganze Firmament mit einer Zwiebel mit ihren verschiedenartigen Schalen und Ausstrahlungen; und dadurch wurde sie heilig, wozu noch die aphrodisischen und befruchtenden Eigenschaften kamen, die man dieser Pflanze fast auf der ganzen Erde zuschreibt« [Forlong, 1883].

»Die Zwiebelart, die von den Ägyptern verabscheut wurde, war die Meerzwiebel oder die rote Meerzwiebel, weil sie dem Typhon geweiht war; die anderen Arten aßen sie unterschiedslos« [Fosbroke, 1843].

»Zu Babylon, wie auch zu Memphis, machten sie eine Zwiebel zu ihrem Gotte« [Scot, 1651].

Juvenal sagt von den Ägyptern: »Es ist eine gottlose Handlung, Lauch und Zwiebeln zu verletzen und mit den Zähnen zu kauen.«

»Nach Plinius wurden Zwiebeln und Knoblauch von den Ägyptern wie Götter beim Ablegen von Eiden angerufen. Die Bewohner von Pelusium in Unter-Ägypten, welche die Zwiebel verehrten, sollen aber sowohl diese als auch den Knoblauch als Speise verabscheut haben« [*Encyclopaedia Britannica,* 1841].

Über die Grundlagen des Kultes, den die Bewohner des Nildeltas dem Skarabäus zuteil werden ließen, sind sich bis heute die Gelehrten noch nicht einig geworden; allerdings ist die Sache auch so verwickelt, daß man sich nicht wundern darf, wenn man nicht zwei Schriftsteller findet, die darüber derselben Meinung sind. Da es bis jetzt nicht gelungen ist, für irgendeine Ansicht entscheidende Beweise beizubringen, so soll hier nur auf die Tatsache hingewiesen werden, daß es der Mistkäfer war, dem man diese Verehrung darbrachte, und zwar möglicherweise deshalb, weil er sich mit einem Stoffe beschäftigte, der zu dem lebenden Organismus in so enger Beziehung steht.

Den Mistkäfer trägt man als Heilmittel für das Fieber als Amulett, sagt Plinius.

»Den Ägyptern war der Skarabäus heilig, denn er war das Sinnbild des innersten Lebens und einer geheimnisvollen Selbsterzeugung. Sie glaubten, er entstände aus Stoffen, die er in Kügelchen rollte und in Mist vergrub« [Grimm, 1844].

Bruce [1790] berichtet: »Der thebaische Käfer ist das erste lebendige Tier, das man erblickt, sobald sich der Nil vom Lande zurückgezogen hat.« Er ist der Ansicht, daß der Skarabäus das Sinnbild des vom Strom überfluteten Landes gewesen sei, von dem sich das Wasser bald zurückgezogen habe. Mit der Auferstehung oder der Unsterblichkeit hat der Käfer gar nichts zu tun; an die dachte man während der Überschwemmung des Nils nicht.

Sir Samuel Baker [1869] sagt: »Er erscheint kurz nach Beginn der Regenzeit und arbeitet ohne Unterbrechung bis der Regen aufhört. Verehrten ihn nicht die Alten als den Vorboten des steigenden Nils?«

»Man weiß, daß der Mistkäfer (Dreckumwühler, sagt der Franzose), der im Dreck entsteht und der sich davon ernährt, bei den Ägyptern das Abbild der Welt, der Sonne, der Isis und des Osiris war« [*Bibliotheca Scatologica*].

»Die Ägypter sind in ihren Sitten und Gebräuchen gerade umgekehrt wie alle anderen Völker. Die Weiber lassen ihren Harn im Stehen und die Männer im Sitzen« [Herodot].

Herodot erzählt auch, der ägyptische König Amasis habe ein Götzenbild aus einem goldenen Fußbecken gemacht, »in welches zuvor die Ägypter gespieen und geharnt und in welchem sie ihre Füße gewaschen hatten«. Minutius Felix nimmt hierauf in seinem *Octavius* Bezug und ist entrüstet darüber, daß heidnische Götzenbilder, die aus so widerwärtigen Stoffen hergestellt sind, angebetet werden müssen.

Herodot schildert, daß Pheron, der Sohn des Sesostris, des Eroberers von Ägypten, erblindete und zehn Jahre lang blind blieb. »Im elften Jahre aber kam vor ihn ein Götterspruch aus der Stadt Buto, der dahin lautete, daß die Zeit seiner Buße abgelaufen sei und daß er sein Augenlicht wieder erhalten würde, wüsche er seine Augen mit dem Harn einer Frau, die mit ihrem Manne allein Umgang gehabt und keinen anderen Mann kennengelernt hatte.« Herodot berichtet nun weiter, daß Pheron den Harn seiner eigenen Frau und denjenigen noch vieler anderer Weiber ohne jeden Erfolg versucht habe; schließlich heilte ihn der Harn eines Weibes, das er zur Frau nahm; alle anderen verbrannte er.

Aghozis. Gelegentlich einer Schilderung der Überreste der Aghozis, einer Sekte der Hindus, bemerkt ein englischer Schriftsteller: »Um den Beweis zu liefern, wie gleichgültig sie gegen alle irdischen Dinge sind, essen und trinken sie alles, was man ihnen darreicht, sogar Kot und Aas. Sie beschmieren auch ihren Körper mit Kot und tragen solchen in einer hölzernen Schale oder einem Schädel bei sich; entweder um ihn zu verschlingen, wenn sie einige Kupfermünzen dafür bekommen können, oder um ihn auf die Leute oder in die Häuser zu werfen, wenn man sie mit ihrer Bettelei abgewiesen hat« [Wilson, 1832].

Aiga-lukamut-Eskimos. »Folgende Nachricht stammt von Victor Namoff, einem Mischblut-Kodiaken; sie bezieht sich auf einen feierlichen Tanz, den er bei den Aigalukamut-Eskimos an der südlichen Küste von Alaska beobachtete. Den Berichterstatter, wie schon vorher seinen Vater, hatten die Russen eine Reihe von Jahren hindurch dazu verwendet, die verschiedenen Stämme auf dem Festlande zu besuchen, um wegen der Einsammlung von Pelzen und Fellen Handel zu treiben. Er war nicht allein mit der englischen und der russischen Sprache vollkommen vertraut, sondern er hatte auch eine bedeutende Fertigkeit im Sprechen einer ganzen Anzahl von eingeborenen Mundarten und war dadurch imstande, mit den Leuten zu verkehren, unter denen er einen großen Teil seines Lebens zubrachte.

Die feierliche Handlung führte man in einem großen, länglichen Zimmer aus, das zum Teil in der Erde lag, eine fortlaufende Plattform oder ein so eingerichtetes Sims besaß, daß es zum Sitzen und auch zum Schlafen dienen konnte. Die ganze Beleuchtung bestand aus Öllampen, wie sie die Eingeborenen gebrauchen. Die Teilnehmer, ungefähr einhundertzwanzig an der Zahl, waren vollkommen nackt, und nachdem sie eine Zeitlang ruhig dagesessen, begannen einige als Musiker bezeichnete Eingeborene zu singen. Dann stand einer von ihnen auf und machte sich an die etwas ekelhafte Aufgabe, der ihm zunächst sitzenden Person über die Schultern und den Rücken zu pissen, worauf er auf den Boden hinabsprang und zu tanzen anfing, indem er mit der Musik Takt hielt. Derjenige, mit dem er die eben geschilderte Handlung vorgenommen, gab nun seinem nächsten Nachbarn dieselbe Dusche, und so ging es der Reihe nach weiter, bis auch der letzte auf der Bank seinen Anteil erhielt, der nun seinerseits wieder verpflichtet war, denjenigen, der mit der Sache angefangen hatte und der zu diesem Zwecke aufhörte zu tanzen, in derselben Weise zu versorgen. In der Zwischenzeit waren alle, die sich erleichtert hatten, hinuntergesprungen und hatten sich dem Tanze angeschlossen, der so wild und heftig war, daß er starken Schweiß und einen unerträglichen Gestank verursachte. Eine weitere Auskunft konnte mir der Gewährsmann nicht erteilen, als daß das Gebäude in diesem Falle lediglich als Schwitzstube gedient haben kann, wobei man den Harn und die heftigen Bewegungen für ausreichend hielt, den erforderlichen Bedarf an Feuchtigkeit und Hitze zu beschaffen, um den Teilnehmern als Schwitzbad zu dienen« [Hoffman, 1890].

Alëuten. Die Alëuten und Indianer von der äußersten nördlichen Küste Amerikas entfalteten dasselbe Verlangen nach dem halbverdauten Bauchinhalt der von ihnen getöteten Seehunde. Dieses Gelüst entsprang durchaus nicht einem Mangel an Lebensmitteln, wie U.S. Navy Ober-Ingenieur Melville ausdrücklich erklärt. Ein anderes Mal beobachtete er seine »Eingeborenen« dabei, wie sie »heimlich, aber reichlich von dem Miste der Rentiere aßen«.

Angolaner. »Wenn man von Unrat träumt, so bedeutet das, daß jemand mit der Absicht umgeht, dich zu behexen« [Muhongo, afrikanischer Knabe aus Angola, in der Unterhaltung mit Captain Bourke; alle folgenden Beschreibungen von Riten stammen aus derselben Quelle].

In Angola, an der Westküste von Afrika, sind Blähungen bei den Eingeborenen frei gestattet, aber wenn sich jemand eine solche Freiheit nimmt, während Fremde in der Nähe sind, so gilt dies als die tödlichste Beleidigung.

Bei den Angolanern gibt es keine Abtritte irgendwelcher Art; die Neger halten es für eine sehr schmutzige Gewohnheit, für solche Zwecke immer denselben Platz aufzusuchen. Sie decken ihre Exkremente nicht zu, sondern legen sie in den Gebüschen ab. Zuweilen kommt es vor, daß ein Mann einmal sein Geschäft im Innern des Hauses verrichtet, und in diesem Falle wird er bis zu seinem Lebensende verspottet; sie nennen einen solchen Menschen *»D'kombe«*, worunter eine Art von Leopard zu verstehen ist.

In Angola harnen Männer im Stehen, Frauen derselben Stämme im allgemeinen gleichfalls stehend, obwohl es auch einige Ausnahmen gibt. Hierbei muß man daran erinnern, daß die Jesuiten in dieser Gegend über zweihundert Jahre lang ihre Missionen hatten und man daher erwarten sollte, daß ein gewisser Einfluß auf die Anschauungen des Volkes bemerkbar sein müßte, sowohl im Hinblick auf diese geistlichen Dienste als auch auf die Besitzergreifung des Landes durch die Portugiesen.

»Wenn ein junger Mann den Versuch macht, die Liebe eines widerspenstigen Mädchens zu gewinnen, so befragt er zuerst den Medizinmann, der sich dann bemüht, etwas von dem Harn und dem Speichel, die vom Mädchen herrühren, sowie auch den Sand, auf den sie gefallen sind, aufzufinden. Diese mischt er dann mit einigen Stückchen von gewissen Hölzern und legt alles zusammen in einen Flaschenkürbis und gibt ihn dem jungen Mann, der ihn mit nach Hause nimmt und einen Teil Tabak hinzufügt. Nach ungefähr einer Stunde nimmt er den Tabak wieder heraus und gibt ihn dem Mädchen zum Rauchen; dies bringt dann eine vollständige Umwälzung in ihren Gefühlen hervor.«

»Zauberer versuchen, sich etwas von dem Kot eines Menschen zu verschaffen, und bringen diesen sodann in seine Nahrung hinein, wenn sie ihn töten wollen.«

Die Bewohner von Angola sammeln sorgfältig den Kot des Elephanten, der Antilope und anderer Arten von wilden Tieren, wenn sie auf die Jagd gehen wollen; sie übergeben ihn dem Medizinmann, der dann ein Zaubermittel daraus macht und dieses in ein Horn legt. Es dient dann als Amulett und verschafft Erfolg bei der Jagd.

»Die Leute in Angola behandeln alle Schnittwunden und Quetschungen mit frischem Harn.«

Unter den Angolanern gilt es als die größte Beleidigung, sagt man zu einem: »Geh und friß Dreck.«

Apachen. Die Apachen haben eine Sage oder ein Märchen, das Gegenstück zu dem *Fee-fo-fum* unserer eigenen Kindheit; aber der Riese wittert nicht etwa das Blut eines Engländers, sondern, um die Worte auf Spanisch wiederzugeben, *huele la cagada* (wittert den Kot).

Bei den Apache-Indianern hocken sich die Männer beim Pissen stets nieder, während die Frauen dagegen aufrecht stehen.

Die Mohave-Indianer am Rio Colorado richten sich nach derselben Regel wie die Apachen.

Araber. Den Gesundheitszustand eines Patienten wies man aus dem Zustand seines Harnes nach. Die Araber pflegten ihren Ärzten »den Harn ihrer Kranken in Fläschchen zu bringen« [R. F. Burton, 1886].

In dem Sachverzeichnis zu den Werken Avicennas finden sich 275 Hinweise auf das Aussehen usw. des Krankenharns. Es gibt kaum eine Spalte in dem Schlagwörterverzeichnis seiner umfangreichen Bände, die nicht Angaben über die Verwendung von Dreckheilmitteln enthielte. Die folgende kleine Auswahl aus dieser ungeheuren Reichhaltigkeit wird beweisen, daß die arabischen Ärzte denselben freigebigen Gebrauch von solchen Heilmitteln machten wie ihre älteren Fachgenossen im untergegangenen römischen Reich.

Da heilt Harn Gebärmutterkrankheiten und stillt das Blut, wenn er mit der Asche von Weinreben gemischt ist; er heilt auch Krätze und derartige Geschwüre. Hüftschmerzen verschwinden bei der Behandlung mit Kuhmist und Ziegenmist, der mit Schweinefett gemengt ist; Wolfskot vertreibt Sommersprossen; der Niederschlag aus Menschenharn heilt Hautausschläge, während gegen dieselbe Krankheit und gegen Hautverhärtungen Kamel- und Hornviehmist verschrieben wird; Mäusekot mit Weihrauch treibt die Steine ab, ebenso Schweinepisse. Eidechsenkot ist ein Bestandteil einer Salbe. Mit Zwiebeln gekochter Menschenharn ist gut gegen Schmerzen in der Gebärmutter, während getrockneter Ziegenmist gegen Blutflüsse der Gebärmutter empfohlen wird.

Gegen die fallende Sucht war ein Heilmittel im Kamelmist angegeben; gegen Gelbsucht sollte Weiberpisse mit Honigwasser helfen; gegen Brandwunden gebrauchte man Ziegen- oder Schafsmist mit Essig. Ein anderes Heilmittel gegen Verbrennungen bestand aus Taubenmist mit Honig und Leinsamen. Gegen Flechten half Harn, gegen Geschwüre Kamel- und Haustiermist; im gleichen Falle half auch der Kot von Hunden, die mit Knochen gefüttert waren, mit Honig gemischt, ebenso Eselsharn und Menschenharn.

Eine Abkochung von Mäusekot hob Beschwerden beim Harnen; gegen Flechten empfiehlt man Kot von Tauben und Krammetvögeln. Als Heilmittel gegen die Wunden von armenischen Pfeilen empfiehlt Avicenna folgendes:

»Man hat mir auch schon mitgeteilt, daß ein Getränk aus Menschenkot ein gutes Mittel dagegen ist.«

Gegen die Bisse von giftigen Schlangen und allerlei anderem giftigen Getier empfiehlt Avicenna als »gute« Arznei in Wein als Getränk eingenommenen Ziegenmist. An der gleichen Stelle verschreibt er zu demselben Zweck auch Menschenharn. Eine Mischung aus Ziegenmist, Pfeffer und Zimt galt als ein den Monatsfluß beförderndes Mittel. Gegen laufendes Ohr sollte man Mäusekot innerlich einnehmen, ebenso gegen Steine, gegen Schlangengift, und um die Ausstoßung der Nachgeburt zu fördern.

Harn war auch gut gegen Krämpfe, und Ziegenmist heilte Leberverhärtungen. Der Harn von Säuglingen heilte Hämorrhoiden. Gebrannten Mist von Haustieren, mit Essig gemischt, verschrieb man gegen den Biß toller Hunde; Harn mit Soda und Hundekot gegen Halsbräune.

Hundepisse verordnete man, um die Farbe des Haares wieder herzustellen.

Fuchskot und Kot von Sperlingen und Staren wandte man an, um die Hände zart zu machen. Arabische Frauen gebrauchten eine Mischung von Safran und Kot von Hühnern als Schönheitsmittel.

Arier. Wir wollen hier keinen unnötigen Streit über die Bedeutung von Ausdrücken hervorrufen, man kann aber doch vernünftigerweise behaupten, daß die Mehrzahl der Gottheiten des Heidentums tiergestaltig war, bevor die Fortschritte der geistigen Entwicklung des Menschen dazu führten, sie zu vermenschlichen. Man wies dem Tiere eine untergeordnetere Stellung an, indem man ihm zunächst noch gestattete, den Kopf oder die Glieder des Gottes darzustellen, bis man es schließlich als Begleiter oder Sinnbild des Gottes nur noch die Rolle eines Handlangers spielen ließ.

Wenn man ein Tier erst als einen Gott, dann als den Boten, den Diener, den Begleiter oder Vertreter dieses Gottes betrachtet; wenn man später das Tier als das begehrteste Opfer diesem Gott darbringt und schließlich diese Darbietung auf einen Teil dieses Tieres, auf seine Hörner, seine Hufe, seine Ausscheidungen einschränkt, so sind dies alles Glieder in derselben Kette des religiösen Seelenlebens.

Frau Fanny D. Bergen [1890] macht die scharfsinnigen Bemerkungen: »Alle Gründe sprechen für die Annahme, daß wir auf die Mythologie unserer ältesten arischen Vorfahren zurückgehen müssen, wollen wir den Ursprung des volkstümlichen Wahnes in bezug auf die heilenden Eigenschaften gewisser tierischer Ausscheidungen erforschen.« Und weiterhin: »Es ist schon oft der Fall gewesen, daß man sowohl Dinge als auch Handlungen, die ursprünglich eine religiöse Bedeutung hatten, in späterer Zeit zu eingebildeten Heilmitteln für Krankheiten herabwürdigte; so ist es mehr als wahrscheinlich, daß die Verwendung tierischer Exkremente als Heilmittel bei den ungebildeten Bevölkerungsschichten in Europa, sowohl in früheren als auch in späteren Zeiten, und ebenso bei unserem jüngsten Sprößling vom indo-europäischen Stamm, ein Überlebsel uralten arischen religiösen Gebrauchtums ist.«

Assiniboines. Während eines Feldzuges gegen die Sioux- und Cheyenne-Indianer in den Jahren 1876 und 1877 erfuhr der Verfasser, daß die Sioux und die Assiniboines eine Form des Eides hatten, bei der der Schwörende in jeder Hand ein Stück getrockneten Büffelmistes hielt.

Assyrer. Der assyrischen Venus legte man Dung als Opfergabe auf die Altäre. Ein anderer Schriftsteller berichtet, daß »die eifrigen Verehrer Sivas ihre Stirn, Brust und Schultern mit der Asche von Kuhmist einreiben«, und er fügt ferner noch hinzu: »Es ist jedenfalls beachtenswert, daß man der assyrischen Venus nach den Angaben Lucians Opfergaben an Mist auf die Altäre legte« [Maurice, 1800].

Australier [Aborigines]. Wenn junge Leute das Mannbarkeitsalter erreichen, so gilt dies als ein Ereignis, das man bei allen primitiven Völkern mit ganz besonderen heiligen Gebräuchen ankündigt. Es läßt sich eine Menge von Beispielen anführen, daß hierbei Kot und Harn zur Verwendung gelangen. »Bei vielen Stämmen sollen die Gebräuche, die man beim Einführen eines Eingeborenen unter die Männer anwendet, mit einigen scheußlichen und abstoßenden Vornahmen verbunden sein« [Woods, 1879]. In Australien hält man bei diesen Gelegenheiten die im Leben der Krieger zu beobachtenden Gebräuche streng geheim, aber unter dem Wenigen, was man erfahren konnte, ist die Tatsache bekannt, daß man den Aufzunehmenden mit Ziegenkot beschmiert.

Nach Smyths Angaben [1878] muß sich der junge Mann von vierzehn bis fünfzehn Jahren in einigen Teilen Australiens dem Gebrauche des *Tid-but* unterwerfen, wobei man seinen Kopf rasiert und mit Schmutz bestreicht (»der Kopf wird dann mit Erde beschmiert«), »und auch der Körper wird mit Erde, Schmutz und Kohlenstaub, überhaupt mit Unrat jeder Art beschmiert«. (Smyth hat vorher ausdrücklich Ziegenkot angegeben.) »Er trägt einen Korb unter dem Arm, der nassen Lehm, Kohlen und Schmutz enthält. Er sucht auch beim Weitergehen Schmutz zusammen und bringt ihn in den Korb hinein.«

Der Neugeweihte wirft diesen Schmutz auf alle Männer, die er antrifft, aber nicht auf Frauen und Kinder, da diese gewarnt worden sind und ihm aus dem Wege gehen. So lautet zwar der Bericht, den Smyth gibt, aber Featherman [1887], aus dem Smyth seine Angaben entnommen hat, macht in seinem Texte keine solche Einschränkung, sonsern berichtet lediglich, daß man den jungen Mann »tatsächlich wie einen Gebannten« angesehen habe. Es ist aber auf jeden Fall sehr beachtenswert, daß man in einer so abgelegenen Ecke der Erde auf ein Gegenstück zu dem bei dem Narrenfeste gebräuchlichen Verfahren stößt.

Dr. John Frazer [1889] gibt eine Beschreibung der Einweihungsgebräuche, die bei den Australiern als *Bora* bekannt sind. Er bezeichnet damit »gewisse Einweihungsgebräuche, die ein junger Mann durchmachen muß, wenn er das Alter der Mannbarkeit erreicht. Er soll dadurch nachweisen, daß er einen Platz unter den Männern des Stammes verdient und der Vorrechte der Männlichkeit würdig ist. Mit diesen Zeremonien macht man ihn mit den Göttern seines Vaters bekannt, ferner mit den mythischen Stammes-Überlieferungen und den Pflichten, die er als Mann zu erfüllen hat. Der ganze Vorgang steht unter dem Schutze eines großen Geistes namens ›Dharamoolun‹. Aber bei den heiligen Handlungen ist ein böser Geist zugegen, obwohl er keine Rolle dabei spielt. Er heißt ›Gunungdhukhya‹, d.h. der ›Kotesser‹, und die Schwarzen haben eine ungeheure Angst vor ihm. Man vergleiche dieses Wort Gunungdhukhya mit dem Sanskrit-Wurzelwort *Gu,* d.h. Kot; *Dhuk* ist das australische Wort für ›essen‹.«

Bei seinen weiteren Bemerkungen über den bösen Geist Gunungdhukhya sagt er: »Von diesem Wesen nimmt man ganz sicher an, daß es Kot ißt, und das ist auch die Bedeutung seines Namens.«

»Ein Beobachter der Sitten der Schwarzen hat im *Journal of the Anthropological Society* [London] berichtet, daß im Hunter-River-Distrikt in Neu-Süd-Wales die Neulinge während einiger Abteilungen der *Bora*-Zeremonien Kot essen müssen; ich habe aber an dieser Stelle und auch sonstwo eifrig Nachforschungen angestellt, aber nichts gefunden, was diese Angabe bestätigen könnte. In ähnlicher Weise erzählt man, daß in einem Distrikt in Queensland die Schwarzen — ob es bei der *Bora*-Zeremonie oder anderswo ist, kann ich nicht sagen — in den Lehmboden schalenartige Vertiefungen machen, ihren Harn darin sammeln und ihn nachher trinken. Die zuletzt erwähnte Angabe mag wahr sein, ich konnte aber durch Befragen derjenigen, die etwas davon wissen mußten, keine Bestätigung darüber erhalten. Aus verschiedenen Gründen halte ich es indessen gar nicht für so unwahrscheinlich, daß unsere Schwarzen wenigstens an einigen Orten — denn ihre Gebräuche sind nicht überall gleich — Kot und Harn in dieser Weise verwenden können, wobei sie von der Überlegung ausgehen, daß man sich den bösen Geist dadurch günstig machen könne, indem man zu seiner Ehre jene Stoffe verzehrt, die er selber mit Vergnügen ißt; wie man auch im nordwestlichen Indien fromme Leute herumlaufen sehen kann, die sich zu Ehren ihres Gottes den ganzen Leib mit Menschenkot beschmiert haben. Und unsere Schwarzen haben ihre ganz bestimmten Gründe dafür, daß sie es versuchen, diesen unreinen Geist

(Gunungdhukhya) auf jede mögliche Weise zu versöhnen, denn sie glauben, daß er in ihren Körper eingehen kann und sich in ihrem Unterleibe eine Wohnung sucht, von dessen faul gewordenem Inhalt lebt und auf diese Weise Krämpfe, Ohnmachten, Wahnsinn und andere schwere Störungen hervorruft. Die nichtarische Bevölkerung Indiens hat einen ähnlichen Glauben; denn bei den Teufelsanbetern im westlichen Indien gibt es gewisse bösartige Geister, die man ›Bhutas‹ nennt; und diese haben ähnliche Gewohnheiten wie der Gunungdhukhya. Auch sie verursachen Unheil, indem sie vom Menschenleib Besitz ergreifen, und es macht ihnen Freude, wenn sie menschliche Wesen verschlingen können; auch sie leben an verlassenen Orten, namentlich unter hohen Bäumen. Sie nehmen die Gestalt von Menschen und Tieren an, treiben sich an Begräbnisplätzen herum und fressen die Leichen.«

Dieser Berichterstatter hat den Schlüssel zu dem sonderbaren Verhalten des Propheten Hesekiel und anderer gefunden. Sie glaubten eben, wie jedermann zu ihrer Zeit glaubte, daß Gottheiten Exkremente äßen; warum sollten sie also als Vertreter der Götter solche Stoffe nicht auch essen? Und wenn ein Gott in eines Menschen Leib eingeht, um dessen Kot zu verzehren, weshalb sollte ihn der davon Betroffene nicht mit den Dingen füttern, die ihm so angenehm sind, und, indem er ihn reichlich damit versieht, sich selber von Schmerzen befreien?

Karl Lumholtz machte dem Verfasser die Angabe, daß die Australier im Beisein von Fremden pissen, während sie mit ihnen sprechen.

»Es gibt keine körperliche Verrichtung und kein natürliches Bedürfnis, das sie nicht öffentlich befriedigen, ohne sich irgendwelchen Zwang aufzuerlegen. Ein Brauch hat gar nichts Unzüchtiges an sich, sobald er allgemein verbreitet ist«, bemerkt einer unserer Reisenden von seinem philosophischen Standpunkt aus [Réclus, 1885].

Von den Australiern sagt Smyth: »Die einzige auffallende Sitte bei ihren Kriegszügen, durch die sie sich von anderen Wilden unterscheiden, ist die Befolgung des Gebrauches, der auch den Israeliten vorgeschrieben war, wenn sie in den Krieg zogen [5. Buch Moses 23,12–14].

Die Eingeborenen glauben nämlich, daß der Feind, der ihren Kot entdeckt und ihn im Feuer verbrennt, auf diese Weise ihrer aller Vernichtung herbeiführen könne oder daß jeder einzelne sich in Gram verzehre und stürbe.«

John F. Mann bestätigt aufgrund persönlicher Beobachtung, daß die Eingeborenen von Australien die Vorschrift befolgten, die den Juden im 5. Buch Moses gegeben worden war. »Nach eigenen Beobachtungen kann ich bestätigen, daß sich die Eingeborenen überall im Lande als Regel in diesem Punkte sehr merkwürdig verhalten, aber es dauerte mehrere Jahre, bis ich die Beweggründe für eine solche Sorgfalt herausgefunden hatte. Zauberei und Hexerei sind bei jedem Stamm vorhanden; jeder Stamm hat seinen *Koradgee* oder Medizinmann; die Eingeborenen stellen sich vor, daß jeder Todesfall, jedes Unglück oder jeder Schmerz vom bösen Einfluß irgendeines Feindes verursacht wird. Diese *Koradgees* haben die Macht, nicht nur jede Art von Schmerz zuzufügen, sondern alle möglichen Arten von Leiden hervorzurufen. Sie vergessen nie, in einem geflochtenen Täschchen immer irgendeinen ›Zauber‹ bei sich zu tragen; dieser Zauber besteht gewöhnlich aus Bergkristall, Menschenkot und Nierenfett. Gelingt es einem solchen Medizinmann, sich in den Besitz von etwas Kot des in Aussicht genommenen Opfers zu setzen oder von Haaren, überhaupt von irgend etwas, das zu seiner Person gehörte, so ist es das einfachste Ding in der Welt, diesen zu verhexen. Die Verfügung über die Exkremente geschieht weniger wegen der Reinlichkeit, als in der Absicht zu verhindern, daß irgendein Stoff des menschlichen Körpers in die Hände eines Feindes fällt.«

»Will man den Tod eines verhaßten Menschen durch Hexerei herbeiführen, so verschafft sich der feindselig gesinnte Eingeborene etwas von dem Haar seines Feindes, Nahrungsüberreste oder Kot; diese Stoffe bewahrt man in einem Sack auf, der ausschließlich für die Waffen der Zauberei bestimmt ist; eine Art kleines Felleisen, das man über die Schulter hängt. Die Nahrungsüberreste unterwirft man einer ganz besonderen Behandlung, die zum Teil in deren Rösten und Schmelzen an einem Feuer besteht; aber in betreff des Kotes teilte man mir mit, daß man ihn vermodern läßt und daß nach der Annahme in demselben Maße, wie er zerfällt, die Gesundheit und Stärke des Feindes gleichzeitig abnehme. In solcher Weise wendet man Kot im Süden von Queensland an« [Matthew, 1889].

»Die Australier glauben, ihre Zauberer besäßen die Macht, Krankheit und Tod hervorzubringen, wenn sie das verbrennen, was man *›Nahak‹* nennt. *Nahak* bedeutet soviel wie Kehricht, Plunder, Schund, in erster Linie aber Nahrungsabfälle. Alle diese Dinge vergraben oder werfen sie ins Meer, damit die Krankmacher nichts davon in die Hände bekommen können« [Woods].

Die Leiche eines australischen Häuptlings war »mit klagenden Frauen umgeben, die sich mit Unrat und Asche beschmiert hatten«.

Bei den Begräbnisgebräuchen des Stammes an der Encounter-Bay in Südaustralien »legten die alten Frauen zum Zeichen der tiefsten Trauer Menschenkot auf ihren Kopf« [Smyth].

»Bei den Begräbniszeremonien beschmieren die Frauen vieler Stämme ihren Kopf mit Kot und Pfeifenton« [Mann].

Die Australier glauben, daß ein Mann, der sich die Nasenscheidewand nicht hat durchbohren lassen, in der anderen Welt deswegen leiden müsse. »Sobald der Geist Egowk den Leib verlassen hat, würde man von ihm verlangen, daß er *Toorta-gwannang* zur Strafe esse« [Smyth]. (Das Wort bedeutet eine besondere Art Dreck, dessen nähere Bezeichnung der Verfasser nicht geben will.)

»In der Nähe von Darlington in Queensland ist ein Landstrich, in dem eine besondere Fichtenart vorkommt, auf der eine eßbare Nuß wächst, die bei den Eingeborenen sehr beliebt ist. Die Männer pflegten in der Erde aus Ton große Pfannen zu bilden und ihren Harn da hinein zu lassen. Dann sammelten sie eine große Menge von diesem Fichtensamen und legten ihn in den Harn ein. Nachdem eine Gärung eingetreten war, wurden die Samen gierig verschlungen, was zur Folge hatte, daß ein zeitweises Irresein unter den Männern auftrat — tatsächlich ein vollständiges Delirium tremens. Bei dieser Gelegenheit war es für jeden Menschen gefährlich, in ihre Nähe zu kommen. Von der Flüssigkeit selbst machte man überhaupt sonst keinen Gebrauch« [Mann]. Dieser Bericht erinnert nicht nur an die Geschichte, die der Maler Kane [1859] über den Verzehr von »Oliven« bei den Chinook-Indianern erzählt hat, sondern er stellt auch die Tatsache fest, daß in Australien ein Brauch vorhanden ist, der mit den Harn-Orgien der Bewohner Sibiriens (z.B. bei den Kamtschadalen) eine wunderbare Ähnlichkeit hat.

Azteken. Der Harn des kleinen Stinktieres war nach dem Glauben einiger Indianerstämme imstande, einen Menschen blind zu machen, wenn er ihm ins Auge kam; das Tier selbst haben die Azteken unter dem Namen des Tezkatlipoka als Gott angesehen.

Die Mexikaner hatten eine Göttin Suchiquecal, von der wir lesen: »Pater Fabreya sagt in seinen Erläuterungen zum *Codex Borgianus,* darin sei die Mutter des Menschengeschlechts in einer sehr demütigenden Lage dargestellt, sie ißt nämlich *cuitlatl* (auf griechisch *kopros*). Das Gefäß in der linken Hand der Suchiquecal enthält nach dem Erklärer dieser Malereien *mierda*« [Kingsborough, 1831]. Das spanische Wort *mierda* bedeutet, ebenso wie das griechische *kopros,* Kot.

Neben Suchiquecal, der Mutter der Götter, die dargestellt wird, wie sie als Zeichen der Erniedrigung Kot ißt, hatten die Mexikaner noch andere Gottheiten, deren Verrichtungen mehr oder weniger deutlich mit den Auswurfstoffen des Leibes verflochten waren. Das meiste Ansehen von diesen genoß Ixcuina, auch Tlazolteotl genannt, von der Brasseur de Bourbourg [1864] so berichtet: »Die Göttin des Kotes oder Tlazolquani, die *Kotesserin* zu deutsch, hatte diesen Namen, weil sie den Liebschaften und den fleischlichen Vergnügungen vorstand.«

Mendieta [1870] bezeichnet die Göttin als männlich mit den Worten: »Der Gott der Laster und der Gemeinheiten, den sie Tlazulteotl nannten.«

Bancroft [1886] spricht von »der mexikanischen Göttin der fleischlichen Liebe, die Tlazoltecotl, Ixcuina, Tlacloquani hieß« usw., und er gibt weiter an, daß sie in »ihrem Dienste eine Unmenge von Zwergen, Lustigmachern und Buckligen hatte, die sie mit ihren Liedern und Tänzen erheitern mußten und die sie als Boten an die Götter benutzte, an denen sie gerade Gefallen fand. Der zuletzt erwähnte Name dieser Göttin bedeutet soviel wie ›Esserin von schmutzigem Zeug‹ und bezieht sich, wie behauptet wird, darauf, daß sie bei ihrer Amtstätigkeit die Beichte von solchen Männern und Frauen hören und denen Verzeihung gewähren muß, die sich schmutzige und fleischliche Vergehen haben zuschulden kommen lassen.«

In der Handschrift, die den *Codex Talleriano* erklärt und die Kingsborough in seinen *Mexican Antiquities* wiedergibt, findet man den Namen der Göttin Ochpaniztli, deren Fest auf den 12. September unseres Kalenders fiel. Man beschreibt sie als »die eine, die sündigte, indem sie von der Frucht des Baumes aß«. Die spanischen Mönche stellten sie, und ebenso auch eine andere Göttin, Tlazolteotl, als *La diosa de basura ó pecado* hin, »die Göttin des Unrats oder der Sünde«. Aber *basura* ist kein Wechselwort für *pecado* (Sünde), sondern es bedeutet »Dung, Mist, Dreck, Kot«. Nach dem Wörterbuch der spanischen Akademie bedeutet das Wort aber »den Schmutz und den Abfall, der beim Auskehren gesammelt wird, den Kehricht und Mist der Ställe«.

Es ist möglich, daß die alten Missionare, in ihrem Eifer zwischen der aztekischen und der christlichen Religion Entsprechungen zu finden, eine ganze Menge von Dingen verschwiegen haben, über die wir heute nur noch auf Mutmaßungen angewiesen sind.

In demselben Bande von Kingsboroughs Werk findet sich eine Anspielung auf die Opfergaben, die man der Tepeololtec darbrachte, *»que, en romance, quiere decir sacrificios de mierda«,* das heißt »die man klar und deutlich als Darbringungen von Kot bezeichnen muß«. Weitere Angaben über den vorliegenden Gegenstand lassen sich nicht beibringen; eine Anmerkung auf dieser Seite bei Kingsborough besagt, daß an dieser Stelle mehrere Blätter des *Codex Talleriano* zerstört oder verstümmelt worden sind, wahrscheinlich von einem übereifrigen Reinigungsfanatiker.

Gottheiten, die der Unwissenheit der Gläubigen oder der abergläubischen Furcht ihre Entstehung verdanken, sind der Hauptsache nach in ihren Eigenschaften immer menschenähnlich; wo man sie als grausam und blutdürstig gegen ihre Feinde schildert, da war das Volk, das sie verehrte, und mag es auch heute noch so friedlich gesinnt sein, einstmals doch ebenso grausam und blutdürstig. Menschenfressenden Göttern zollen nur Abkömmlinge von Kannibalen Verehrung und kotessenden nur Nachkommen solcher Leute, die mit der Verwendung von Kot bei der menschlichen Ernährung nicht unbekannt waren.

Der Gebrauch giftiger Pilze bestand sehr wahrscheinlich auch bei den Mexikanern. Diesen Bericht kann man Wort für Wort mit dem über die Moki-Indianer gebrachten und mit den Beschreibungen der Harn-Orgien der Sibirier vergleichen.

Beim Fehlen aller unmittelbaren Zeugnisse dafür, daß eine ähnliche Verwendung giftiger Pilze, wie wir sie unter den Stämmen Sibiriens kennengelernt haben, auch bei anderen Völkern vorkam, würde ein solcher Gebrauch schwer nachzuweisen sein. Wir finden aber doch viele zufällige Andeutungen, die wir sorgfältig in Betracht ziehen müssen, ehe wir sie als völlig wertlos für unseren vorliegenden Stoff verwerfen. Wie wir aus Sahagun [1831] erfahren, war den Mexikanern der Champignon sehr wohl bekannt, er bildete sogar den Mittelpunkt eines ihrer Feste. Sahagun erzählt, daß sie den *nanacatl* aßen, eine Art von giftigem Pilz, der gerade so wie Wein berauschte; nachdem sie ihn verzehrt hatten, versammelten sie sich in einer ebenen Gegend und sangen und tanzten dort Tag und Nacht, bis sie genug hatten. Dies geschah am ersten Tage, denn am darauffolgenden Tage weinten alle bitterlich und dabei sagten sie, daß sie sich reinigten, indem sie ihre Augen und ihre Gesichter mit ihren Tränen wuschen.

Sahagun beschreibt zwar bei dieser Orgie keinen besonders abstoßenden Zug, aber soviel geht aus allem hervor, daß er lediglich vom Hörensagen etwas von der Sache wußte, und wahrscheinlich sorgte man schon dafür, daß er nicht zuviel erfuhr. Bei einer zweiten Erwähnung dieses Pilzes, den er an dieser Stelle *»teo-nanacatl«* nennt, spielt er aber auf seine giftigen Eigenschaften an, die sich fast mit denen der in Sibirien und an der Nordwest-Küste von Amerika bekannten Pilze decken.

»In dieser Gegend gibt es gewisse Pilze, die man *›teo-nanacatl‹* nennt. Sie wachsen unter dem Gras auf den Feldern und Ebenen; sie sind schädlich für den Hals und berauschen; diejenigen, die sie essen, haben Erscheinungen und bekommen Herzklopfen; diejenigen, die viele davon essen, werden zur Wollust angeregt; einige auch, wenn sie nur wenig essen.«

Der Beweis, daß diese Betrunkenheit auf dieselbe Weise erzeugt wurde wie bei den Bewohnern Sibiriens und den Stämmen am Kap Flattery, läßt sich hiernach zwar nicht führen, aber es ist doch sehr auffallend, daß die Azteken in derselben Absicht jene Pilze aßen, daß sie ferner ihre Tänze draußen auf einer Ebene abhielten, und zwar zur Nachtzeit — was soviel bedeutet wie möglichst weit entfernt von der Aufsicht des Paters Sahagun. Am zweiten Tage beklagten sie anscheinend, wenn Sahaguns Erklärung richtig ist, ihr Betragen am ersten Tage; wozu bemerkt werden muß, daß Weinen im Kulte bei den Eingeborenen Amerikas durchaus nicht unbekannt ist und im vorliegenden Falle aus Gründen stattfand, die man dem Fremden nicht offenbarte. Und schließlich ist die Angabe von besonderer Wichtigkeit, daß dieser giftige Pilz ein heftiges Reizmittel für die Nerven und ein Aphrodisiakum war.

Ein anderer alter spanischer Beobachter, den gleichfalls Kingsborough anführt, beschreibt die Pilze wie folgt: »Sie kannten auch noch eine andere Art von Betrunkenheit, die durch kleine Pilze oder Champignons hervorgerufen wurde, die man genießt, und weil sie bitter sind, trinken sie dazu oder essen etwas Bienenhonig, und gleich darauf sehen sie tausenderlei Erscheinungen, namentlich Schlangen. Sie werden rasend toll und rennen in einem wilden Zustand in den Straßen umher (*bestial embriaguez* = viehisch besoffen, lautet der spanische Text). Sie nennen diese Pilze *›teo-na-m-catl‹*, was soviel bedeutet wie ›Götterbrot‹.« Dieser Schriftsteller erwähnt nichts von einer Wirkung auf die Nieren.

Die Zusammenstellung der Angaben ist damit noch nicht vollständig. Tezozomoc [1848], auch ein Schriftsteller von gutem Rufe, berichtet, daß bei der Krönung Montezumas die Mexikaner den Fremden wildwachsende Pilze zum Essen gaben und daß die Fremden davon betrunken wurden und zu tanzen begannen. Und dies ist weiter nichts als eine klare und bündige Beschreibung einer Orgie der Betrunkenheit, die durch giftige Pilze erzeugt wurde; die ekelhaften Folgen, die dazu hätten dienen können, eine Beziehung zu den Harntänzen herzustellen, werden in dieser Darstellung allerdings nicht erwähnt.

Auch Diego Duran [1581] berichtet Einzelheiten von der Krönung Montezumas, des zweiten dieses Namens und desjenigen, der bei der Ladung von Cortez auf dem Throne saß. Er sagt, daß nach dem gewöhnlichen Menschenopfer in den Tempeln alle hingingen und rohe Pilze aßen, die die Ursache waren, daß sie außer sich gerieten, und zwar viel heftiger, als wenn sie vielen Wein getrunken hätten. Sie seien so vollständig der Vernunft beraubt gewesen, daß sich einige mit eigener Hand umgebracht hätten, und durch die Kraft dieses Pilzes sahen sie Erscheinungen und hatten Offenbarungen über die Zukunft, da der Teufel in ihrer Betrunkenheit zu ihnen sprach. Duran beschreibt selbstverständlich nicht etwas, was er mit eigenen Augen gesehen hatte, denn in diesem Falle würde seine Erzählung zweifellos lebendiger gewesen sein und vielleicht auch ergiebiger für unsere Zwecke.

Eine neue Aufgabe bietet sich an, nämlich die Erforschung der Lachreiz erregenden, derb-komischen Überlebsel von Sitten und Gebräuchen, die man nicht mehr als in das religiöse Gebiet fallend ansieht.

Die Religion ist nicht damit zufrieden, daß sie an ihrem Gebrauchtum zäh festhält; sie geht auch oft noch viel weiter und heißt Rückfälle in Gebräuche und Denkarten gut, die schon der Volkserinnerung entschwunden waren. Und wenn dies geschieht, dann ist es sehr oft erforderlich, eine Erklärung zu erfinden, weil die Priester im allgemeinen die wirklichen Gründe für ihr Verhalten selber nicht mehr kennen. Aber es kommt noch viel häufiger vor, daß die Menschen ohne jede Untersuchung Vorschriften in bezug auf den Kult hinnehmen und gewissenhaft erfüllen, ja, sie haben dabei einen verschwommenen Glauben, daß ein Brauch notwendigerweise um so wirksamer zur Verschaffung von Schutz und Glück sein muß, je älter er ist.

Bei den Azteken gab es ein Fest, das den Spaßmachern jede Freiheit gestattete. Diese waren mit Blasen bewaffner, die man mit einem roten Pulver oder mit kleinen Stückchen eines dünnen Papieres füllte. Die Blasen waren mit Stricken an kurze Stöcke gebunden. Mit diesen Blasen schlug man erbarmungslos auf alle Leute, deren man in den Straßen habhaft werden konnte, namentlich auf Frauen und Mädchen ein.

Sahaguns Bericht sagt auch, daß im siebzehnten Monat (ihres achtzehnmonatigen Kalenders), der »*Tititl*« genannt wurde und ungefähr mit unserem Dezember, dem Monat der Wintersonnenwende, übereinstimmt, die aztekische Bevölkerung Spiele abhielt, die *nechichiqualvilo* hießen.

Alle Männer und Knaben, die an diesem Spiele teilnehmen wollten, machten sich kleine Säcke oder Netze, die mit dem Blütenstaub einer Binsenart, die *Espadaña* hieß, oder mit kleinen Papierschnitzeln gefüllt waren. Diese Säcke oder Netze band man an Bindfäden oder an Bänder, die einen halben Meter lang waren, in der Weise an, daß man mit ihnen schlagen konnte. Andere machten sich solche Säcke in der Form von Handschuhen, die sie entweder wie oben angegeben, oder mit Blättern von grünem Mais ausstopften. Es war niemandem erlaubt, etwa Steine oder sonst irgend etwas, was verletzen konnte, in die Säcke zu tun.

Die Knaben fingen zuerst mit diesem Spiele an, wobei sie, nach Art eines Scheingefechts, sich gegenseitig auf die Köpfe, oder wohin sie sonst konnten, schlugen. Nahm die Stimmung zu, so machten sich die mutwilligen Knaben daran, die vorübergehenden Mädchen zu schlagen. Zuweilen fielen drei oder vier Knaben über ein einziges Mädchen her und schlugen sie so stark, daß es ihr lästig wurde und sie zu schreien anfing. Vorsichtigere Mädchen nahmen, wenn sie über die Straße gehen mußten, einen tüchtigen Stock mit, um sich verteidigen zu können. Manche Knaben versteckten den Sack und warteten ab, bis eine alte Frau ganz sorglos in ihre Nähe kam. Dann begannen sie plötzlich auf sie loszuschlagen und schrien dabei: *»Chichiquatzinte mantze!«,* das bedeutet: »Unsere Mutter, das ist der Spielsack!«

Torquemada [1723] beschreibt die Sache so: »Bei dem Feste zu Ehren der Göttin Yamatecuhtli, das bedeutet ›der obersten alten Frau‹, im siebzehnten Monat des mexikanischen Kalenders, machten sich alle Leute in der Stadt Säcke nach Art von Geldbeuteln und stopften sie mit Heu, Stroh oder anderen Stoffen aus, die kein großes Gewicht hatten und niemand verletzen konnten, banden sie an einen Strick und trugen sie unter ihren Mänteln verborgen. Mit diesen Säcken klopften sie alle Frauen und Mädchen, die sie auf der Straße trafen.« Er weist auf die Ähnlichkeit dieses Spiels mit dem Blinde-Kuh-Spiel anderer Länder hin.

Die Apachen und die Navahos, die dicht bei den Zuñis wohnen, haben bis in die jüngste Zeit herein (und sie tun es vielleicht heute noch) den Tanz des Joschkân gefeiert, bei dem Spaßmacher aus Blasen, die sie sich um den Leib gebunden haben, die Zuschauer mit Wasser besprengen, das, wie man sagt, Harn vorstellen soll.

Ob der Mensch der Urzeit, durch seinen unersättlichen, alles verschlingenden Heißhunger nach Göttern verleitet, der ihn dazu antrieb, die Winde, die Gewässer, die Bäume und die Steine zu vergöttern und auf heilige Grale oder Kelche und andere Prunkgeräte seines Rituals mit einer an Heiligung grenzenden Verehrung hinzublicken, auch den Blasen, die er dazu verwendete, seinen Kot und seinen Harn aufzunehmen, irgendeine geheimnisvolle Kraft zuschrieb oder nicht, diese Frage wird wohl heute niemand mehr lösen können.

Der Dominikaner-Missionar Diego Duran beklagt sich bitter darüber, daß die törichte Zerstörung der alten mexikanischen Bilderhandschriften und alles dessen, was die Religion der Eingeborenen aufklären könnte, die Missionare im dunkeln darüber ließe, was eigentlich als Religion anzusehen sei und was nicht. Die Indianer machten sich das zunutze und verspotteten und verlachten die Lehren und die Gebräuche des neuen Glaubens unter den Augen seiner Ausleger, die obendrein die Sprache der Unterworfenen noch nicht völlig beherrschten. Die Indianer konnte man niemals zu dem Eingeständnis bringen, daß sie noch ihrem alten Aberglauben anhingen oder daß sie ganz unverfroren ihre religiösen Gebräuche auch jetzt noch ausübten; manchmal, sagt der scharfsinnige alte Berichterstatter, sah es gerade so aus, als ob sie lediglich mit irgendeinem lustigen Zeitvertreib beschäftigt wären, während sie sich in Wirklichkeit ihrem Götzendienst hingaben; oder als ob sie irgendein Spiel ausführten, während sie im Beisein des Priesters das Los warfen, um Zukünftiges vorherzusagen; oder als ob sie sich Bußübungen unterzögen, während sie doch ihren Götzen opferten. Diese Bemerkung traf auf alles zu, was sie taten. Beim Tanzen, im Bade, auf den Märkten, beim Singen ihrer Lieder, bei ihren Schauspielen (das Wort ist *comedia,* eine Komödie, aber ein Zusatz am Rande der Handschrift besagt, daß das Wort wahrscheinlich *comida* heißen müsse, was Nahrung, Essen oder Schmaus, Festmahl bedeutet), beim Säen, beim Ernten, beim Einbringen der Frucht in die Vorratshäuser, selbst beim Bodenhacken, beim Häuserbauen, bei Leichenbegängnissen und Beerdigungen, bei Hochzeiten und Kindtaufen, bei allem, was sie taten, kam immer der Götzendienst und der Aberglaube dazwischen.

Babylonier. Während man für die Prostitution im allgemeinen keinen heiligen Ursprung in Anspruch nehmen kann, so müssen doch in den ältesten Zeiten der Menschheit alle oder fast alle Tempel mit Prostituierten versehen gewesen sein. Die Notwendigkeit einer derartigen Vorsorge liegt klar auf der Hand. Der Mensch belegte in seinem Glauben und in seiner Unwissenheit gewisse Orte oder die Schutzgeister solcher Orte mit der Kraft, ihm Gutes oder Böses anzutun, je nachdem man ihn mit Geschenken oder Opfern in guter Laune erhielt oder nicht. An solchen Plätzen errichtete man dann Tempel, an denen Priester dienten, die bei ihrem Berufe fett wurden und sich bereicherten, weil ihre Stellung das Asylrecht mit sich brachte, obwohl ein solches Recht ursprünglich nicht notwendigerweise mit den kleinen Gemeinwesen verbunden war, die sich nach und nach in der Umgebung solcher Tempel bildeten. Die Notwendigkeit der Verwaltung für das eigene Volk und der schiedsrichterlichen Entscheidung für Fremde oder nicht dem eigenen Stamm Angehörige mußte natürlicherweise die Gesetzgeber, die angesehenen Häuptlinge und ihr Gefolge von Zeit zu Zeit herbeiziehen, vielleicht um ihre Streitigkeiten zu schlichten oder um im persönlichen Verkehr ihre Verträge abzuschließen, vielleicht auch, um die Entscheidung des Oberpriesters einzuholen.

Durch solche Zusammenkünfte mußte ein ausgebreiteter Tauschhandel und Verkehr entstehen und manche wurden wohl, wenn sie kaufmännisch veranlagt waren, veranlaßt, sich für das Vorteilhafte eines dauernden Aufenthaltes zu entschließen. Von den Matrosen und den Kaufleuten aus fremden Gegenden konnte man nicht erwarten, daß sie sich immer anständig betrugen; sie waren jedenfalls zuweilen ebenso darauf bedacht, den Ort einmal ordentlich »aufzuwischen«, wie es heute noch die Cowboys im westlichen Amerika nach Empfang ihrer Löhnung zu tun pflegen. Die Frauen der Stadt schwebten also in steter Gefahr, beleidigt zu werden; man kann es daher als weise Vorsicht bezeichnen, daß man für den Dienst bei den Tempeln eine gewisse Klasse von jungen und anziehenden weiblichen Wesen bereit hielt, d.h. für die Befriedigung der geschlechtlichen Bedürfnisse der Fremden und zur Bereicherung der Priester.

Es scheint in der Tat, als ob man bis zur Ausarbeitung eines solchen Planes und bis zu seiner Ausführung und vielleicht auch noch lange nachher den Brauch gehabt, alle Frauen einer Stadt an dieser Verpflichtung teilnehmen zu lassen; so lesen wir, daß beim Mylittakulte es jeder Frau oblag, sich einem Fremden wenigstens einmal in ihrem Leben hinzugeben, und zwar beim Tempel dieser Gottheit.

Die Priester pflegten den Prostituierten die Kenntnis von Zauberformeln mitzuteilen, die darauf hinzielten, sich

Glück zu verschaffen; dieser Zauberformeln pflegten sich dann im Laufe der Zeit ganz allgemein Prostituierte zu bedienen, auch wenn sie überhaupt keine Beziehungen zu Tempeln hatten. Ähnliche Überlebsel kann man auch bei Spielern beobachten. Das Spielen war früher einmal ein heiliges Mittel zur Weissagung. Diejenigen, die Lose warfen, hielten fortwährend Umschau nach guten und bösen Anzeichen. Eines der besten Anzeichen war es, wenn man einen Menschen mit einem Buckel traf. Und noch heutzutage schätzen sich Spieler glücklich, wenn sie einem Krüppel über den Buckel streichen können.

»Die meisten Tempel im Orient, und namentlich diejenigen, die dem Sonnenkulte geweiht sind, hatten und haben zum größten Teil heute noch *Deva-Dasis* oder ›Gottesweiber‹, die Nachfolgerinnen der Mylitta, wenn sie auch im allgemeinen weder eine so ausgesprochene noch eine so angesehene Stellung wie diejenigen einnehmen, die Herodot beschreibt. Unter ihnen sind zweifellos die Frauen mit Spiegeln zu verstehen, die um Tamuz, den Sonnengott, weinten, nach Hesekiel 8,14« [Forlong, 1883].

»Im babylonischen Kult der Göttin Mylitta waren die Frauen, die sich am Tor des Tempels den Fremden für Geld hingaben, durch ein besonderes Kleidungsstück gekennzeichnet, wie im Buche Baruch berichtet wird. Die Frauen sitzen am Wege, umgürtet mit Stricken aus Binsen und verbranntem Stroh, und ihre Aufenthaltsplätze sind mit Stricken gekennzeichnet« [Purchas, 1625].

Die heilige Prostitution beschränkte sich keineswegs auf die Babylonier. Die Juden hatten auch in Verbindung mit ihren Tempeln eine Klasse von Menschen beiderlei Geschlechts, die man *»Kadeschim«* nannte, denen man das schimpfliche Amt der öffentlichen Prostitution auferlegt hatte; und aus vielen anderen Teilen der Welt haben wir Berichte von der gleichen Art persönlicher Erniedrigung. Die Frauen, die sich diesem Dienste geweiht hatten, trugen eine Bestimmte Kleidung [Dulaure, 1825; W. Smith, 1871].

»Eli aber war sehr alt und erfuhr alles, was seine Söhne taten dem ganzen Israel, und daß sie schliefen bei den Weibern, die da dienten vor der Tür der Hütte des Stifts« [1. Buch Samuel 2,22].

Die religiöse Prostitution der alten Babylonier scheint sich, allerdings nur in unbedeutenden Überresten, in den kleinen Dörfern Kesfin und Martaouan bei Aleppo in Syrien erhalten zu haben. »Die Frauen treiben ihre Gastfreundschaft so weit, wie einstmals die Frauen im alten Babylonien. Diese von der Sitte geheiligte Prostitution scheint ein Überlebsel alter asiatischer, abergläubischer Gebräuche zu sein« [Maltebrun, 1832].

Bangalen und **Bukeens.** Smyth [1878] berichtet: »Will ein Ureinwohner ein natürliches Bedürfnis befriedigen, so nimmt er jedesmal ein spitzes Werkzeug mit, mit dem er den Boden aufgräbt, damit seine Entleerungen vor dem scharfen Blick der herumziehenden Bangalen verborgen bleiben.« Diese Bangalen sind die einheimischen Hexen oder etwas ähnliches.

»Stößt ein Bangale im Verlaufe seiner Wanderungen auf eine alte Lagerstätte der Bukeens, so durchsucht er sie nach irgendeinem Überreste der Speisen, die sie dort verzehrt haben, z.B. Knochen. Aber diese Nachforschungen nach Knochen oder irgendeiner anderen Art von Überresten sind häufig erfolglos, weil es unter den gesamten Ureinwohnerstämmen allgemein verbreiteter Brauch ist, alle Knochen des Wildes, das sie verzehrt haben, vor dem Verlassen des Lagers durch Feuer zu vernichten. Hat er also nichts Derartiges gefunden, dann sucht er peinlich genau den ganzen Erdboden um das verlassene Lager herum nach faulendem Kot ab; und sollte einer der Bukeens aus Nachlässigkeit oder aus irgendeinem anderen Grunde vergessen haben, seine Schaufel anzuwenden, oder sich nicht gewissenhaft genug gebraucht haben, so stürzt sich der aufmerksame Bangale auf die offen daliegenden Kotreste wie ein armer Schlucker auf einen Schatz.

Nachdem er seinen durftenden Fund in Sicherheit gebracht hat, benetzt er ein Stück Opossumfells mit dem Nierenfett eines seiner Opfer und wickelt es sorgfältig um seinen Schatz; dann windet er Bindfaden ellenweise immer und immer wieder darum, wobei jede Umwindung das ist, was die Seeleute einen *›half-hitch‹*, einen ›halben Knoten‹ nennen, d.h. es wird jedesmal eine Schlinge um den Ballen gelegt und fest zugezogen. Nachts, wenn alles im Lager ruhig ist, holt der Bangale seine Beute vorsichtig aus dem Sack heraus und fängt dabei leise und eintönig zu singen an, wobei er das eine Ende des in der oben angegebenen Weise zubereiteten Ballens in das mit Absicht klein gehaltene Feuer legt; mit dem Gesang fährt er fort, bis die allmähliche Verbrennung beendet ist. Hegt er den Wunsch, den Bukeen sogleich völlig in einer einzigen Nacht zu töten, so setzt er den Gesang fort und schiebt den brennenden Ballen langsam vorwärts in die glühende Asche, so daß er verzehrt wird, und wenn auch die letzte Spur in stinkendem Rauch verflogen ist, dann ist es auch mit dem Leben des Bangalenopfers zu Ende. Beabsichtigt jedoch der Bangale, die Todesqualen seines Feindes zu verlängern, so verbrennt er nur einen kleinen Teil seines Ballens in jeder Nacht und singt dabei seine Beschwörungsformeln; und wenn es Monate dauert, bis der ganze Ballen vom Feuer verzehrt ist, dann wird auch die Qual seines Opfers so lange anhalten« [Beveridge, 1889].

Banianen. Bei den Banianen in Indien werden Neubekehrte von den Brahmanen verpflichtet, sechs Monate lang Kuhmist zu essen. Sie beginnen mit einem Pfund täglich und verringern die Menge von Tag zu Tag.

»Wir wollen noch ein Wort über die Art und Weise sagen, wie man die Neubekehrten der Banianen während der ersten Monate nach ihrer Bekehrung zu leben anhält: Die Brahmanen befehlen ihnen, Kuhmist unter alles zu mischen, was sie während dieser Zeit der Wiedergeburt essen. Was könnte hier nicht alles ein spitzfindiger Erklärer sagen, der die Nahrung dieser Neubekehrten mit den Befehlen vergleichen wollte, die Gott ehemals Hesekiel [Kap. 4] gab, er solle nämlich Kuhmist unter seine Speisen mischen« [Picart, 1729].

Die Banianen von Momba waschen sich das Gesicht mit dem Harn der Kühe, weil, wie sie sagen, die Kuh ihre Mutter ist [Réclus, 1885].

Bari. Die Eingeborenen am weißen Nil, die Stämme der Bari, machen »einen Mörtel aus Asche, Kuhmist und

Sand, mit dem sie den Fußboden und die Einfriedungen um ihre Häuser bewerfen« [Baker, 1869].

Die Eingeborenen am Nil oberhalb von Khartum »färben sich das Haar rot mit einer Paste aus Asche und Kuhharn«.

»Anscheinend nahm man an, daß auf die Haut geriebener Eselskot ein Heilmittel gegen Rheumatismus sei, und dieses seltene Sondermittel schaffte man aus einer weit entfernten Gegend im Osten, wo diese Tiere vorhanden waren, herbei.«

Henry M. Stanley [1878] berichtet von der Heilung gewisser Geschwüre, die von Fliegenstichen herrührten, an denen seine Leute viel zu leiden hatten: »Safeni, mein Bootsführer auf dem Victoria Nyanza, nahm eine ganz sonderbare Behandlung vor, die aber, wie ich zugeben muß, ebenso wunderbar erfolgreich war. Dies Heilmittel bestand in einem Pulver aus Kupfer und Kinderharn, das er täglich zweimal mit einer Feder auf die Wunde aufpinselte.«

Basken. »Ich habe irgendwo gelesen, daß die Basken und auch zum Teil die Hindus ihren Mund mit Harn ausspülen, aber ich kann mich an das Buch nicht mehr erinnern« [Gatschet].

Bayern. »Die Gicht kann man von einem Menschen in folgender Weise auf einen Baum übertragen. Man schneidet dem Leidenden die Fingernägel und einige Haare von seinen Beinen ab. Dann bohrt man ein Loch in einen Eichbaum, stopft die Nägelabschnitte und die Haare hinein, verschließt das Loch wieder und schmiert Kuhmist darauf« [J. G. Frazer, 1890].

Bedawis. »Der Bedawi, der als ein Zeichen der Höflichkeit rülpst, hat einen tödlichen Abscheu vor einem *Crepitus ventris;* und lachte ein Dabeistehender über eine zufällige Äußerung dieser Art, so stäche er ihn sofort als einen ›Beleidiger‹ nieder. Dieselbe Anschauung trifft man bei den Bewohnern des Hochlandes von Afghanistan an. Und das Erkünstelte an der Sache weist auf einen unmittelbaren Zusammenhang hin, obwohl die beiden Gebiete durch mehrere Stämme, Perser und Belutschen, getrennt sind, die eine solche Beleidigung durchaus nicht kennen und sich in diesem Falle wie wir Europäer verhalten. Die Beutezüge der vor-ismaëlitischen Araber durch die Länder, die von ihnen aus nordöstlich liegen, sind zwar fast vergessen; aber dennoch findet man Spuren davon, und dieses mag eine von ihnen sein« [R.F. Burton, 1886].

Beduinen. Kamelmist ist das Brennmaterial der Beduinen.

Pocock [1814] sagt vom Kamelmist: »Um Brennmaterial daraus herzustellen, mischen sie ihn, wenn ich mich darin nicht irre, mit kleingehacktem Stroh und, ich glaube, manchmal auch mit Erde; daraus machen sie Kuchen, die man trocknet; und so verbrennen ihn die gewöhnlichen Leute in Ägypten; denn das Holz, das sie in Kairo als Brennmaterial benutzen, ist sehr teuer, weil man es aus Kleinasien herbeischafft.«

Es ist nicht ganz unwahrscheinlich, daß die umherziehenden Beduinen das »Schiff der Wüste« als Gott der Tapferkeit ehrten. Fosbroke [1843] sagt, daß das Kamel als »Sinnbild Arabiens« galt.

Belgier. »Ein vier Jahre alter Knabe hatte sein Bett besudelt, und da er sich sehr vor Schlägen fürchtete, aß er seinen eigenen Kot auf. Er konnte jedoch die Flecken aus den Bettüchern nicht entfernen, und als man ihn unter Drohungen ausfragte, gab er schließlich die Sache zu. Als man dann weiter nach dem Geschmack forschte, sagte er, daß es stinkig, aber dabei etwas süß geschmeckt habe. Ein vortreffliches kleines Mädchen, das sehr um sein Seelenheil besorgt war, aß seinen eigenen Kot, wurde aber schwach und krank davon. Als man es fragte, wie der Geschmack gewesen sei, antwortete es, er sei übelriechend und wässerig süß gewesen.« Von diesen Beispielen sagt van Helmont [1662], daß sie ihm persönlich bekannt seien, wie auch der Fall eines Brüsseler Malers, der irrsinnig geworden war und 23 Tage lang von seinem eigenen Kot lebte.

Bei der Erwähnung des Männchens von Brüssel (»Maneken Pis«) muß man im Auge behalten, daß einstmals der Phalluskult in ganz Flandern verbreitet war.

Belutschen. Nach Niebuhr [1772] wird das Lassen eines Windes bei den Arabern als die schwerwiegendste Unanständigkeit angesehen; einige Stämme machen einen Menschen, der sich einmal einen solchen Verstoß gegen die guten Sitten hat zuschulden kommen lassen, zu einer ewigen Zielscheibe ihres Spottes; die Belutschen an der persischen Grenze verjagen den Schuldbeladenen aus dem Stamme.

Indessen erzählt Niebuhr selber, daß ein Scheich des Stammes Montesids einmal einen Wettkampf dieser Art unter seinen Dienern veranstaltete, *»et couronné le vainqueur«* (»und der Sieger wird gekrönt«).

Benjani. Ettmüller [1690] sagt, daß die Benjani, eine orientalische Sekte, die an die Seelenwanderung glauben, den Kot ihrer Kühe sammeln, wobei sie ihn mit den Händen aufheben.

Bilgula-Indianer. Bei den Bilgula in Britisch-Columbia gibt es eine Sage, die da berichtet, daß ein gewisser Baumstumpf ein Menschenfresser war, der sich einst ein Mädchen eingefangen hatte. Als er einmal auf den Fischfang ging, um Heilbutten zu fangen, »befahl er seinem Pißtopf, ihn zurückzurufen, falls das Mädchen versuchen sollte, zu entwischen. Als sie es wirklich tat, rief der Topf: *›Rota-gota, Rota-gota, gota!‹«* [Boas].

Bongo-Afrikaner. Mist gebrauchen auch die Bongoneger in der oberen Nilgegend zum Gerben [Schweinfurth, 1878].

Borneo-Insulaner. Pfarrer Maurice J. Bywater schreibt aus Nassau auf den Bahamas, er habe in den sieben Jahren seiner Missionarstätigkeit auf der Insel Borneo mehrere sehr sonderbare und auffällige Beispiele von den wiederherstellenden und anreizenden Wirkungen des menschlichen Harns, den die chinesischen Einwanderer bei Unfällen anwandten, als Augenzeuge gesehen.

Brahmanen. »Man teilte mir mit, daß eine große Anzahl unter den Shodrus das Wasser tränke, in das ein Brahmane seinen Fuß getaucht hätte, und daß sie sich am Morgen jeder Nahrung enthielten, bis diese Zeremonie vorüber sei. Einige Personen tun dies jeden Tag. Man kann sehen, wie Leute eine kleine Menge Wasser in einer Schale tragen und den ersten besten Brahmanen, der ihnen in den Weg kommt, bitten, er möchte seine Zehe hineinstecken. Viele Leute bewahren derart geheiligtes Wasser in ihren Häusern auf« [Southey, 1849].

Während des siamesischen Festes im Monat April »führen die tanzenden Brahmanen Büffelhörner bei sich, mit denen sie aus einem großen kupfernen Kessel Wasser schöpfen, womit sie das Volk bespritzen; man nimmt an, dies bringe Glück« [J.G. Frazer, 1890]. In den vorstehenden Angaben haben wir ein ganz deutliches Überlebsel; die Büffelhörner dürften Zumpte vorstellen, und das Wasser wird wohl der Ersatz für eine Flüssigkeit sein, die unseren Zeitgenossen nicht mehr ganz untadelhaft erscheinen würde.

»Die alten Hindus verabscheuten den Pilz so sehr, daß Yama, ein Gesetzgeber, den man jetzt als Richter der abgeschiedenen Seelen ansieht, folgendes erklärt: ›Diejenigen, die Pilze essen, gleichviel, ob sie auf dem Erdboden entstehen oder auf einem Baume wachsen, sind an Schuld demjenigen gleich, der einen Brahmanen erschlägt, und die verabscheuungswürdigsten von allen Todsündern‹« [Asiatic Society, 1795].

Dubois [1817] erwähnt den gleichen Gegenstand. »Die Brahmanen«, sagt er, »schließen von ihrer pflanzlichen Nahrung, die die Grundlage ihrer Lebensführung bildet, alle Wurzeln aus, die einen Kopf oder eine Knolle in der Erde bilden, wie die Zwiebeln und ebenso diejenigen, die über der Erde dieselbe Gestalt annehmen, wie die Pilze und einige andere Gewächse. Sollen wir annehmen, daß sie irgend etwas Unzuträgliches bei der einen Art entdeckt hatten und die andere Art wegen ihres üblen Geruchs verboten? Darüber kann ich keine Entscheidung treffen, denn von allen, die ich über die Gründe befragte, weshalb sie sich dieser Pflanzen enthielten, erhielt ich immer die gleiche Antwort: ›Es sei herkömmlich, sie zu meiden.‹«

Dieses Verbot, unter Androhung so furchtbarer Strafen, kann eigentlich nur eine Bedeutung haben. In den ältesten Zeiten mußte sich Indiens Bevölkerung im Übermaße solchen Ausschweifungen hingegeben haben, die aus Getränken entstanden, in denen giftige Pilze und Misteln (der Pilz, »der auf einem Baum wächst«) enthalten waren. Die Wirkungen dieser Ausschweifungen fand man so entwürdigend und verderblich, daß die herrschende Priesterklasse sich gezwungen sah, zu ähnlichen Flüchen zu greifen, wie sie Moses für zweckmäßig fand, um die Kinder Israels von der Götzenbilder-Anbetung abzuhalten.

Unter den ungesetzlichen Handlungen für Brahmanen oder Kshatriyas, die gezwungen sind, sich ihren Lebensunterhalt dadurch zu erwerben, daß sie sich der Beschäftigung der Vaisyas widmen, befindet sich auch der Verkauf von Sesam, »wenn sie ihn nicht selber beim Ackerbau gezogen haben. Wenn er Sesam zu etwas anderem als zur Speise verwendet, oder zum Salben oder als milde Gabe, so wird er als ein Wurm wiedergeboren und zusammen mit seinen Vorfahren in seinen eigenen Kot eingetaucht werden« [Müller, 1882].

In der *Histoire Secrète du Prince Croq' Être on* von Mademoiselle Laubert [1790] befiehlt der König Petaud, daß der Prinz Gadourd lebendig in Kot begraben werde; diese Strafe würde die Bekanntschaft der Verfasserin mit der brahmanischen Literatur verraten haben, selbst wenn sie nicht mit diesen Worten darauf hingewiesen hätte: »Diese Art der Todesstrafe war nichts Neues, denn nach dem brahmanischen Religionssystem besteht die Strafe der Verleumder in der Hölle darin, daß sie mit Kot gefüttert werden.«

Picart [1729] berichtet, daß die Brahmanen einer heiligen Kuh Getreidekörner zum Futter geben und später aus dem Mist die heiligen Körner heraussuchen, die unversehrt geblieben sind; diese Körner trocknet man und verabreicht sie den Kranken nicht bloß als gewöhnliche Arznei, sondern als etwas Heiliges.

Bei der Besprechung der als *»Pujah«* bezeichneten Opferhandlung sagt Maurice [1800]: »Der Brahmane bereitet einen mit getrocknetem Kuhdünger gereinigten Platz vor. Mit dem Dünger bewirft man den Fußboden und man besprengt das Zimmer mit dem Harn desselben Tieres.«

Dubois sagt in seinem Kapitel *»Restoration to the Caste«*, ein indischer Büßer müsse »das *panchakaryam* trinken, dieses Wort bedeutet eigentlich die fünf reinigenden Stoffe, die von der heiligen Kuh gewonnen werden, nämlich Milch, Butter, Quark, Kot und Harn, die man alle zusammenmischte«.

Brasilianer. »Bei manchen Indianern Brasiliens geschieht folgendes, wenn ein Mädchen mannbar wird: Wenn sie einen natürlichen Drang fühlt, nimmt eine weibliche Verwandte das Mädchen auf ihren Rücken und schleppt sie hinaus, wobei sie eine glühende Kohle bei sich trägt, um zu verhindern, daß böse Einflüsse in den Leib des Mädchens eindringen« [J.G. Frazer, 1890].

Bretonen. »Ich hatte niemals Gelegenheit, den folgenden Vorgang mit anzusehen, aber ernsthafte Leute haben mir die Richtigkeit öfter versichert: In unserer Provinz, der Bretagne, hält man es für ein sehr gutes Heilmittel, wenn Bauersleute, die infolge schlechter Zähne eine geschwollene Backe kriegen, mit frischem Kuhmist einen Umschlag auf die geschwollene Backe machen, ja, man nimmt sogar frischen und noch rauchenden Menschenkot dazu, weil man den für wirksamer hält« [Jouan, 1888].

Burgunder. In bezug auf Schimpfworte gab es bei den alten Burgundern einige ganz merkwürdige Gesetze. »Wenn einer einen anderen als ›beschissen‹ bezeichnet hatte, so soll er mit 120 Denarien bestraft werden« [Barrington, 1775].

Burjäten. Pallas [1771] schildert, wie die Burjäten in Sibirien, wenn sie Salz an den Ufern gewisser Seen in ihrem Lande sammeln, sehr sorgfältig auf den Geschmack achten. »Sie verwenden nur dasjenige, das einen Geschmack wie Harn und Laugensalz hat.« Daraus geht hervor, daß sie in früheren Zeiten Harn anstelle von Salz verwandt haben müssen, wie es ja so viele andere Stämme taten.

»Ich konnte keine Bilder bei ihnen entdecken, außer einigen Reliquien, die sie von ihren Priestern bekamen, die diese wiederum vom Dalai-Lama erhalten hatten; solche Reliquien werden gewöhnlich in einer Ecke ihrer Zelte aufgehängt, zuweilen auch um den Hals getragen als eine Art Amulett, das sie vor Mißgeschick bewahren soll« [Bell, 1714]. Dies waren zweifellos Amulette aus menschlichem Kot usw., die sie vom Großlama erhalten hatten.

Cachi-caoris. Dulaure [1825] beschreibt die Gebräuche der Cachi-caoris, bei denen man das heilige Wasser des Gangesflusses zuerst über den *Lingam* gießt; dann bewahrt man es auf, um es tropfenweise an die Gläubigen zu verteilen; es ist ganz besonders dazu dienlich, die letzten Stunden eines Sterbenden zu versüßen. Der *Lingam* ist das Sinnbild des männlichen Geschlechtsteiles. Das Wasser oder die Milch, die er heiligt, mögen an eine frühere Anwendung des Harns erinnern, die, wie wir später zeigen werden, über ganz Europa verbreitet war. Die Verwendung des Lingamwassers ist wohl derjenigen des Mistelwassers [vgl. Druiden] ähnlich.

Caindus. »Die Caindus sind ein heidnisches Volk, bei dem man zu Ehren ihrer Götter die Ehefrauen, die Schwestern und die Töchter der geschlechtlichen Lust der Reisenden preisgibt« [Purchas, 1625]. Caindu scheint ein Gebiet dicht an der Grenze von Tibet gewesen zu sein.

Carriers-Indianer. Die Indianer von Nord-Amerika kochen nach Harmons Bericht [1820] das Bauchstück des

Büffels mit einer Menge des noch daran klebenden Kots; eine nicht gerade reinliche Art des Kochens, die aber an sich gar nichts Besonderes bedeutet, da die gleichartige Erscheinung bei fast allen Stämmen vorkommt. Aber an einer anderen Stelle sagt derselbe Verfasser: »Viele hielten Brühe, die unter Verwendung vom Kot des Karibu und des Hasen hergestellt ist, für ein sehr schmackhaftes Gericht.«

Harmons Bemerkungen sind von ganz besonderer Wichtigkeit, weil er von den Ta-Cully oder Carriers spricht, die zum Tinneh-Hauptstamm gehören, wie die Apachen und Navahos von Arizona und Neu-Mexiko, die Lipons in Texas, die Umpquas im Washington-Territorium, die Hoopahs in Kalifornien und die Slocuss im Quellgebiet des Columbia River.

Celebes-Insulaner. Wunden, die von vergifteten Waffen herrührten, behandelte man auf der Insel Macassar innerlich mit Menschenkot. Man mußte so viel zu sich nehmen, daß Erbrechen eintrat. Auch in Armenien verfuhr man in dieser Weise. Gleichfalls gab man auf der Insel Celebes Menschenkot als Gegengift bei Pflanzengiften ein, wofür Paullini [1696] angeführt wird.

Chaldäer. Webster führt das Wort »Dung« auf das angelsächsische *dung, dyncg, dincg* = Kot zurück; *Dyngan* = düngen; neuhochdeutsch: Dung, Dünger; althochdeutsch = *Tunga;* schwedisch = *Dynga;* dänisch = *Dynge* und *Dyngd;* isländisch = *Dyngia* und *Dy.* Dies beweist, daß das Wort seinem Stamme nach wesentlich indo-germanisch ist und ganz gut mit den Wörtern *Pedung* und *Dung-runs* in Rockhills Manuskript [s. Tibeter] verglichen werden kann.

Im Lande Ur der Chaldäer, das die Heimat des Abraham war [1. Buch Moses 11, 2], herrschte ein König, »der Vater des Dungi«. Die wirkliche Bedeutung des Namens »Dungi« hat man bis jetzt noch nicht auffinden können. Der Name des Königs selbst war sonderbarerweise »Urea« oder »Uri« — der Name wird auf beide Weisen gelesen. Man hat seine Regierungszeit auf etwa 3000 Jahre vor Christi Geburt angesetzt.

Die Angaben des vorstehenden Absatzes hat mir Professor Otis T. Mason vom National-Museum in Washington geliefert.

Lenormant [1878] weist ihn einer sehr weit zurückliegenden Zeit zu, — »die ältesten der Könige von Babylon, Könige, die dem Alter nach mit den Erbauern der ägyptischen Pyramiden wetteifern können, Dungi zum Beispiel«.

Auf dem Bruchstück eines chaldäischen Tontäfelchens findet sich die folgende merkwürdige Stelle:

»Ein Sohn an seine Mutter,
Wenn er zu ihr gesagt hat, Du bist nicht meine Mutter,
Seine Haare und seine Nägel sollen abgeschnitten werden,
In der Stadt soll er verbannt sein von Land und Wasser.«

Es gibt ein chaldäisches Sprichwort: »Der Abfall aus den Gräben der Stadt soll Deine Nahrung sein; die Abwässer der Stadt sollen Dein Getränk sein« [G. Smith, 1880].

Chewsuren. Havelock Ellis macht darauf aufmerksam, daß die Frauen bei den Chewsuren im Kaukasus nach der Niederkunft zur Reinigung den Harn von Kühen angewandt haben.

»Die Chewsuren finden den Harn ausgezeichnet zur Erhaltung der Gesundheit und zur üppigen Entwicklung des Haarwuchses. Zu diesem Zwecke sammeln sie sorgfältig in den Ställen die Mistjauche, aber die Flüssigkeit gilt für am wirksamsten, solange sie noch die Lebenswärme bewahrt hat. Die Melkerinnen schmeicheln dem Tier, pfeifen ihm ein Liedchen, kitzeln gewisse Körperteile und bringen im genau abgepaßten Augenblicke den Kopf darunter, um den Strom, der sich daraus ergießt, aufzufangen; die sorgsame Mutter ist darauf bedacht, daß der Kopf ihres Säuglings zu gleicher Zeit wie der ihrige benetzt wird.«

Réclus [1885] erzählt auch, es gebe heute noch Völker, die ihre Bierbrauer als Priester betrachten, und andere erheben ihre Milchleute zu diesem Amte. »Die Chewsuren im Kaukasus haben ihre Bierbrauerpriester, die Todas der Nilgherry-Berge ihre göttlichen Käsefabrikanten.«

Cheyennes. Die alte Heimat der Cheyennes von Dakota lag in den Black Hills, und dort glaubten die Sioux-Indianer, die Cheyennes seien unbesiegbar, weil ihre Medizinmänner aus dem Büffelmist alles mögliche herzustellen verständen.

»Bei einem der heiligen Tänze der Cheyennes ist ein Altar zu sehen, der in einem Halbkreis von Büffelkothaufen umgeben ist; diesen Tanz oder diese Zeremonie feiert man zu dem Zwecke, eine reichliche Zahl von Ponys zu bekommen« [Dodge, 1882].

Die Anwendung von menschlichen Zähnen und Fingern als Zaubermittel, Amulette und Medizin wird in einem anderen Werk [s. *Medicine Men of the Apaches*] in größerer Ausführlichkeit behandelt werden. Für den vorliegenden Zweck genügt es, auf die große Macht hinzuweisen, die in den Anschauungen der amerikanischen Eingeborenen mit solchen Reliquien verbunden ist. Der Verfasser kam im Winter 1876 im nördlichen Wyoming in einem der Feldzüge des Generals Crook nach einem Kampfe mit den nördlichen Cheyennes in den Besitz eines Halsbandes aus menschlichen Fingern, des hochgeschätzten Schmucks und der »Medizin« des obersten Medizinmannes. Dieses sonderbare Glied zwischen amerikanischer Wildheit und europäischem Aberglauben befindet sich jetzt im Nationalmuseum zu Washington.

Bei den Cheyenne-Indianern findet man einen Ausdruck der Verachtung, der an die Schimpfworte der Beduinen erinnert, nämlich *natsi-viz,* das heißt: »Dreckmaul«. [Eigene Aufzeichnung vom 25. September 1878; Besprechung mit den Häuptlingen der nördlichen Cheyennes; Ben Clark war Dolmetscher.]

Chicagoländer. Den Namen der Stadt Chicago hat irgendein Sprachforscher auf das Indianerwort für das Stinktier zurückgeführt; er soll angeblich soviel bedeuten wie: »Gleich dem pissenden Stinktierchen« [Kelton, 1888].

Chinesen. Bei den Chinesen »ist es bei den Fürsten und auch beim Volke gebräuchlich, das Wasser im Stehen zu lassen. Leute von hohem Range, ebenso auch die Vizekönige und die höheren Beamten, haben vergoldete Bambusrohre, die eine Elle lang und durchbohrt sind; sie gebrauchen sie jedesmal, wenn sie Wasser lassen, wobei sie die ganze Zeit lang stehen; und auf diese Weise leitet die Röhre das Wasser eine ziemliche Entfernung von ihnen weg« [Renaudot, 1718]. Dies erinnert an den Abscheu der Moslime vor Harnspritzern an ihrem Körper oder an ihrer Kleidung. »Die Chinesen sind der Meinung, alle Schmerzen in den Nieren, der Harnzwang und selbst die Blasensteine entständen daraus, daß man das Wasser in sitzender Stellung läßt; und daß die Nieren sich von ihrer Flüssigkeit nur dann vollkommen befreien können, wenn man sie im Stehen entleert. Auf diese Weise trägt diese Haltung in ganz außerordentlicher Weise zur Erhaltung der Gesundheit bei.«

Bei den Chinesen findet man eine merkwürdige und scheußliche Art der Bestrafung: Eine bestimmte Klasse von Verbrechern schließt man in Fässern oder Kisten, die mit ungelöschtem Kalk angefüllt sind, ein und setzt sie auf einer öffentlichen Straße den Strahlen der Nachmittagssonne aus. Nahrung ist in ausreichender Menge in der Nähe der elenden Unglücklichen niedergelegt, aber es ist gesalzener Fisch oder sonstiger gesalzener Mundvorrat, und dabei steht genug Wasser, um den Durst zu löschen, den die Speisen ganz gewiß hervorrufen werden. Aber gerade durch diese Wasseraufnahme verschaffen sich diese armen Verbrecher selber die Qualen, denen sie ausgesetzt sind, wenn durch eine reichlichere Entleerung der Blase der Kalk anfängt, lebendig zu werden und sie langsam zu Tode brennt.

Die Chinesen haben ein sagenhaftes Tier, das man in dem Tapir zu erkennen glaubte; sie nennen es den *»Mih«* und schreiben ihm die Fähigkeit zu, Eisen und Kupfer zu fressen. »Aus diesem Grunde verordnet man den Harn dieses Tieres, wenn jemand Eisen- oder Kupferstücke verschluckt hat, denn der Harn wird sie in kurzer Zeit zu Wasser verwandeln« [*Chinese Repository*, 1839].

Die chinesische Sage von den wunderbaren Verdauungskräften des *Mih* hat ihr Gegenstück in dem alten Glauben, daß der Strauß dieselbe Kraft habe.

Reisende berichten, im Innern Chinas stelle man kupferne Gefäße an den Straßen auf, um sich vor dem Verluste eines Düngemittels zu bewahren, dessen Wert richtig erkannt ist. Diese kupfernen Gefäße erinnern uns an die *Gastra* der Römer.

»Die Chinesen düngen ihre Ländereien, so oft es in ihrer Macht steht; sie verwenden zu diesem Zwecke alle möglichen Stoffe, hauptsächlich aber menschlichen Kot, den sie in dieser Absicht mit großem Eifer sammeln. Man findet in den Städten, in den Dörfern und an den Wegen Plätzchen, die für die Bequemlichkeit der Vorübergehenden besonders hergerichtet sind, und an den Orten, wo man solche Gelegenheiten nicht hat, suchen die Leute morgens und abends den Kot zusammen und bringen ihn mit Hilfe eines eisernen dreispitzigen Hakens in Körbe hinein.

Man handelt in diesem Lande auch mit Dingen, die man anderswo mit Abscheu fortwirft. Und diejenigen, die in Frankreich Geld dafür bekommen, wenn sie eine Abtrittgrube reinigen, geben im Gegenteil in China noch Geld dazu, wenn man ihnen gestattet, das Erwähnte zu tun. Die Exkremente birgt man in große, gut dicht gemachte Löcher, die man mitten in den Feldern herstellt, und man verdünnte sie darin mit Wasser und Harn; sobald es erforderlich, verteilt man dann diesen Dünger auf das Land. Auf dem Flusse trifft man zu Kanton häufig Kähne von sonderbarer Gestalt, die zum Fortschaffen dieser schmutzigen Stoffe dienen und zu seinem großen Erstaunen wird man die Beobachtung machen, daß sich die Bootführer von dem angenehmen Geruche einer solchen Handelsware durchaus nicht unangenehm berührt zu fühlen scheinen« [De Guignes, 1808].

»Den Mist von Tieren jeder Gattung schätzt man höher ein als jedes andere Düngemittel. Er wird häufig zum Handelsartikel in der Gestalt von kleinen Kuchen, die man dadurch herstellt, daß man einen Teil Lehm und Erde mit dem Kote mischt und das Ganze dann ordentlich trocknet. Diese Kuchen führt man sogar von Siam ein, und sie bilden auch zwischen den einzelnen Provinzen einen Handelsartikel. Man wendet sie jedoch niemals trocken an, sondern verdünnt sie mit soviel Harn, wie man bekommen kann« [*Chinese Repository,* 1835].

»Sie bringen sogar das zum Verkauf, was man in Europa um Mitternacht im stillen in einige Entfernung hinwegzubringen pflegt.« Diese Angabe des Paters Du Halde [1736] kann man mit dem vergleichen, was Bernal Diaz [1844] über die Märkte der Stadt Mexiko zur Zeit des Ferdinand Cortez sagt: »In jeder Provinz gibt es eine große Anzahl von Leuten, die zu diesem Zwecke mit Kübeln herumziehen; an einigen Plätzen kommen sie mit ihren Booten auf die Kanäle, die an der Rückseite ihrer Häuser herlaufen und füllen sie fast zu jeder Tageszeit.«

In China hebt man die vom Kopfe abgeschabten Haare auf, um das Land damit zu düngen; und die Menge Haare, die auf diese Weise zusammenkommt, muß wohl ziemlich bedeutend sein, da sich täglich mehrere hundert Millionen dort den Kopf vollständig glatt rasieren [Bingham, 1842].

In China gilt heute noch alles, was zum Bebauen der Felder gehört, als religiöser Brauch. Wahrscheinlich hat kein Land der Erde, das sich in einem ähnlich fortgeschrittenen Zustande befindet, mit solcher Zähigkeit an alten Gebräuchen bei allem, was zur Beackerung des Bodens gehört, festgehalten; es gibt heilige Handlungen, die der Kaiser selber mit einem Pfluge anführen muß. Inwieweit alles dies mit der Verwendung von Abfällen zusammenhängt, denen der Glaube in der ganzen Welt so allgemein »Zauber-« oder »Heilkräfte« zugesprochen hat, wird sich aller Wahrscheinlichkeit nach niemals feststellen lassen; aber man sollte doch der Tatsache Beachtung schenken, gerade wie es sich für uns wohl gelohnt hat, in die Geschichte der Latrinen näher einzudringen.

»Ein Reisender, der kürzlich aus Peking zurückkehrte, versichert, es gebe wohl genug zu riechen in dieser Stadt, aber sehr wenig zu sehen. Alle Häuser sind niedrig und sehr armselig, die Straßen ohne jegliches Pflaster und stets voller Schlamm und Schmutz, und da es keine Abzugskanäle oder Senkgruben gibt, so ist die Unreinlichkeit in der Stadt geradezu unbeschreiblich« [*Philadelphia Press,* 1889].

Bei der Beschreibung der Provinz Quang-tong findet sich bei Du Halde die Angabe, daß die Chinesen Eier »im Ofen oder in Mist ausbrüten«. Du Halde berichtet außerdem von Kamelmist: »Getrocknet und zu Pulver gestoßen, stillt er Nasenbluten, bläst man ihn in die Nase ein.«

In China füttern sie auch die Fische hauptsächlich mit Ochsenmist, der sie sehr fett macht [Purchas, 1625].

Die Chinesen erzählen, daß ein Hase am Fuße des Zimtbaumes im Monde sitzt und in einem Mörser die Arzneistoffe zusammenstößt, aus denen man den Unsterblichkeitstrank herstellte. In einem Gedichte des Tu-fu, eines Sängers der T'ang-Dynastie, wird der Ruhm dieses Hasen also besungen:

»Der Frosch kann im Flusse nicht ertrinken;
Der Medizinhase wird ewig leben«
[Black, 1883].

Chinook-Indianer. Die Beimengung von Harn zu menschlicher Nahrung erwähnen mehrere Schriftsteller. In seinem Berichte über die Chinooks beschreibt Paul Kane [1859] einen Leckerbissen, den einige von den Indianern, unter denen er seine Reisen machte, herstellten. Er nennt diesen Leckerbissen »Chinook-Oliven«. Solche Oliven waren aber nicht mehr und nicht weniger als Eicheln, die fünf Monate lang in menschlichem Harn eingeweicht gelegen.

Chios-Insulaner. Über die Mysterien der Göttin Cotytto, einer volkstümlichen Venus der Insel Chios, macht Dulaure [1825] folgende Angaben: »Die Eingeweihten, die sich allen Ausschreitungen der Zügellosigkeit hingaben, verwandten dabei den Phallus in einer ganz besonderen Weise; er war von Glas und diente als Trinkgefäß.« Er führt Juvenal an, der von der äußersten Ausgelassenheit dieser Mysterien sagt:

»Und jener trinkt aus einem gläsernen Priap.«

Vielleicht steckt in diesen Worten des römischen Satirikers unter einem dünnen Schleier verborgen eine schmutzige Handlung, die dem Harntanz der Zuñi-Indianer verwandt ist.

Frommann [1675] führt auch die oben wiedergegebenen Worte aus Juvenal an, ohne jedoch den Versuch zu einer Erklärung zu machen. Lewis Evans, Professor am Wadham's College in Oxford, übersetzt die Worte in seiner Juvenal-Ausgabe [1860] so:

»Another drains a Priapus-shaped glass.«

(»Ein anderer trinkt ein Glas in der Form eines Priaps leer.«)

Aber Gifford gibt sie so wieder:

»Swill from huge glasses of immodest mould.«

(»Trinkt gierig aus großen Gläsern in unzüchtiger Gestalt.«)

Montfaucon [1719] sagt von den von Frauen gefeierten Festlichkeiten des Priapus, daß dabei die Priesterin den Priapus mit Wasser bespritzte.

»Die Mänaden und Bacchantinnen pflegten die rohen Stücke von Tieren zu essen, die sie vorher auseinandergeschnitten oder -gerissen hatten. Auf der Insel Chios war es ein religiöser Brauch, einen Menschen Stück für Stück auseinanderzureißen, und zwar als ein Opfer für Dionysos. Und aus allem diesem können wir die traurige Wahrheit ersehen, daß es nichts gibt, das noch so gottlos und unnatürlich sein mag, daß es nicht einmal zu irgendeiner Zeit herrschend war« [Bryant, 1775].

Christen. Die Einführung des Christentums war von manchem Zugeständnis begleitet; sobald man sich dem Widerstande einer zu ansehnlichen Mehrheit gegenübersah, erlaubte man die Beibehaltung von Gebräuchen, die mit den eigenen Lehren im Widerspruch standen; wenn der Ausdruck »erlaubte« manchem nicht ganz untadelig erscheinen mag, wollen wir lieber sagen »man sah darüber hinweg«, um dann den weiteren Verlauf der hartnäckigen

Gegnerschaft zu verfolgen, die dazu führte, daß nach einiger Zeit sich die dauernde Beibehaltung eines solchen Brauches in ein zeitweises, vielleicht unregelmäßiges Wiederauftauchen umwandelte, um schließlich zu einem possenhaften Überlebsel herabzusinken.

Fosbroke [1843] sagt: »Beim Narrenfeste band man sich Masken vor, legte die Kleider usw. von Frauen an, tanzte und sang im Chor der Kirchen, aß in Fett gebakkene Kuchen auf dem Altar, wo der die Messe lesende Priester würfelte, man steckte stinkige Stücke vom Leder alter Schuhe in das Weihrauchfaß, sprang in der Kirche umher, dazu kamen noch unzüchtige Scherze, Gesänge und unpassende Körperstellungen. Ein anderer Teil dieser unanständigen Hanswurstiaden bestand darin, daß man den Vorsänger der Narren auf einem Schaugerüst rasierte, das vor der Kirche aufgeschlagen war, und zwar im Beisein des Volkes; und während dieser Verrichtung belustigte er die Leute mit liederlichen und derben Redensarten und Gebärden. Sie hatten auch Karren voll Unrats, den sie der Volksmenge von Zeit zu Zeit an den Kopf warfen. Diese Schaustellung fand immer in der Weihnachtszeit oder um diese Zeit herum statt, war aber nicht auf einen bestimmten Tag beschränkt.«

In Brands *Popular Antiquities* [1872] findet man eine ziemlich vollständige Beschreibung der *Lords of Misrule* (Anführer der Spaßmacher bei den Narrenfesten), aber sie enthält nur eine einzige Angabe, die für unsere Zwecke brauchbar ist, nämlich die Angabe aus Polydorus Virgil [1499], daß er die Herleitung dieser Feste von den römischen Saturnalien für richtig hielt. »Es gibt nichts«, sagt der Urheber des Versuchs, die alte keltische Sprache wieder aufzufinden, »was sich leichter beweisen läßt, als daß die alten Christen, um die Heiden zur Aufnahme einer besseren Gottesverehrung zu bewegen, ihren vorgefaßten Meinungen entgegenkamen, indem sie gleichartige Namen und selbst Gebräuche zuließen, solange sie nicht mit den Grundlagen der christlichen Lehre in Widerspruch gerieten. Hierunter befand sich auch, als eine Nachahmung der römischen Saturnalien, das *Festum fatuorum,* bei dem ein Teil der Lustbarkeit der Jahreszeit darin bestand, daß man die possenhafte Wahl eines Spottpapstes, von Spottkardinälen und Spottbischöfen vornahm. Dabei gab es tausend lächerliche Gebräuche, Hüpfen und allerlei Possen, wie Singen und Tanzen in der Kirche, unzüchtige Bewegungen, schmutzige Wechselgesänge und dies alles als Anspielungen auf die verworfenen Anmaßungen der Druiden, die in berechneter Absicht durch diese Volksbelustigungen der Verachtung und dem Spotte preisgegeben werden sollten. Dieses Narrenfest«, fährt er fort, »hatte die beabsichtigte Wirkung und trug vielleicht mehr zur Ausrottung dieser Heiden bei als die nebenhergehende Hilfe von Feuer und Schwert, von denen man keines bei ihrer Verfolgung gespart hat.«

Jakob Grimm [1844] berichtet folgendes: »In der Sammlung der Briefe des Bonifacius befindet sich eine Stelle, in der die Vermischung von christlichen und heidnischen Gebräuchen beklagt wird, was von närrischen und gewissenlosen Priestern geduldet würde.«

Theophylakt, ein Patriarch von Konstantinopel im 10. Jahrhundert, soll nach der Ansicht des byzantinischen Geschichtsschreibers Kedrenos die Eselfeste und die Narrenfeste eingeführt haben, »wodurch er bei Gott und dem Andenken seiner Heiligen Ärgernis erregte, indem er zu dem heiligen Gottesdienst teuflische Tänze, wüstes Geschrei und Lieder zuließ, die von der Straße und aus den Bordellen stammten« [Hone, 1823].

Im Jahre 1590 marschierten die Bettelmönche unter Anführung des Bischofs von Senlis durch die Straßen von Paris, mit aufgeschürzten Kutten, wodurch sie die streitende Kirche, *Ecclesia militans,* darstellen wollten. Diese Umzüge hielt man für die rechtmäßigen Abkömmlinge heidnischer Schaustellungen; das heißt, man glaubte, daß die Prozession der Kirche Sankt Peter in Vinculis eine Nachbildung des Prunkfestes sei, das man zu Ehren des Augustus nach seinem Siege bei Actium gegeben habe.

Markham [1879] findet eine Ähnlichkeit zwischen dem »Mönch der Mißregierung« des christlichen Mittelalters und den »Gylongs, die in bunten Kleidern vor dem Teschu-Lama in Tibet sangen und tanzten«.

Das Folgende ist einem Hirtenbriefe des Bischofs Burchard von Worms [1560] entnommen: »Habt Ihr nicht getan, was gewisse Frauen gewohnt sind zu tun? Sie entledigen sich ihrer Kleider, salben ihren nackten Leib mit Honig, breiten auf der Erde ein Tuch aus, worauf sie Getreide streuen, wälzen sich wiederholt darin herum; hierauf sammeln sie sorgfältig alle Körner, die sich an ihren Leib geheftet haben und mahlen sie auf dem Mühlstein, den sie dabei verkehrt drehen. Wenn die Körner zu Mehl gemahlen sind, so backen sie ein Brot daraus, das sie ihren Männern zum Essen geben, damit sie siech werden und sterben. Wenn Ihr es getan habt, so werdet Ihr 40 Tage lang bei Wasser und Brot Buße tun. Hast Du getan, was einige Weiber zu tun pflegen? Sie nehmen ihr Monatsblut und mischen es unter Speisen oder Getränke, und das geben sie ihren Männern zu essen oder zu trinken ein, damit sie um so mehr von ihnen geliebt werden. Hast Du getan, was einige Weiber zu tun pflegen? Sie legen sich mit auseinanderstehendem Hintern auf das Gesicht und befehlen, daß über ihrem nackten Hintern Brot geformt werde, und wenn dies gebacken ist, geben sie es ihren Männern zum Essen. Dies tun sie deshalb, damit jene um so heftiger in Liebe zu ihnen entbrennen sollen. Wenn Du das getan hast, sollst Du zwei Jahre lang während der gesetzmäßigen Festzeit Buße tun« [vgl. Dulaure, 1825].

»Der gesegnete Apostel Paulus, hingerissen von der Betrachtung der göttlichen Glückseligkeit, vergleicht die hauptsächlichen Freuden der Erde, um seine eigenen Worte zu gebrauchen, mit *stercora,* mit schmutzigem Kot im Vergleich zu den Freuden, die er erhoffte« [Harington, 1596].

»Der ist wahrhaft weise, der alle irdischen Dinge als Kot ansieht, damit er Christum gewinnen könne« [Matthäus].

Clallam-Indianer. Die bacchischen Orgien kommen in derselben Weise bei vielen Stämmen Nord-Amerikas vor. Paul Kane [1859] beschreibt die feierliche Einsetzung des Clea-clach, eines Häuptlings der Clallams (»mächtiges

Volk«) an der Nordwestküste von Britisch-Amerika: »Er ergriff einen kleinen Hund und fing an, ihn lebendig aufzufressen.« Er biß auch Stücke aus den Schultern der männlichen Zuschauer.

Bei einer Besprechung dieser Gebräuche sagt Dr. Franz Boas [1889]: »Angehörige der Stämme, bei denen die *Hamatsa*-Zeremonien gebräuchlich sind, zeigen deutliche Narben, die vom Beißen herrühren. Bei gewissen Festlichkeiten ist es die Pflicht der *Hamatsa,* aus den Armen, den Beinen oder der Brust eines Mannes ein Stück Fleisch herauszubeißen.« Dr. Boas weist nach, daß die Handlungen der *Hamatsa* ein Beispiel von rituellem Kannibalismus sind. Und bei seinen Ausführungen über die geheimen Gesellschaften, die er an der Britischen Nordwestküste beobachtete, bemerkt er, daß jede Gesellschaft ihre besonderen Zeremonien hat. »Sie müssen so schmutzig wie möglich sein.«

Cochin-Chinesen. »Die Eingeweide von Tieren und anderen Abfall, der von den englischen Schiffen über Bord geworfen wird, sucht der Cochin-Chinese eifrig zusammen und ißt sie. Herr White macht es ihnen sogar zum Vorwurf, daß sie für schmutzige Sachen eine Vorliebe hätten« [*Encyclopaedia of Geography,* 1845].

Cree-Indianer. Die Crees legen den Kot frisch getöteter Tiere auf Verstauchungen auf [Mackenzie, 1801].

Creeks. Das »schwarze Getränk« der Creek-Indianer und der Seminolen war ein Brech- und Abführmittel etwas heftiger Art. Die Krieger dieser Stämme gebrauchten es, wenn sie sich auf den Kriegspfad begeben wollten oder sich mit irgendwelchen wichtigen Beratungen befassen mußten [Clay, 1888].

Den schwarzen Trank der Creek-Indianer stellte man aus *Iris versicolor,* einer Wasserlilienart, her; »es ist ein kräftiges Brech- und Abführmittel; die Pflanze kommt in allen Süd-Staaten auf sumpfigem Boden sehr häufig vor« [Brinton, 1868].

Cyprioten. Die Ochsen auf der Insel Cypern heilen sich selber die Leibschmerzen dadurch, daß sie Menschenkot fressen [Plinius].

Dänen. Die Dänen legten den neugeborenen Kindern Knoblauch in die Wiege, um Untaten der Hexen fernzuhalten [Brand, 1872].

»Boh soll der Name eines dänischen Generals sein, der seinen Gegner Foh so in Schrecken versetzte, daß dieser sich selbst vergaß« [Grose, 1811]. In dem Artikel (»Scheißsack«) desselben Werkes findet sich auch die Geschichte des puritanischen Predigers, dem auf seiner Kanzel derselbe Zwischenfall zustieß, als er hörte, daß die königlichen Truppen im Anmarsch waren.

Dajaken. »Zu den Dingen, die man beinahe unter die Haushaltungsgegenstände rechnen kann, gehören die getrockneten Schädel, die man, in Bananenblätter gewikkelt, in der Behausung fast jeder Dajakenfamilie, die etwas auf sich hält, vorfinden kann. Sie sind an der Mauer angebracht oder hängen vom Dache herab. Der Unterkiefer fehlt immer, weil es die Dajaken für richtiger halten, daß sie ihr Opfer unter dem Hinterhaupt köpfen, wobei sie den Unterkiefer jedesmal am Körper belassen« [Bock, 1881].

In bezug auf das Verschlucken von menschlichem Kot usw., was doch allem Anschein nach ein natürliches Gefühl des Abscheus erregen müßte, mag vielleicht die folgende Angabe eine gewisse Bedeutung haben. Spencer Saint John sagt in seinem Werke *Life in the Far East* [1842] nach der Beschreibung eines Kopfabschneiderfestes bei den Dajaken, daß sie nach gewissen einleitenden Bräuchen und Belustigungen »zu essen und zu trinken anfangen, und zwar eine ganz außergewöhnliche Zusammenstellung: Geflügel, das samt den Federn gebraten worden ist; Eier, die vor Alter schwarz geworden sind; faul gewordene Früchte, Reis von allen Farben und von jeder Art; stark riechende Fische, die schon fast verdorben sind; ihr Getränk hat das Aussehen von geronnener

Milch, worunter sie noch Pfeffer und andere Beigaben mischen. Es hat eine Übelkeit erregende Wirkung auf sie und sie schlucken es auch mehr aus Pflichtgefühl hinunter, als daß sie einen Genuß dabei fänden.«

Diese Unflätigkeiten sind offenbar beabsichtigt, denn »ehe sie die fremden Bestandteile nicht hinzugetan haben, schmeckt das Getränk gar nicht schlecht, es hat etwa den Geschmack von Sprossenbier«.

Wenn dieser Brauch als eine Art Opfer seiner Natur nach gelten soll, — aus dem Text ist dies nicht ganz klar zu ersehen, da es dort als eine Art »Lustbarkeit« beschrieben ist, aber es scheint doch wahrscheinlich zu sein, weil es mit der inneren Verfassung und dem äußeren Verhalten des Stammes in Verbindung steht und zu der Kopfjägerei eine Beziehung hat — dann kann man annehmen, daß solche verdorbenen Nahrungsmittel und solche ekelerregenden Getränke vollkommen natürliche Züge sind, zu denen wir Gegenstücke an vielen anderen Orten haben.

Es kann als Regel gelten, daß ein Brauch seinem Wesen nach um so mehr als eine Opferhandlung anzusehen sein wird, je schmerzhafter, kostspieliger, unnatürlicher und ekelhafter er ist — die Gründe hierfür sind ohne weiteres verständlich.

Deutsche. Schurig [1725] gibt zahlreiche Beispiele für das Verzehren von menschlichem und tierischem Kot durch Epileptiker, Wahnsinnige, bleichsüchtige junge Frauen oder schwangere Frauen, Kinder, die ihre Betten beschmutzt hatten und weil sie Strafe fürchteten, den Beweis für ihre Schuld verschlangen, und schließlich auch durch Männer und Frauen mit ungewöhnlichen Gelüsten.

Es gibt ein Beispiel von Gefräßigkeit bei Schurig, in dem sich ein gewisser Vielfraß mit Harn und Kot zu befriedigen pflegte, nachdem er alle erreichbaren Speisen aufgezehrt hatte: *»Et si panes deerant, sua ipse excrementa comedebat et lotium bibebat.«* (»Und als die Brote verzehrt waren, hat er seine eigenen Exkremente verschlungen und die Flüssigkeit getrunken.«) Es wird auch der Fall eines Kranken erwähnt, der früher einmal bei irgendeiner Unpäßlichkeit mit Mäusekot gute Erfahrungen gemacht hatte und infolgedessen ein überzeugter Mäusekot-Esser geworden war. Er hatte die Gewohnheit, ihn auf dem Fußboden seines Hauses aufzulesen, ehe ihn die Dienerschaft wegfegen konnte.

Burton [1621] erzählt die Geschichte eines jungen Mädchens, einer Deutschen namens Katharina Gualter, von der Cornelius Gemma im Jahre 1571 berichtet, sie habe »unter anderen Sachen auch Taubenmist und Gänsemist ausgebrochen«. Sie war anscheinend ein Opfer der Hysterie und hatte vorher bei ihren Anfällen alle möglichen, nicht ganz untadeligen Sachen verschluckt.

Die schwangere Frau eines Ackerbauern in der Stadt Haßfurt am Main aß den Kot ihres Mannes, solange er noch warm war und rauchte [Paullini, 1696].

In Minden in Westphalen pissen die Knaben auch über Kreuz und sprechen dabei: »Kreuzpissen, morgen stirbt ein Jude« [Boas].

»Ein Ladenbesitzer in Berlin wurde vor einigen Jahren bestraft, weil er den Harn junger Mädchen in der Absicht verwandte, seinen Käse kräftiger und schmackhafter zu machen. Trotzdem gingen die Leute hin, kauften seinen Käse und aßen ihn mit großem Wohlbehagen. Und was mag die Ursache aller dieser närrischen und geheimnisvollen Dinge sein? Im menschlichen Harn ist das Anthropin enthalten« [Jäger, 1888].

Martin Luther hatte viele Kämpfe und Streitigkeiten mit Seiner Satanischen Majestät, die aber dabei immer den kürzeren zog. Melanchthon hat einen solchen Vorfall in einer Weise beschrieben, daß sein Ausgang einer Aufnahme in das vorliegende Buch wert ist: *»Hoc dicto victus Daemon indignabundus secumque murmurans abiit, eliso crepitu, non exiguo, cujus fussimen tetri odoris dies aliquot redolebat hypocaustum«* (»Nach diesen Worten ging der besiegte Dämon unwillig und vor sich hinmurmelnd hinweg, nachdem er einen gar nicht so kleinen Furz ausgestoßen, dessen abscheulicher Gestank noch einige Tage lang zu spüren war.«) [Schurig].

»Luther erzählt die Geschichte von einer Frau, die den Satan mit einem Furz in die Flucht schlug, *Sathanum crepitu ventris fugavit«* [Buckle, 1872].

»Wenn einer durch giftige Mittel zur Ausübung der Liebe unfähig gemacht worden ist, so muß er so bald wie möglich durch den Ehering pissen« [Frommann, 1675].

In einigen Gegenden Deutschlands glauben die Bauern heute noch an dieses Mittel und wenden es an: »Ein verheirateter, durch böse Einflüsse geschwächter Mann kann sich davon befreien, wenn er mit Daumen und Zeigefinger einen Ring bildet und insgeheim durchpißt« [Birlinger, 1861].

»Man nehme eine Leber, schneide sie in Stücke und lege etwas davon im geheimen in den Nachttopf des Kranken; wenn der Kranke, ohne etwas davon zu wissen, die Kammer aufsucht, um sich zu entleeren, so wird er gesunden.«

Schurig erzählt uns, die Bauernweiber in Deutschland hegten, wenn sie ihre Kühe längere Zeit gemolken hätten und sie nicht mehr die erforderliche Menge Butter herstellen könnten, den Verdacht, eine Hexe müsse die Kühe besprochen haben; um nun diese Besprechung unwirksam zu machen, brauchte man nur ein wenig frische Milch mit menschlichem Kot zu mischen und diese Mischung in den Abort hineinzuwerfen; man konnte aber auch menschlichen Kot auf die Euter der Kühe legen, genauso wie es nach den Angaben Sir Samuel Bakers [1869] die heutigen Afrikaner tun.

»Viele Zauberformeln sind lediglich Anrufungen des Teufels. Eine Frau bekam ein Amulett für die Heilung kranker Augen. Sie unterließ das Weinen und ihre Augen gesundeten. Als ein neugieriger Bekannter das Papier mit der Zauberformel öffnete, fand man darauf folgende deutsche Worte: ›Der Teufel kratze Dir die Augen aus, und scheiße Dir in die Loecher.‹ Es war ganz natürlich, daß die Frau, als sie sah, auf was sie ihr Vertrauen gesetzt hatte, den Glauben an das Mittel verlor; sie fing wieder an zu weinen, und nach einiger Zeit waren ihre Augen wieder so krank wie zuvor« [Black, 1883]. Anderswo hatte man in lateinischer Sprache dieselbe Zauberformel in folgender Fassung: *»Diabolus effodiat tibi oculos, impleat foramina stercoribus«* [Pettigrew, 1844; Brand].

Reginald Scot [1651] gibt sie ins Englische übersetzt folgendermaßen wieder:

»The devil pull out both thine eyes,
And etihs *in the holes likewise.«*

Scot erklärt: »Buchstabiere das Wort rückwärts, und Du wirst diesen Zauber erkennen.«

In einigen Gegenden Deutschlands wurde der Karnevalsnarr in einem Dunghaufen begraben. Hierfür wird dann folgende Erklärung gegeben: »Das Begraben des Vertreters des Karnevals in einem Dunghaufen ist leicht zu verstehen, wenn man annimmt, daß er einen lebensspendenden und fruchtbarmachenden Einfluß hat, wie etwa denjenigen, den man einem Bilde des Todes zuschreibt« [J. G. Frazer, 1890].

Eine Ergänzung zu dem Vorstehenden bildet der Nachweis dieses Überlebsels bei der bäuerlichen Bevölkerung Deutschlands. Brand zählt eine ganze Menge von sonderbaren Gebräuchen des Karnevals auf, die gerade vor Aschermittwoch, ja sogar an diesem Tage nach der Aschenverteilung stattfanden. Junge Mädchen wurden in Deutschland »auf einem Wagen oder Dungkarren« von den jungen Leuten des Dorfes zu dem nächsten Bach oder Teich gefahren und daselbst tüchtig untergetaucht, wobei die Karrenschieber Schmutz und Asche auf alle Umstehenden warfen.

In Schwaben gibt es ein etwas rohes Erntespiel, bei dem einer der Arbeiter die Rolle des Mutterschweins übernimmt; er wird von seinen Kameraden verfolgt, und wenn sie ihn einholen, »gehen sie ziemlich roh mit ihm um, schlagen ihn, machen ihm das Gesicht schwarz oder beschmieren es mit Dreck, werfen ihn in Unrat. Manchmal setzt man ihn auch in einen Schubkarren hinein. Wenn er darin um das Dorf herumgefahren worden ist, wirft man ihn auf einen Düngerhaufen« [J. G. Frazer].

»In Thüringen steckt man beim Dreschen eine Wurst in die letzte Garbe und wirft sie mit der Garbe auf die Dreschtenne. Man nennt sie die ›Barrenwurst‹, und alle Drescher essen davon. Haben sie die Wurst aufgegessen, so wickeln sie einen Mann in Erbsenstroh ein und schleppen ihn in dieser Verkleidung durch das Dorf.«

Im folgenden geben wir einen Auszug aus einem Briefe an Charlotte Elisabeth von Bayern, der Tochter des Kurfürsten Karl Ludwig von der Pfalz, geboren zu Heidelberg im Jahre 1652; sie heiratete den Bruder Ludwigs XIV., Philipp von Orléans, nach dem Tode seiner ersten Gattin, Henriette Maria von England. Den fraglichen Brief erhielt sie von ihrer Tante, der Gattin des Kurfürsten von Hannover, und er soll dazu dienen, einen Begriff von der Gewagtheit der Ansichten zu geben, die in jener Zeit Damen von so hohem Rang hatten, und von der Derbheit, mit der sie sie zum Ausdruck brachten.

»Hannover, den 31. Oktober 1694

Wenn das Fleisch den Kot macht, so ist es auch richtig zu sagen, daß der Kot das Fleisch macht. Wird denn nicht auf den feinsten Tafeln der Kot als Ragout aufgetragen? Die Blutwürste, die Fleischwürste, die Bratwürste — was sind sie denn anderes als Ragout in Kotsäcken?«

[*Bibliotheca Scatologica,* 1850].

Deutsche in Pennsylvanien. Hoffman [1888] erzählt von einer Witwe bei den Deutschen in Pennsylvanien, auf die »ein Schiffer, mit dem sie zufällig bekannt wurde, besonderen Eindruck machte; als er aber in keiner Weise ihren mannigfachen Äußerungen des Entgegenkommens Beachtung zu schenken schien, griff sie zu folgendem Mittel, um ihn, selbst gegen seinen Willen, zu zwingen, sie zu lieben. Mit der Klinge eines Federmessers schabte sie ihr Knie ab, bis sie eine kleine Menge Haut beisammen hatte; diese buk sie in einen besonders hergestellten Kuchen ein, den sie ihm schickte, mit welchem Ergebnis, ist allerdings nicht bekannt. Jedenfalls war aber bekannt, daß die Frau einen felsenfesten Glauben an ihr Zaubermittel hegte.«

So berichtet Hoffman von der Heilung der Gelbsucht: »Man höhle eine gelbe Rübe aus, fülle sie mit dem Harn des Kranken und hänge sie an einer Schnur über das Feuer. Sobald der Harn verdampft ist und die Rübe zusammenschrumpft, wird die Krankheit den Leidenden verlassen. In der Sache liegt ein deutlicher Glaube an die Beziehung zwischen den Eigenschaften und der Farbe der Rübe und der gelben Haut des Kranken, der an der Gelbsucht leidet. Zu dieser Klasse gehört auch der Glaube, daß ein Band aus rotem Flanell bei der Behandlung der Diphterie von Nutzen sei und gelbe Bernsteinkügelchen gegen übelriechenden Ausfluß aus den Ohren.

Bläschen auf der Zunge entstehen, wenn man Lügengeschichten erzählt. Zeigen sie keine Neigung zu verschwinden, so wendet man folgendes Mittel an. Von einem Baume schneidet man drei dünne Stöcke ab, von denen jeder ungefähr so lang wie ein Finger und so dick wie ein Bleistift ist; diese führt man in den Mund ein und steckt sie dann in einen Düngerhaufen; am nächsten Tag wiederholt sich dieser Vorgang und ebenso am dritten Tage noch einmal; dann läßt man die drei Reihen der Stäbchen in dem Mist liegen, und in derselben Weise, wie sie verfaulen, wird die Unpäßlichkeit verschwinden.

Im Kreis Berks ist zur Heilung eines Lungenkatarrhs heute noch folgendes Verfahren gebräuchlich: In den Türrahmen bohrt man ein Loch genau in der Höhe des Kopfes des Kranken und steckt ein kleines Büschel von seinem Haar hinein; hierauf verschließt man das Loch mit einem Holzpfropfen und schneidet dann das überstehende Ende des Pfropfens ab. So wie der Kranke mit seiner Leiblänge über den Pfropfen hinauswächst, so wird sich die Krankheit auch auswachsen, d.h. verschwinden.«

Hoffman erzählt auch von einem Kurpfuscher, der einem allzu leichtgläubigen Gimpel »einige Zaubersprüche und schlecht riechende Kräuter übergab, mit der Anordnung, sie in seinem Hause zu verbrennen, wodurch der Teufel ausgetrieben und der Besucher entfernt würde. (Unter Besucher war der Geist zu verstehen, der den Gimpel angeblich beunruhigte.)«

Mit unseren Anführungen bei den Deutschen zeigten wir, daß nach der Ansicht alter Schriftsteller dem menschlichen Kote nichts gleichkam, wenn man Hexen zuschanden machen wollte, und man berief sich auf Luther als Zeugen dafür, daß der Glaube vorhanden war, der Teufel fliehe in Bestürzung vor einem menschlichen Furze davon. Diesen Glauben haben die deutschen Einwanderer, die sich im Staate Pennsylvanien angesiedelt, auch auf amerikanischen Boden übertragen.

Die Deutschen in Pennsylvanien wandten so Kotstoffe als Heilmittel an: Umschläge aus Kuhmist legte man bei der Behandlung der Diphterie auf, ebenso als Linderungsmittel bei entzündeten oder eiternden Brüsten. »Tee, der aus Schafskirschen (Schafskotkügelchen) gemacht ist, trinkt man bei Masern.«

Aus Gründen, die sich nicht mehr ermitteln lassen, hat man die Verwendung dieser abstoßenden Heilmittel fast stets mit Umschreibungen zu verschleiern gesucht. Schafsmist wird nur selten bei seinem richtigen Namen genannt, sondern, wie aus den obigen Angaben hervorgeht, häufig *»Sheep-nanny-tea«* usw. genannt. In derselben Weise verbarg man die Anwendung von Menschenkot unter hochtönenden Bezeichnungen wie *»Zibethum«* oder »Orientalischer Schwefel« usw.

Dinka. »Das ganze Denken und Trachten der Dinka-Neger ist darauf gerichtet, wie sie sich Vieh verschaffen und züchten können; es hat fast den Anschein, als ob man dem Vieh eine gewisse Verehrung zollte; sogar seine Leibausscheidungen sind hoch angesehen. Zu ihren täglichen Bedürfnissen gehört der Kot, den sie zu Asche verbrennen, um darauf zu schlafen und sich damit zu beschmieren, und der Harn, den sie zum Waschen und als Ersatz für das Salz gebrauchen« [Schweinfurth, 1878].

Druiden. Aus welchem Grunde gebrauchten die keltischen Druiden die hoch verehrte Mistel? Diese Frage erhält eine tiefe Bedeutung in dem Lichte der gelehrten Forschung, mit der Godfrey Higgins [1829] und General Vallencey [1774] die Abstammung der Druiden aus buddhistischem oder brahmanischem Ursprung aufgehellt haben.

»Ajasson zählt volksgläubische Gebräuche im alten Britannien auf, die deutliche Zeichen ihres orientalischen Ursprungs tragen und auf die Zeremonien, die man beim Schneiden der Pflanzen anwendet« [Plinius].

»Die britischen Barden und Druiden hatten eine außerordentliche Verehrung für die Zahl Drei: ›Die Mistel‹, sagt Vallencey in seiner *Grammar of the Irish Language* [1773], ›war den Druiden heilig, weil nicht allein ihre Beeren, sondern auch ihre Blätter in Büscheln zu je drei Stücken an demselben Stengel wachsen. Die christlichen Iren hielten den Klee (*shamrock,* irisch: *seamrog*) in gleicher Weise für heilig, weil drei Blätter an einem Stengel vereinigt sind‹« [Brand, 1872].

Hochwürden Smiddy [1871] behauptet: »Es ist heute vielleicht unmöglich zu erklären, worauf die Verehrung beruhte, die man ihr zuteil werden ließ, und worauf die wunderbaren Eigenschaften, die sie angeblich besaß, zurückzuführen waren.«

Daß man die Mistel als Medizin angesehen und zwar als sehr kräftige, läßt sich leicht nachweisen. Sämtliche Enzyklopädien geben dies zu; aber die Berichte, die uns über die Ansichten erhalten sind, die mit diesem Kulte in Verbindung stehen, sind keineswegs vollständig oder ausreichend.

Plinius ist auch Gewährsmann für die Verehrung, in der besonders die Mistel bei den Druiden stand. Plinius erwähnt drei verschiedene Abarten: Von diesen ist »der *Hyphar* für das Mästen des Viehes gut zu gebrauchen, nur muß dieses kräftig genug sein, um die abführenden Wirkungen zu überstehen, die sich anfangs zeigen; das *Viscum* ist in der Heilkunde wertvoll als erweichendes Mittel, namentlich bei Anschwellungen, Geschwüren und dergleichen«. Schließlich berichtet er von der Mistel, die auf der Steineiche wuchs (*robur,* spanisch: *roble,* immergrüne Eichen). Die Steineiche, sagt er, ist ihr heiliger Baum, und alles, was man auf ihr gewachsen findet, betrachten sie als vom Himmel gesendet und als ein Zeichen, daß ein Baum von Gott auserwählt sei [*Encyclopaedia Britannica,* 1841].

Brand führt die Ansichten verschiedener alter Schriftsteller dafür an, daß man die Mistel »als ein Heilmittel ansah, das nicht nur geeignet war, die fallende Sucht, sondern auch alle anderen krampfartigen Anfälle zu vertreiben. Die hohe Verehrung, die Leute jeden Ranges den Druiden zollten, entsprang zum größten Teil den wunderbaren Heilungen, die sie mittels der Mistel der Eiche erzielten. Die Eichen-Mistel, die sehr selten vorkommt, wird allgemein als ein Heilmittel für die Brüche bei Kindern angesehen; die Art, die man auf dem Apfelbaum findet, soll bei Anfällen (Krämpfen) sehr gut sein.«

Nachdem er über die Verwendung dieser Pflanze bei den Druiden und die Art des Einsammelns gesprochen hat, fährt Fosbroke [1843] fort: »Die Mistel war bei den religiösen Gebräuchen der Alten nicht unbekannt, und man schrieb ihr zauberische und heilende Wirkungen zu.« W. Winwood Reade [1861] erwähnt, daß man die Mistel *(missolding* oder *mistletoe)* der Eiche heute noch in Wales *»all-iach«* oder »Allheiler« nennt und daß sie das hervorragendste Heilmittel der Druiden war, und später setzt er noch hinzu, man habe ein Pulver aus ihren getrockneten Beeren als Heilmittel gegen Unfruchtbarkeit angesehen. Er beschreibt die Wirkung der Mistel als die eines starken Abführmittels.

»Die Druiden nannten sie ›*Uil-loc*‹ oder ›All-Heiler‹, denn sie behaupteten, daß sie die Vermehrung von Menschen und Tieren befördere oder die Unfruchtbarkeit verhindere« [Forlong, 1883].

Man könnte viele Zeugnisse zum Beweise dafür beibringen, daß man die Mistel als ein Aphrodisiakum schätzte, als ein Förderungsmittel der Fruchtbarkeit, als der Liebe geheiligt, und, um es ganz allgemein auszudrücken, als ein Reizmittel für die Harn- und Geschlechtswerkzeuge, und dies ist ja auch der wahre Zweck, für den die Bewohner Sibiriens und die nordamerikanischen Medizinmänner den Pilz gebrauchten. Vielleicht ist dies auch der wirkliche Grund, weshalb sowohl der Pilz als auch die Mistel den Brahmanen als Nahrungsmittel verboten war.

»Die Mistel oder *Uil-ice* mußte man der Vorschrift nach, wenn irgend möglich, vom Baume Jupiters nehmen, wenn er in seiner vollen Lebenskraft war; aber man fand sie nur sehr selten auf einer Eiche. Wenn man sie von einer Eiche bekommen konnte, die etwa 35 Jahre alt war, und dann in einem Getränk zu sich nahm, so bewirkte sie Fruchtbarkeit bei Männern, Frauen und Kindern« [Forlong].

Daß ein Aufguß oder eine Abkochung dieses Gewächses früher einmal gebräuchlich war, kann man aus einer Tatsache schließen, die John Eliot Howard berichtet: »Wasser, in das man die heilige Mistel eingelegt hatte, gab man dem Volke oder besprengte es damit.« Montfaucon [1719] sagt von den Druiden: »Sie glauben, daß die unfruchtbaren Tiere trächtig werden, wenn sie Mistelwasser trinken.«

Brand weist nach, daß »die Mistel bei den religiösen Feierlichkeiten der Alten, namentlich bei den Griechen, nicht unbekannt war«, und daß ihre Verwendung, mit einem starken Anklang an das Druidentum, am Christfest bei dem Gottesdienst in der Kathedrale von York heute noch eine Rolle spielt. Der lustige Zeitvertreib, der darin besteht, daß man hübsche Mädchen am Christfeste unter dem Mistelzweige küßt, scheint auf einen phallischen Ursprung hinzudeuten. »Diese sehr alte Sitte ist aus den Zeiten des Lehnswesens auf uns gekommen, aber ihr wirklicher Ursprung und ihre Bedeutung sind verlorengegangen« [Appleton's *American Encyclopaedia*]. Brand weist darauf hin, daß die jungen Leute die Sitte achteten, »bei jedem Kuß eine Beere von der Mistel abzupflücken«.

Weitere merkwürdige Beispiele für das Fortleben von alten Anschauungen bietet uns für den vorliegenden Fall die vergleichende Sprachwissenschaft dar. Das französische Wort *gui,* das Mistel bedeutet, stammt nicht aus dem Lateinischen, sondern rührt von den Druiden her, und ebenso bewahrt uns das spanische *aguinalda,* das Wort für das Weihnachts- oder Neujahrsgeschenk, mit einer kleinen Abänderung den Ruf auf, den der Druidenpriester beim Anfang des neuen Jahres zur Begrüßung des *gui* ausstieß.

»Aguillaneuf, und deutlicher *au gui, l'an neuf* oder auch *l'anguil l'an neuf«* [Le Roux de Lincy, 1848].

»Die nächste Verrichtung bestand darin, für das Einsammeln der heiligen Pflanze die Vorbereitungen zu treffen, und man sandte Barden nach allen Himmelsgegenden aus, um das Volk zur Teilnahme an der großen religiösen Feierlichkeit aufzufordern. Die Verkündigungsworte sind uns, wie man annimmt, in der Sitte überliefert, die heute noch zu Chartres, dem alten Mittelpunkt des Druidentums, geübt wird, indem man nämlich mit den Worten ›*Au gui l'an neuf*‹ am Neujahrstage Geschenke fordert« [Magdaleine, 1877].

»Der keltische Name für die Eiche war *gue* oder *guy*« [Brand].

Ein Mitarbeiter der *Notes and Queries* zeigt, daß die Mistel im Französischen *le gui* heißt und daß man auf dem Festlande den Druiden »Gui« oder »Guy« nannte, von *cuidare* abgeleitet, woher das Wort *Guide* (Führer) stammt. Während die Mistel heutzutage noch als ein Zaubermittel gilt, ist der Name selbst zu einem Schimpfwort gemacht worden, im Englischen *guy*.

H. Gaidoz [1889] legt das Wort anders aus. Nach seiner Ansicht stammten *aguinaldo* und *a gui l'an neuf* aus dem Lateinischen *Ad calendas*.

Eugene O'Curry [1873] berichtet von den Druiden Irlands, daß sie einen »Trank der Vergessenheit« hatten, dessen Zusammensetzung indessen nicht bis auf uns gelangt ist. O'Curry nennt diesen Trank ein »druidisches Zaubermittel« und einen »druidischen Zauberspruch«.

Es gab Zaubersprüche und Gegenzauber, wie der *Deasoil* und der *Badershin* der Druiden, bei denen dieselbe zauberische Besprechung ganz verschiedene Wirkungen hervorrief, je nachdem man die Sprüche in verschiedener Weise gebrauchte, z.B. indem man mit der Sonne oder gegen die Sonne ging.

Spuren von allen diesen abergläubischen Ansichten muß man als in enger Beziehung zu der Anwendung von Kotstoffen als Heilmittel stehend ansehen und ebenso auch zu den Beschwörungsformeln, in denen solche Mittel auftauchen.

Die Vorschrift, das unwillkürliche Harnlassen dadurch zu heilen, daß man in eine Hundehütte pißt, gehört wahrscheinlich in die Reihe der druidischen *Badershin* oder *Widershin,* aus denen wir so manches herleiten könnten, wenn wir mehr darüber wüßten, so auch über den uralten und weit verbreiteten Zauberspruch, der mit den Worten beginnt: *»Diabolus effodiat«* (»Der Teufel kratze«).

»Wahrscheinlich werden wir niemals die volle Wahrheit über diese uralte Religion des Druidentums erfahren; denn, wie Davies sagt, ›müssen die meisten der anstößigen Gebräuche entweder abgeschafft oder geheimgehalten worden sein‹, und römische Gesetze und Verordnungen hatten auf lange Zeit (vor den Schriften der Barden) die grausameren und blutigeren Opfer unterdrückt, und zu der Zeit der Barden war nichts übriggeblieben als sinnbildliche Gebräuche« [Forlong].

Dr. Dupouy [1888] glaubt, daß die Druiden, »als man sie zwang, in dichten Wäldern, weit entfernt vom Volke, eine Zuflucht zu suchen, weil sie sich von den Römern, den Barbaren und den Christen verfolgt sahen, nach und nach zu Zauberern, Hexenmeistern, Wahrsagern und Beschwörern wurden. Konzile verdammten und die weltliche Macht ächtete sie. Das waren die Zeiten, in denen man böse Geister im Schatten der Nacht herumstreifen und sich den Handlungen einer zuchtlosen Verworfenheit hingeben sah. Im 7. Jahrhundert verschwand das Druidentum, die Ausübung von Zauberei und geheimen Künsten. Die geheimnisvolle Wissenschaft von den Geistern überlieferte jedoch ein Geschlecht dem anderen, aber in minderwertiger Fassung, weil der philosophische Zug alter Zeiten verlorenging.«

Engländer. Eine sorgfältige Nachforschung bei Shakespeare führt zu dem Ergebnis, daß ihm zwar vielleicht wenig bekannt war, was unmittelbar mit unserem Stoff in Beziehung steht, daß er aber doch manches wußte, was wir verwerten können; so spricht er beispielsweise von dem »Mitternachtspilz« und zeigt, daß er einen Bestandteil der mitternächtlichen Lustbarkeiten der Feen bildete; er spielt auch auf Gebräuche an, die ganz bestimmt darauf hinweisen, daß man in früheren Zeiten Sklaven und Verbrecher zur Strafe unter Dunghaufen begrub; und man kann ihn auch heranziehen zum Beweise, daß die Anrede »Misthaufen« für einen Mann als eine tödliche Beleidigung galt. Wir wollen aber den Dichter selber sprechen lassen:

Bigot: »Hinaus, Du Düngerhaufen! Wagst Du einen Edelmann zu fordern?«

[*König Johann,* 4. Akt, 3. Szene]

Gloster: »Soll ich von solchen Dreckhaufenknechten so verhöhnt werden?«

[*König Heinrich VI.,* 1. Teil, 1. Akt, 3. Szene]

York: »Gemeiner Dreckhaufenschuft und Handwerker!«

[*König Heinrich VI.,* 2. Teil, 1. Akt, 3. Szene].

Das Anbringen von Aborten auf Landadelssitzen scheint eine Neuerung zu sein, die zur Zeit der Königin Elisabeth aufkam; denn sonst würde über das Vorgehen von Sir John Harington, einem entfernten Vetter der Königin Elisabeth, nicht so viel geredet worden sein. Harington ließ als besondere Bequemlichkeit für sein neues Haus in der Umgebung von Bath einen Abort bauen und veröffentlichte im Jahre 1596 zu London über diesen Gegenstand ein Buch ganz im Stile von Rabelais mit dem Titel *A Discourse on a Stale Subject, called the Metamorphosis of Ajax.* Aus der Beschreibung der fraglichen Latrine geht deutlich hervor, daß Harington fast alle mechanischen Vorrichtungen der neueren Zeit vorwegnahm.

Richard III. soll auf einem Abtritt gesessen haben, »auf einem Seile sitzend, als er mit Terril darüber beratschlagte, wie er seine Neffen im geheimen ermorden lassen könne«.

Es läßt sich kaum bezweifeln, daß alle Häuser in England und ebenso im ganzen festländischen Europa in den Schlafzimmern mit Gefäßen für den Harn versehen waren, selbst wenn außerhalb der Klöster und anderer von Gemeinschaften bewohnten Häusern keine regelrechten Latrinen vorhanden waren.

In den *Illustrations of Shakespeare* von Douce [1807] befindet sich ein merkwürdiger Holzschnitt, der einen Bischof darstellt, wie er ein neuvermähltes Paar im Brautbett segnet; auf der Seite der Frau ist ein Nachttopf in auffälliger Weise angebracht.

Dr. Fletcher gibt an, daß man in der alten Heilpraxis von der Zeit der Königin Elisabeth an bis in verhältnismäßig neuere Zeit hinein schwindsüchtige Kranke anwies, den Dampf von Kot einzuatmen. »Einige Ärzte sagen, daß der Geruch eines Kothaufens gut gegen die Pest sei« [Harington].

Unter den vielen etwas sonderbaren Rezepten, die uns der Arzneischatz englischer Ärzte aufbewahrt, finden wir bis fast in unsere Zeit hinein die Angabe, daß man Taubendreck gebrauchte, um »Aufschläge bei skrofulösen und anderen, ähnlichen harten Geschwülsten zu machen, ferner als Salbe bei Kahlköpfigkeit, als Pflaster, um Pestgeschwüre aufzuziehen und um Pulver gegen Steinleiden herzustellen« [Eaton, 1852].

»Wasser aus Kuhmist«, den man im Mai und Juni eingesammelt, benutzte man in England beim Volke als Abführmittel. Auf derselben Seite sagt Southey [1848], daß man einige Tage alten Menschenkot mit der gleichen Menge Bier verdünnte und Pferden eingab, die an Schwindel (sog. Koller) litten — »ein allgemein bekanntes Verfahren«.

Die derben Spiele der englischen Bauern sind nicht ganz frei von Spuren derselben Art, wie wir sie auf einer der vorhergehenden Seiten von jenem arabischen Scheich erzählt haben [vgl. Belutschen]. So gab es beispielsweise in der Grafschaft Northumberland in England ein sonderbares Unterhaltungsspiel, das man *»F------g for the pig«* (»für das Schwein furzen«) nannte. Brand [1872] gibt keine Erklärung dieses Brauches, den man den scherzhaften Lehendienstleistungen, die Thomas Blount [1679] erwähnt, zurechnen kann, und mit diesen auch dem Kulte Bel-Phegors (Gott der Körperöffnungen). Brand sagt: »Die urtümliche Derbheit unserer Sitten erschien geradezu unglaublich. In den Bühnenvermerken der alten Moralitäten finden wir oft angegeben: ›Hier läßt Satan einen Furz.‹«

Selbst in London haben sich solche »Überlebsel« bis in die neuesten Zeiten herein erhalten. »Früher pflegten die Torwächter, die ihr Amt zu Billingsgate ausübten, jeden Mann, der vorüberging, in höflicher Weise zu veranlassen und zu ersuchen, daß er einen Pfosten begrüße, der daselbst an einem leeren Platze stand. Weigerte er sich, es zu tun, so packten sie ihn ohne weiteres und stießen ihn gewaltsam mit dem Hintern gegen den Pfosten; wenn er sich aber ohne Widerspruch herbeiließ, den Pfosten zu küssen und sechs Pence bezahlte, dann gaben sie ihm einen Namen und wählten aus ihrer Mitte einen zu seinem Gevatter. Ich glaube, daß man dies zur Erinnerung an irgendein altes Bildwerk getan hat, das früher an diesem Platze stand, vielleicht war es ein Standbild des Belius oder Belin« [Brand].

Alle diese Gebräuche, so unsinnig sie uns auch heute vorkommen mögen, können doch Bestandteile des Rituals von Gottheiten derselben Art wie Bel-Phegor gewesen sein, denen die Fürsorge für die Körperauswürfe und die Organe, die zu diesen in Beziehung standen, anvertraut war; man forderte irgendeine Art von Abgabe, und keine konnte passender sein als die Opferung der Körperteile oder wenigstens die Unterwerfung unter irgendeinen Schmerz, den ihnen diejenigen zufügten, denen die Aufsicht über das Heiligtum anvertraut war.

In der Gedichtsammlung mit dem Titel *Facetiae: Musarum Deliciae or the Muses' Recreation* von Sir John Mennis und Dr. Smith [1817] findet man ein Gedicht mit der Überschrift: *»The Fart Censured in the Parliament House«* (»Der im Parlamentsgebäude gerügte Furz«). Die Veranlassung zu diesem Gedichte war ein Entwischen dieser Art im Hause der Abgeordneten. »Ich habe einen Teil des Gedichtes gesehen, das man einem Schriftsteller aus der Zeit der Königin Elisabeth zuschrieb, und möglicherweise ist dieses das Gedicht, auf das Ben Jonson anspielt.« Aber Gifford [1816], aus dessen späteren Ausgaben ich meinen Stoff entnahm, gibt eine andere Erklärung, die darauf hinausläuft, »daß sich dieses Entwischen, wie es Whalley nennt, im Jahre 1607 ereignete, also lange nach der Zeit der Königin Elisabeth. Die Ballade befindet sich unter den Harleyschen Handschriften und ist auch in den *State Poems* abgedruckt; sie enthält ungefähr vierzig Strophen in ganz jämmerlichen Knüttelversen.«

»Man erzählte mir von einem scherzhaft veranlagten Ritter, dem Narren von Cornwall, der einmal, als er auf einem öffentlichen Marktplatze eine große Versammlung von Rittern, Edelleuten, adligen Groß- und Kleingrundbesitzern zusammengebracht hatte und alles dastand und darauf wartete, daß er irgendeine Rede oder Ansprache halte, in närrischer Weise (nicht ohne zu lachen) begann, tausend Grimassen zu schneiden und seine Augen bald nach dieser, bald nach jener Richtung zu drehen, so daß es aussah, als ob er gerade zu sprechen anfangen wollte. Und schließlich holte er tief Atem und ließ einen mächtig lauten Furz fahren, wobei er wie ein Schwein grunzte. Darauf erzählte er ihnen dann, die Veranlassung dazu, daß er sie alle zusammengerufen habe, bestände lediglich darin, daß ein so edler Furz von einer so edlen Gesellschaft, wie sie hier anwesend wäre, geehrt werde« [Jack, 1852].

In enger Verbindung mit diesem Kulte des Bel-Phegor, vorausgesetzt, daß es überhaupt einen solchen Kult gab, stehen die folgenden Untersuchungen von den zotigen Lehendienstleistungen, mit denen gewisse Besitzungen in England ihre Lehenspflicht anerkennen mußten. Kein Geringerer als der angesehene Geschichtsschreiber Buckle [1872] hat Nachforschungen nach diesen Dingen nicht unter seiner Würde gehalten, wovon man sich überzeugen kann, wenn man auf seinen Aufsatz »Contributions to the History of the Pet« in seinem *Commonplace Book* einen Blick werfen wird. Er nimmt Bezug auf *Miscellanea antica Anglicana,* Blounts *Ancient Tenures,* Luthers *Tischreden,* Dulaures *Des Divinités Génératrices,* Niebuhrs *Description of Arabia,* Giffords Ausgabe der Werke Ben Jonsons *The Staple of Newes* und Wrights *Political Ballads* im III. und VII. Bande der Veröffentlichungen der Percy Society. Mit Ausnahme des zuerst genannten Werkes sind alle anderen durchgesehen worden.

»Rowland le Sarcere hatte zu Hemington in der Grafschaft Suffolk 110 Acker Land (etwa 44 $^1/_2$ Hektar) zum Lehen mit der Verpflichtung, am ersten Weihnachtsfeiertage jeden Jahres vor unserem allerhöchsten Herrn, dem Könige von England zu erscheinen und vor ihm, zusammen und zu gleicher Zeit, einen Luftsprung, einen Schnauber und einen Furz auszuführen. Ein gewisser Baldwin hatte früher dieselben Grundstücke mit derselben Lehendienstleistung im Besitz, und man hatte ihm den Spottnamen ›Baldwin *le Péteur*‹ oder ›Baldwin der Furzer‹ gegeben« [Blount].

»Hemington, wo Baldwin le Péteur Land zum Lehen hatte aufgrund von *serjeantcy* (diesen Ausdruck gebraucht ein altes Buch), wofür er gezwungen war, an jedem Weihnachtstage vor unserem Herrn, dem König von England einen *saltus,* einen *sufflatus* und einen *bombulus* vorzuführen; oder wie es an einer anderen Stelle zu lesen ist: er hatte das Land zum Lehen durch einen *saltus,* einen *sufflus* und einen *pettus,* das heißt (wenn ich es so recht verstehe): er mußte tanzen, mit seinen Backen ein Geräusch machen und einen Furz lassen. So war die schlichte, muntere Fröhlichkeit in jenen Tagen beschaffen« [Camden, 1753].

Ducange [1840] weist das Alter solcher Lehendienstleistungen in seinem *Glossarium* nach, und sie gehen tatsächlich, soviel bekannt ist, bis in die frühesten Jahre des 14. Jahrhunderts zurück.

Daß diese Gebräuche, die uns im Lichte unserer Zeit sinnlos, unanständig und unvernünftig vorkommen mögen, ihren Ursprung in dem Dunkel längst vergangener Zeiten hatten, ist durchaus nicht unwahrscheinlich; vielleicht ist es auch eine ungezwungene Erklärung, wenn man ihnen einen religiösen Ursprung zuschreibt. Es wird auch zugegeben, daß sie alle die Kraft gesetzlich anerkannter Gebräuche hatten, und das Gesetz war in alten Zeiten ein ganz wesentlicher Bestandteil der Zutaten der Religion.

Mit Bezug darauf verdient das Folgende besondere Beachtung: »*Reverence* (Ehrerbietung, Verbeugung). Dies ist ein alter Brauch, der jeden, der sich an der Landstraße oder an einem Fußpfade erleichtert hat, zwingt, sobald ihm ein Vorübergehender das Wort ›*Reverence*‹ zuruft, seinen Hut mit den Zähnen zu packen und diesen, ohne sich von der Stelle zu bewegen, rückwärts über den Kopf zu werfen, so daß er auf diese Weise häufig in den Kot hineinfällt. Man sah dies als eine Strafe für die Verletzung der schuldigen Rücksicht an. Man konnte ja einen, der sich weigerte, diesem Gesetz zu gehorchen, nach rückwärts stoßen. Hiervon rührt vielleicht der Ausdruck *Sir-Reverence* her« [Grose, 1811].

»Unter den rohen Spielen der englischen Seeleute gab es eines, ›*The Galley*‹, die ›Galeere‹, genannt, bei dem man einen Scheuerlappen voller Kot einer Landratte in das Gesicht schleuderte.«

Das vom weiblichen Geschlecht versuchte Mittel, die schwindenden Flammen der Zuneigung in den Herzen der Ehegatten und Liebhaber wieder neu zu entfachen, indem sie aus Teig, der auf dem Hintern der Frau geknetet war, einen Kuchen backen ließen, scheint in England als ein Spiel der kleinen Mädchen lebendig geblieben zu sein. Bei diesem legt sich nämlich ein Kind auf den Boden nieder, und zwar auf den Rücken; während es sich rückwärts und vorwärts herumrollt, wiederholt es das folgende Verschen:

»Cockledy bread, mistley cake.
When you do that for our sake!«

(»Cockledy-Brot, Mistley-Kuchen; wenn Ihr das zu unserem Besten tut«).

Während ein Kind aus der Gesellschaft so daliegt, sitzen die übrigen ringsherum; sie legen sich abwechselnd nieder und wälzen sich in derselben Weise herum [Brand].

Die Wörter *mistley* und *cockledy* waren in keinem der zu Rate gezogenen Wörterbücher aufzufinden, auch nicht in dem *Dictionary of Obsolete and Provincial English* von Thomas Wright [1869]; allerdings ist darin das Wort *mizzly* in der Bedeutung von »schimmelig« aufgeführt. Vielleicht bedeutet *mistley* die »Mistel«.

Frommann [1675] beruft sich auf den englischen Grafen von Digby, der da berichtete, er habe eine Kinderfrau gekannt, die in ihrer Sorglosigkeit von dem Kot eines Kindes etwas in einem Feuer habe verbrennen lassen; die Folge sei gewesen, daß das Kind in schrecklicher Weise an Wundsein des Hinterteils litt. Die Art und Weise, wie man in diesem Falle eine Heilung zustande brachte, gehört zu den »sympathetischen« Kuren; man brachte nämlich drei Tage lang den Kot des Kindes in ein Gefäß, das mit kaltem Wasser gefüllt war und das man an einen kühlen Platz stellte.

In einigen Orten Englands tranken die Frauen den Harn ihrer Ehemänner, wenn sie sich die Stunde der Niederkunft erleichtern wollten. »In der Sammlung, die den Titel führt: *Sylon or the Wood,* lesen wir, daß ›noch vor einigen Jahren in dem gleichen Dorfe die Frauen bei der Niederkunft den Harn ihrer Männer zu trinken pflegten. Diese standen inzwischen da, wie ich es bei den Kühen im Parke von St. James gesehen habe, und bemühten sich, soviel als möglich davon herzugeben‹« [Brand].

»Es ist ein ganz gewöhnliches Verfahren in diesen Tagen, zufällige und gewöhnliche Ereignisse im Leben, die Schwangerschaft einer Frau und sogar die bestimmte Entscheidung über das Männliche und das Weibliche im Mutterleibe aus dem Harn nach erfundenen Schlüssen auf Grund eines angeblichen Wissens vorherzusagen« [Cotta, 1612]. Weiterhin gibt man dann an, daß sogar als eine Art streng wissenschaftlicher Diagnose die Urinoskopie kein sicheres Ergebnis haben könne, weil bei jeder Krankheit der Körper mehr oder weniger in Unordnung geraten sei und sich diese Unordnung im Harn bemerkbar mache.

»Vor etwa fünfunddreißig Jahren ging unter den Schulbuben das Gerede um, eine Frau stürbe, ließe ein Mann, der mit ihr zusammen war, sein Wasser!« [Fowke, 1888].

> Fallstaff: »Bursche, Du Riese, was sagt der Doktor zu meinem Wasser?«
> Page: »Er sagte, Herr, daß das Wasser wohl ein gutes, gesundes Wasser wäre; aber was die Partei beträfe, der es gehöre, so möchte er mehr Krankheiten haben, als er wüßte«
>
> [Shakespeare, *König Heinrich IV.,*
> Teil 2, 1. Akt, 2. Szene].

Sir Thomas More besaß großen Witz und ausgelassene Laune, die selbst die Nähe des Todes nicht austreiben konnte. Als man ihm die amtliche Mitteilung machte, sein Gebieter, König Heinrich VIII., habe ihn zum Tode verurteilt, »ließ er sein Harnglas holen, und als er Wasser hineingelassen, betrachtete er es eine Zeitlang, wie es die Ärzte tun, und schließlich beteuerte er ganz ernsthaft, er erblicke in dem Wasser dieses Mannes weiter nichts, als daß er auch am Leben bleiben könne, wenn es dem König gefiele« [Harington].

»Es wohnt da zu Lincoln seit einiger Zeit ein Arbeitsmann, der einmal, als ihn sein Weib mit ihrer scharfen Zunge wieder derart ausgeschimpft hatte, daß die ganze Straße darüber entrüstet war, schließlich aus dem Hause hinausging und sich ganz ruhig auf einen Steinblock vor seiner eigenen Tür setzte. Seine Frau, die wegen seiner Gemütsruhe und seines ruhigen Ertragens noch mehr außer sich geriet, lief in die Kammer hinauf und goß einen Nachttopf zum Fenster hinaus über seinen Kopf aus. Und als der arme Narr von Lincoln dieses sah, sprach er in einer fröhlichen Laune folgende Worte: ›Ich dachte es mir doch gleich, daß wir nach einem solchen Donnerwetter auch etwas Regen bekommen würden‹« [Jack].

Eskimos. Die Zentral-Eskimos glauben, daß der Regen der Harn einer Gottheit sei [Boas, 1888].

Bei den Eskimos war Harn das bevorzugteste Mittel zur Haarwaschung [vgl. Graah, 1837, und Egede, 1817].

Dr. Porter teilte dem Verfasser mit, er habe oft gehört, wie der Polarforscher Dr. Hayes von der Neigung der Eskimos an der Ostküste von Grönland gesprochen habe, den Graben zur Hütte hin als Latrine zu benutzen. Er versuchte vergebens, diesen Brauch bei den ihn begleitenden Eskimos zu verhindern, kam jedoch zu der Ansicht, daß sie einen gewissen Stolz darein setzten, in die Augen fallende Spuren ihrer Anwesenheit zu hinterlassen.

»Es ist niemandem gestattet, vom Tische aufzustehen, um sein Wasser zu lassen, sondern zu diesem Zwecke wartet die Tochter des Hauses oder ein anderes Mädchen oder eine Frau immer bei Tisch auf; sie geben acht, ob ihnen jemand zuwinkt; demjenigen, der ihr zuwinkt, reicht sie den Kammertopf unter dem Tische eigenhändig hin; die übrigen grunzen unterdessen laut wie die Schweine, damit man das Geräusch nicht hören kann. Nachdem das Wasser weggegossen ist, wäscht sie das Gefäß aus und bietet ihre Dienste demjenigen an, der bereit dazu ist. Und wer diesen Gebrauch verabscheut, der wird für unhöflich gehalten« [Bleekens, 1565].

Unter den Eskimo-Legenden gibt es eine Erzählung von einem Waisenknaben, den man dazu mißbrauchte, daß er das große Harngefäß aus der Hütte hinaustragen mußte. Damit wäre der Nachweis erbracht, daß diese Gefäße schon seit sehr alter Zeit Verwendung fanden [Boas, 1888].

»Einige Tage nach der Geburt oder wie es den Eltern sonst gerade in den Sinn kommt, benutzt ein *Angekok,* der durch Verwandtschaft oder lange Bekanntschaft mit der Familie sehr eng befreundet ist, irgendein Gefäß, um darin mit dem Harn der Mutter das Kind zu waschen, während die Bekannten aus der Nachbarschaft ihre Wünsche dahin aussprechen, daß das Kleine ein tatkräftiger Mann werden möge, wenn es ein Knabe ist, und die Mutter einer großen Menge von Kindern, wenn es ein Mädchen ist. Ich glaube, daß dieser Brauch niemals außer acht gelassen wird; man nennt ihn *›Gogsinariva‹*« [Lyon, 1824].

Réclus [1885] erzählt folgendes von dem Inuitkinde, das man auswählt, um es zu einem *Angekok* heranzubilden: »Sobald das kleine Geschöpf geboren ist, besprengt man es derart mit Harn, daß es dessen eigenartigen Geruch annimmt; das wäre also jedenfalls ihr Weihwasser. Anderswo salbt man den Bart, das Kopfhaar oder den ganzen Leib der Könige und Opferpriester mit Öl, das aus geheiligten Gefäßen stammt, und wieder anderswo nimmt man dazu Butter oder Kuhmist, die man mit großer Sorgfalt aufstreicht.«

Um es fertigzubringen, daß ein Eskimokind zu einem *Angerd-lartug-sick* wird, das bedeutet zu »einem Mann, der in besonderer Weise großgezogen worden ist, in der Absicht, eine gewisse Fähigkeit zu erlangen, die es ermöglicht, daß er ins Leben zurückgerufen wird und wieder an das Land kommen kann, für den Fall, daß er ertrinken sollte«, muß die Mutter strenges Fasten einhalten und das Kind an den Geschmack des Harns gewöhnen [Rink, 1875].

»Stirbt ein Kind, so müssen die Frauen, die es auf dem Arm getragen haben, ihre Jacke wegwerfen, falls das Kind darauf geharnt hat. Dies ist ein Teil der Sitte, wonach man alles, was mit einem toten Menschen in Berührung gekommen ist, vernichten muß« [Boas, 1888].

Bei der Beschreibung der Leichenbegängnisse der Eskimos erzählt Gilder [1881]: »Der Schluß der Gebräuche war sehr ergreifend. Nachdem ›Papa‹ vom Grabe zurückgekehrt war, ging Armow zur Tür hinaus und brachte ein Stück von einem gefrorenen Etwas herein, das die Wohlanständigkeit zu nennen verbietet, und zwar glücklicherweise, ehe die Hunde damit fertig geworden waren. Mit diesem berührte er jeden Schneeblock in der Höhe der Betten des Iglu. Dann trug man das Ding zur Tür hinaus und warf es in die Luft, so daß es zu seinen Füßen niederfiel, und nach der Art wie es fiel, konnte er freudig verkünden, daß im Lager einige Zeit lang kein neuer Todesfall zu erwarten war.«

»Verschiedene übelriechende und stinkende Dinge, wie z. B. alter Harn, sind ganz vorzügliche Mittel, um alle Arten von böswilligen Geistern und Gespenstern fernzuhalten« [Rink].

Die Eskimos, die in der Nähe von Point Barrow wohnen, halten jährlich eine Feierlichkeit ab, bei der sie einen bösen Geist austreiben, den sie »Tuna« nennen. Zu den festlichen Handlungen, die man bei dieser Gelegenheit ausführt, gehört auch die: Einer der Teilnehmer brachte ein Gefäß mit Harn herbei und schleuderte es in das Feuer [J. G. Frazer, 1890].

»Die Eskimos von König Wilhelmland und der anstoßenden Halbinsel fangen oft das wilde Rentier in der Weise, daß sie ein Loch in den tiefen Schnee graben und es mit dünnen Schneeplatten zudecken, die unter dem Gewicht eines Tieres zusammenbrechen. Dann bringen sie aus verschiedenen Richtungen Harnstriche an, die alle zum Mittelpunkt der Grubenfalle hinführen, und dort wird als Köder ein Schneehäufchen angebracht, das mit Hundeharn getränkt ist. Damit lockt man eines oder mehrere Tiere zu ihrem Verderben herbei.

Die Eskimohunde sind sehr begierig nach Kot, namentlich bei kaltem Wetter, und wenn sich ein Bewohner der Polarländer erleichtern will, so hat er nötig, einen Stock oder eine Peitsche mitzunehmen, um sich gegen die Belästigungen der hungrigen Hunde zu wehren. Will ein Mann sein Hundegespann zu größerer Anstrengung antreiben, so schickt er oft seine Frau oder einen seiner Jungen voraus, die weglaufen müssen, um sich in einiger Entfernung hinzuhocken und den Anschein zu erwecken, als ob sie sich erleichtern wollten. Das stachelt die Hunde zu den heftigsten Anstrengungen auf; der Knabe rennt dann weiter, um die Täuschung zu wiederholen. Die gewünschte Wirkung erzielt man jedesmal, bei noch so oftmaliger Wiederholung« [Gilder, 1889].

Daß die Eskimos an die Kraft des menschlichen Kotes glaubten und er könne die Hexerei unschädlich machen, scheint aus den folgenden Angaben bei Boas [1888] hervorzugehen: »Obwohl der *Angekok* die Absichten der alten Hexe begriff, so folgte er dennoch dem Knaben und setzte sich neben ihr nieder. Sie stellte sich, als ob sie sehr erfreut darüber sei, ihn zu sehen, und gab ihm eine Schüssel Suppe, die er alsbald zu essen anfing. Aber mit Hilfe seines *Tornaq,* d.h. des zauberischen Einflusses, der ihm beistand, fiel die Nahrung richtig durch ihn hindurch in ein Gefäß, das er auf den Boden der Hütte zwischen seine Füße gestellt hatte. Das gab er nun der alten Hexe und zwang sie, es zu essen. Sie starb, als sie kaum den ersten Löffelvoll an ihre Lippen gebracht hatte.«

Bei einigen Eskimostämmen erzählt man vom Raben, daß er mit seinem eigenen Kot spreche und ihn um Rat frage; auch sonst erwähnen ihre Sagen häufig den Kot [Boas].

Essener. Die Sitte, die Exkremente zu vergraben, haben die Essener, die ja vieles Altertümliche in ihren Gebräuchen wieder aufleben ließen, ganz allgemein eingeführt. Josephus sagt darüber folgendes: »Peinlicher als alle übrigen Juden vermeiden sie es, sich am Sabbath mit Arbeit zu befassen, und demzufolge bereiten sie sich nicht nur die Speisen tags zuvor, um am Sabbath kein Feuer anzünden zu müssen, sondern sie wagen am Ruhetage nicht einmal, ein Gefäß von der Stelle zu rücken oder ihre Notdurft zu verrichten. An anderen Tagen aber höhlen sie mit der einer Hacke ähnlichen kleinen Axt, die man jedem neu Eintretenden verabfolgt, eine Grube von der Tiefe eines Fußes aus, verhüllen sie mit ihrem Mantel, um den Lichtglanz Gottes nicht zu beleidigen, entleeren sich darein und scharren dann mit der ausgegrabenen Erde das Loch wieder zu; auch suchen sie zu dieser Vorrichtung die abgelegensten Plätze aus. Und obwohl die Entleerung der Körperexkremente etwas Natürliches ist, ist es doch bei ihnen gebräuchlich, sich nachher zu waschen, als ob sie sich verunreinigt hätten.«

Etrusker. »Es gab etruskische Hexenmeister, die Regen machten oder Wasserquellen entdeckten; es steht nicht fest, was das für Wasser war. Man glaubte, daß sie den Regen oder das Wasser aus ihrem Leibe herausbringen könnten« [J.G. Frazer, 1890].

Europäer. Heliogabalus ermordete man in einer Latrine. Arius, der große Ketzerführer, und Papst Leo, sein Gegner, erfuhren dasselbe Schicksal. Karl V., Kaiser von Deutschland und König von Spanien, wurde von Johanna von Aragonien im Jahre 1500 im Palaste zu Gent in einem Abort geboren; hieraus ergibt sich, daß solche in den genannten Orten bereits eingeführt waren.

Ducange [1840] erwähnt gelegentlich der Aufzählung des heidnischen Aberglaubens, der noch im Jahre 743 u.Z. in Europa lebendig war, auch die Weissagung oder Zukunftsschau aus dem Mist von Pferden, Hornvieh oder Vögeln: *De auguriis vel avium, vel equorum vel boum stercoracibus.*

Die Bewohner Europas beschränkten ihre Besichtigung nicht auf die menschliche Ausscheidung; sie durchforschten ebenso sorgfältig jeden Tag die Exkremente von Hunden, Falken und anderen Tieren, die man zur Jagd verwandte [Harington, 1596].

Seit den ältesten Zeiten verwendete man in der europäischen Heilkunde gewisse Steine, die unter den Namen Belemniten, Donnerkeile, Lyncurius usw. bekannt waren und die man als ein wirksames Mittel für die Behandlung von Steinen in der Blase ansah. Den Lyncurius hielt man für geronnenen Harn des Luchses, und aus diesem Umstand hielt ihn der Verfasser für erwähnenswert [Pomet, 1738]. Der Bezoarstein, dessen ältere Schriftsteller so häufig Erwähnung tun, war weiter nichts als in tierischem Magen verhärteter Kotstoff.

In enger Beziehung zum Harntanz der Zuñis stand das Narrenfest in Europa. Dulaure [1825] gab davon folgende Beschreibung: »Dann begann das Hochamt; alle Geistlichen nahmen daran teil, wobei sie sich entweder das Gesicht geschwärzt hatten oder eine häßliche oder lächerliche Maske trugen. Während der Feier tanzten die einen, als Possenreißer oder als Frauen verkleidet, in der Mitte des Chors und sangen dabei scherzhafte oder unzüchtige Lieder. Die anderen begaben sich an den Altar und aßen darauf Bratwürste und Blutwürste, spielten Karten oder Würfel vor dem Priester, der die Messe las, beräucherten ihn mit einem Weihrauchfaß, in dem alte Schuhe brannten und ließen ihn diesen Rauch einatmen.

Nach der Messe begannen neue Handlungen von ungewöhnlicher und gotteslästerlicher Art. Die Priester, inmitten der Einwohner beiderlei Geschlechts, rannten in der Kirche herum, tanzten, reizten sich gegenseitig zu allen möglichen Narrheiten auf, zu den ausgelassensten Handlungen, wie sie eine schrankenlose Phantasie gerade eingab. Da war keine Zurückhaltung, keine Schamhaftigkeit mehr; kein Damm hemmte das Überströmen der Verrücktheit und der Leidenschaften.

Inmitten dieses Lärms, dieser Gotteslästerungen und zuchtlosen Lieder sah man Einzelne, die ihre Kleider vollständig abwarfen, andere, die sich der schamlosesten Ausschweifung hingaben.

Die Teilnehmer standen auf Karren, die mit allem möglichen Unrat beladen waren, und vergnügten sich damit, die umherstehenden Volksmassen damit zu bewerfen. Die Vorgänge wurden immer mit schmutzigen und gotteslästerlichen Liedern begleitet.«

Aus der vorstehenden Beschreibung ersieht man, daß die Hauptpersonen — die während des Hochamts die Kirche mit Beschlag belegten — beschmierte und bemalte Gesichter hatten oder nach Art der Hanswurste Masken trugen und daß sie auf dem Altar Bratwürste und Blutwürste verzehrten. Das englische Wort für Blutwurst — *blood-pudding* — ist dasselbe wie das französische *boudin; boudin* bedeutete aber auch Kot [Gasc, 1837]. Zieht man noch in Betracht, daß sich diese Clowns nach dem Verlassen der Kirche auf Dungkarren (*tombereaux* im Texte Dulaures) stellten und Unrat auf die Umherstehenden warfen; denkt man schließlich daran, daß einige der Mitwirkenden vollständig nackt auftraten, so wird man nicht in Abrede stellen können, daß zwischen diesen schmutzigen und unerklärlichen Gebräuchen, die auf zwei Seiten eines großen Ozeans vorkommen, eine gewiß sehr merkwürdige Reihe von Ähnlichkeiten vorhanden ist.

Dulaure macht keinen Versuch, den Ursprung dieser Gebräuche in Frankreich festzustellen; er begnügt sich mit der Angabe: »Diese Gebräuche haben zwölf oder fünfzehn Jahrhunderte lang bestanden«, also mit anderen Worten: sie sind heidnischen Ursprungs. Nun ist es aber ganz gut möglich, daß im Verlaufe von zwölf oder fünfzehn Jahrhunderten der Brauch sich so weit abgeschwächt hat, daß man vom Verzehren des wirklichen Kotes, wie bei den Zuñis, zum Essen der Blutwurst, einem Sinnbilde des Kotes, überging. Nehmen wir einmal an, diese Vermutung sei richtig, dann haben wir einen Beweis für das Alter des Harntanzes unter den Zuñis. Die Ähnlichkeit zwischen dem Brauch der Zuñis und dem, den Dulaure beschreibt, ist so groß, daß wir vielleicht zu der Annahme berechtigt sind, die neue Welt habe von der alten einige von den Zügen übernommen, die sich bis heute erhielten; und wäre nicht der Nachweis für eine sehr weite Verbreitung dieser Sitte vorhanden, so könnte man annehmen, daß die katholischen Missionare, die ungefähr seit dem Jahre 1580 unter den Zuñis arbeiteten und mit Ausnahme von einigen Unterbrechungen bei

Aufständen bis zur Besitzergreifung des Landes durch die Vereinigten Staaten dort geblieben waren, die unzüchtige und ekelhafte Orgie bei den Zuñis in voller Kraft vorfanden. Sie hätten die Gefahr eingesehen, durch unkluge Überstürzung alle Hoffnung auf Bekehrung dieses Volkes zu zerstören, und sich schlauerweise dazu entschlossen, diese religiöse Mißgestalt zu dulden und das Pflänzchen, das in ihrer europäischen Heimat so schön gedieh, damit in Verbindung zu bringen.

Picarts Angaben [1729] über das Narrenfest ähneln denjenigen, die wir bei Dulaure gefunden haben. Er sagt, daß es in der Kirche zur Zeit des Weihnachtsfestes stattfand und den römischen Saturnalien entlehnt war; daß es die Kirche als solche niemals billigte, sondern seit den ältesten Zeiten dagegen ankämpfte. »Die unverschämtesten Leute aus dem Volke mischten sich unter die Geistlichkeit, um in geistlichen Kleidern, als Mönche oder Nonnen, den Narren zu spielen.«

Diderot und D'Alembert [1779] gebrauchen fast dieselben Ausdrücke; die amtierende Geistlichkeit war angezogen, »die einen wie Hanswurste, die anderen in Frauenkleidern und in ganz ungeheuerlicher Weise maskiert; sie aßen und würfelten auf dem Altar neben dem Priester, der die Messe las. In die Weihrauchfässer warfen sie Unrat.« Sie sagen weiter, die Einzelheiten vertrügen gar nicht eine Wiedergabe. Das Fest beging man auf dem europäischen Festlande und in England, namentlich in York, zumeist zwischen dem Weihnachtsfeste und Epiphanias (Dreikönigstag).

Die oben erwähnte Nachricht von der Verwendung von *pudding* oder Bratwurst auf dem Altar selbst ist der immer wiederkehrende Zug bei der Beschreibung des Brauches. Es wird aber nicht sehr schwer sein nachzuweisen, daß diese Wurst ursprünglich eine Kotwurst war, die man zu einem bestimmten Zwecke zubereitete, als Opfer darbrachte und vielleicht auch aufaß. Dieser Seite unseres Gegenstandes werden wir später nachgehen; vorläufig nur eine Angabe, die da beweist, daß in Karnevalszeiten Menschenkot selbst und nicht etwa das Sinnbild dafür auftauchte:

»Der folgende Auszug aus Barnaby Googes Übersetzung von *Naogeorgus* [1570] wird zeigen, wie weit man es bei diesen Festlichkeiten getrieben hat. (Nämlich am Karnevals-Dienstag, englisch: *Shrove-Tuesday*). Nach der Beschreibung des übermütigen Verhaltens der in Frauenkleidern steckenden Männer und der Frauen, die sich als Männer angezogen, der Possenreißer, die als Teufel oder als Tiere herausgeputzt sind oder gar vollkommen nackt herumlaufen, fährt der Bericht folgendermaßen fort:

> Aber andere tragen etwas Gewundenes, das sie auf ein weiches Kissen legten;
> Einer ist dabei, der mit einer Klappe die Fliegen abwehrt:
> Ich wünschte, es wäre ein anderer da, einer von jenen Beamten,
> Dessen Kammer dazu dient, den Gestank von unseren Nasen hinwegzunehmen«

[Brand, 1872].

Zahllos sind die Schriftsteller, die mit größerer oder geringerer Ausführlichkeit, mit mehr oder weniger Genauigkeit über Narrenfeste, Eselfeste und andere derartige Dinge geschrieben haben; sie begnügten sich aber unglücklicherweise ausnahmslos mit einer Beschreibung der unflätigen Tollheiten, die mit diesen volkstümlichen religiösen Versammlungen verbunden waren, ohne jemals den Versuch zu machen, die Ursachen, die ihnen zugrunde lagen und den Anlaß dazu gaben, aufzuspüren, oder eine vernünftige Anstrengung zu machen, um den Ursprung aufzudecken. Wenn auf den Ursprung überhaupt hingewiesen wird, so ist es immer wieder die Behauptung, daß das Narrenfest ein Überlebsel der römischen Saturnalien sei.

Dies kann man jedoch kaum als richtig anerkennen. Im weiteren Verlauf dieser Untersuchungen soll der Nachweis geführt werden, daß die Verwendung von menschlichen und tierischen Auswurfstoffen bei religiösen Gebräuchen über die ganze Welt verbreitet war, daß sie älter ist als die römischen Saturnalien oder wenigstens unmittelbar in gar keiner Beziehung dazu steht. Die richtige Auslegung des Narrenfestes würde daher allem Anscheine nach diejenige sein, die es als einen Rückfall in einen vorchristlichen Gedankengang auffaßt, der so alt ist wie das erste Auftreten der Indogermanen in Europa.

Messen wir dieser Tatsachen-Aufzählung die Wichtigkeit bei, die jeder einzelnen von ihnen gebührt, aber auch nicht mehr, dann gewinnt es den Anschein, daß das Narrenfest vielleicht besser verständlich ist, wenn wir es als derbkomisches und verzerrtes »Überlebsel« einer heiligen Volksversammlung der Familien oder der Gemeinde ansehen, bei der die Kotwurst einem später gänzlich vergessenen Zweck diente, nämlich der Abwendung der unheilvollen Hexenverwünschungen, der Fallsucht, der Gelbsucht, des Fiebers und sonstiger Unzuträglichkeiten vom Volke, lauter Dinge, die vor den einfachen Mitteln der urzeitlichen Heilkünstler nicht ohne weiteres weichen wollten.

In Frankreich verschwand das Narrenfest erst mit der Revolution; in den anderen Teilen des europäischen Festlandes begann es ungefähr zur Zeit der Reformation langsam abzukommen. In England verschwanden der »Abt der Unvernunft«, dessen Streiche Walter Scott in seiner Novelle *The Abbot* [1820] andeutet, die Mirakelspiele, die einst den guten Zweck gehabt hatten, einem ungebildeten Bauernstand die Lehren der Heiligen Schrift beizubringen, und die Tugenddramen *(Moralities)* mit im allgemeinen demselben Zweck gingen unter dem Ansturm der strengen puritanischen Neuerer verloren. Das Narrenfest als solches wurde im Jahre 1541 von Heinrich dem Achten abgeschafft [Massingberd, 1825].

Fidschi-Insulaner. »Die Bewohner der Fidschi-Inseln sind den Pilzen zu Dank verpflichtet, denn sie ziehen sie auf eine Schnur auf und tragen sie so als Gürtel, die sie allein davor bewahren, daß man sie unter die ›Armen und Nackten‹ rechnet; und ihre ganze künstlerische Beschäftigung beruht darin, ihre etwas beschränkte Kleidung zu verzieren. Namentlich die Fischer unter den Fidschi-Insulanern schätzen diese Kleidung sehr, denn sie ist wasserdicht« [*Lippincott's Magazine*, 1888].

Im weiteren können sich die Forscher nicht mit der Versicherung zufriedengeben, daß die Fidschi-Insulaner die Pilze lediglich für Gürtel verwenden oder daß die Lappländer andere Arten bei sich tragen, um ihre persönliche Anziehungskraft zu vergrößern. In beiden Fällen ist es viel wahrscheinlicher, daß man ihnen irgendeine aphrodisische Wirkung zuschrieb, denn diese erklärte die Sorgfalt, die man bei ihrer Aufbewahrung entfaltete, und rechtfertigte ebenso den Verdacht, daß man sie immer bereithielt, um als Anreger zur Wollust zu dienen.

Finnen. Von der finnischen Gottheit Wainemoinen hören wir, daß »der Schweiß, der von seinem Körper tropfte, ein Balsam für alle Krankheiten war« [Lenormant, 1878].

Über heilige Betrunkenheit bei den Finnen vergleiche Lenormant, *Chaldean Magic,* wo sich auch ein Hinweis auf »berauschende Stoffe« findet.

Flachkopf-Indianer. Von allen Gebräuchen im täglichen Leben der amerikanischen Eingeborenen ist keiner so deutlich mit dem religiösen Denken verknüpft wie das Rauchen. Wenn wir daher in dieser Beziehung die Verwendung von menschlichem oder tierischem Kot antreffen, so kann man die Vermutung nicht von der Hand weisen, daß irgendeine geheimgehaltene Bedeutung einer solchen Zeremonie anhaftet. Dies scheint auch die Ansicht des unermüdlich tätigen Missionars De Smet [1847] zu sein, der eine solche Sitte bei den Flachkopf- und Krähen-Indianern beschreibt: »Um den Geruch des Friedensrauchopfers ihren Göttern angenehm zu machen, ist es erforderlich, daß der Tabak und das Gras *(skwiltz)* die gewöhnlichen Bestandteile, mit einer Menge von Büffelmist vermischt werden.«

Die Sioux, Cheyennes, Arapahoes und andere Stämme der Ebenen, bei denen der Büffel als Gott gilt, haben dieselbe oder fast dieselbe Sitte.

Flamen. »In einem Almanach für 1695 macht sich der arme Robin über die folgenden ekelhaften Narrheiten, die damals im Schwange waren, lustig; sie müssen ganz bestimmt entweder holländischer oder flämischer Herkunft gewesen sein. Er erklärt diejenigen für unverbesserliche Narren, die, wenn sie ihr Wasser lassen, an der Mauer mit ihrem Harn hin- und herstreichen, als wollten sie irgendwelche altertümliche Figuren entwerfen oder einige sonderbare Zeichnungen anbringen; oder die, die in Straßenstaub pissen und dabei, ich weiß nicht was für durcheinanderlaufende Winkel und Kreise machen, oder die, die eine Spalte in einer Mauer oder eine kleine Höhlung im Erdboden dazu benutzen, nachdem er sie einige Male ermahnt hat« [Brand, 1872]. Dies war möglicherweise ein Überlebsel irgendeiner uralten Art des Weissagens.

Franzosen. In dem merkwürdigen Buche *Bibliotheca Scatologica* [1850], voll Gelehrsamkeit und wissenschaftlicher Forschung, sind Anführungen aus mehr als 300 Quellenschriften zusammengesucht, von denen einige natürlich lediglich unzüchtig sind und nicht in das Gebiet der hier erforderlichen Nachweise fallen; andere sind aber, wie man wohl sofort aus den hier gegebenen Auszügen entnommen haben wird, von allergrößtem Wert im wissenschaftlichen Sinn.

»Der Apotheker Lagrange zu Paris, den seine Berufsgenossen ›Bouillon à Pointu‹ (den ›Spitzfindigen‹?) nannten, hat ein Werk veröffentlicht, das den Titel führt *La Chimie du Gout* und von der Herstellung von Tafellikören handelt. Er gibt auch die Vorschrift für die Zubereitung eines solchen, den er *›Eau de Mille Fleurs‹* nennt und der aus einem Auszug aus Kuhkot mittels Branntweins besteht.« De Gubernatis [1874] fügt hinzu: »Was den Kuhkot anbelangt, so verwendet man ihn immer noch, um das sogenannte *Eau de Mille Fleurs* herzustellen, das mehrere Arzneibereitungslehren als Heilmittel bei verdorbenen Säften empfehlen.«

»Zu Paris war ein reicher Bürger namens Paperal bekannt, der infolge einer seltsamen Geschmacksverirrung den Kot kleiner Kinder verschlang [Virey]. Die Überlieferung berichtet sogar, daß er ihn mit einem goldenen Löffel aß. Dies ist aber nicht das einzige Beispiel eines so wunderlichen Geschmackes. Bouillon Lagrange hatte immer eine goldene Dose bei sich, die aber nicht mit Tabak, sondern mit menschlichem Kot gefüllt war« [Dulaure, 1818].

Es wird berichtet, daß sich Sir John Moore in seinen eigenen Harn verliebte, und bei Montaigne finden wir die Erzählung von dem französischen Edelmann, der seinen Kot aufhob, um ihn seinen Besuchern zu zeigen.

Montaigne bringt die Geschichte eines Edelmannes, der seinen Kot sieben oder acht Tage lang in verschiedenen Gefäßen aufbewahrte, um darüber sprechen und ihn vorzeigen zu können [Buckle, 1872].

Eine französische Dame hatte die Gewohnheit, zu Pulver zerriebenen menschlichen Kot bei sich zu tragen; sie aß ihn und pflegte sich nachher noch die Finger abzulecken [Paullini, 1696].

In der *Histoire Secrète du Prince Croq'Êtron* von Mademoiselle Laubert [1790] unterhält die Prinzessin Clysterine den Prinzen Constipati; sie gab ihm Limonade nach Art der Urinette.

In dem Schwank *Maitre Pathelin* [aus dem Jahre 1480] schimpft der Held des Stückes »in seinen wahnsinnigen Redereien auf die Ärzte, weil sie für seinen Harn kein Verständnis haben. Kurpfuscher beschäftigen sich ganz besonders mit dieser Seite der Heilkunde und übten ihr Handwerk in ungesetzlicher Weise unter dem Namen der ›Wasser-Jongleure‹ oder ›Harnkenner‹ aus. Solche Leute praktizieren heute noch in der Normandie und in gewissen Landstrichen des nördlichen Frankreichs« [Dupouy, 1888].

»Ein Bekannter, der mit den Besonderheiten des Lebens in Paris vertraut ist, hat mir kürzlich mitgeteilt, daß es dort Leute gibt, die sich angewöhnt haben, den Schaum, den sie in den Straßenpissoirs sammeln, hinunterzuschlukken, und daß diese Leute *›Les mangeurs du blanc‹* (›Die Weißesser‹) gerufen werden« [Fowke, 1888].

Eine andere, ganz sonderbare Sitte, für die uns keine Erklärung überliefert worden ist, beschreiben uns Ducange [1840], Dulaure [1825] und andere in folgender Weise:

»Außerdem muß jedes öffentliche Mädchen, das sich jedem beliebigen Manne hingibt, wenn es zum ersten Male in die Stadt Montluçon kommt, auf der Brücke dieser Stadt vier Pfennige bezahlen oder daselbst einen Furz lassen« [Dulaure].

In einem Werke des Abbé Roubaud, das den Titel hat: *Le Pétérade, poème en quatre chants,* weist man uns darauf hin, »man finde bei Ducange die Beweise dafür, daß man früher in Frankreich die Fürze als Scheidemünze für die Bezahlung von Brückenzoll zuließ. *Bombi pro scudis valebant« [Bibliotheca Scatologica].*

Wenn wir Victor Hugo glauben dürfen, war die Sitte des Brückenzolles, wie man ihn an der Brücke von Montluçon erhob, im 15. Jahrhundert bei den Leuten in Frankreich allgemein bekannt. Er schildert nämlich im ersten Kapitel seines Romanes *Notre Dame* [1832], wie sich die Bevölkerung von Paris am Narrenfeste mit Scherzreden belustigt:

»Dr. Claude Choart, suchen Sie vielleicht Marie la Giffards?«
»Sie ist in der Rue de Glatigny.«
»Sie bezahlt dort ihre vier Pfennige, — *quatuor denarios!«*
»Aut unum bombum!«

Dulaure führt gleichfalls Ducange an mit Beziehung auf den Zoll, den man von öffentlichen Dirnen einhob, wenn sie zum ersten Male die Brücke von Montluçon überschritten. Er fand auch Beschreibungen dieser sonderbaren Abgaben in alten Akten, die bis auf das Jahr 1398 zurückgingen; er hat ferner die Ähnlichkeit zwischen diesem Zoll und der Lehendienstleistung des Rittergutes von Essington bemerkt.

In bezug auf die Abgaben, die man von öffentlichen Dirnen einhob, wenn sie gewisse Brücken in Frankreich überschritten, und hinsichtlich der Lehendienstleistungen, zu denen gewisse Güter in England verpflichtet waren, müssen wir im Auge behalten, daß während des Mittelalters die Brücken durch Körperschaften oder Gesellschaften von Brückenbauern erbaut wurden, die anscheinend geheime Vereine bildeten. »Es ist ziemlich wahrscheinlich, daß bereits in sehr früher Zeit Gesellschaften oder Logen von Brückenbauern vorhanden waren und daß sie Überreste der Staatsklugheit aus römischen Zeiten waren, aber die Geschichte solcher Gesellschaften ist in Dunkel gehüllt. Die Kirche scheint diese Gesellschaften aufgenommen und im 12. Jahrhundert begünstigt zu haben, und schließlich legte man ihnen ein gewisses religiöses Ansehen bei. Der Orden der Brückenbauer zu Avignon, mit seiner merkwürdigen Vorliebe für Witzeleien, die ein besonderes Kennzeichen des Mittelalters bildet, führte den Namen *Fratres pontificales* oder manchmal auch *Fratres pontis* oder *Factores pontium.* Nach Ducange (im *Glossarium* unter dem Stichworte *Fratres pontis*) bestand ihre Kleidung aus einem weißen Gewande mit dem Abzeichen einer Brücke und eines Kreuzes aus Tuch auf der Brust« [Wright, 1861]. Und an dieser Stelle mag auch daran erinnert sein, daß der Papst zu Rom heute noch der *Pontifex maximus* ist.

Wissen wir erst, daß geheime Gesellschaften die Brükken erbauten, so haben wir unsere Behauptung schon halb bewiesen; denn diese geheimen Gesellschaften standen in heidnischen Zeiten ganz bestimmt unter Schutz und Schirm irgendeines Gottes oder in späteren Zeiten irgendeines Heiligen, wobei aber zu Ehren des letzteren die Förmlichkeiten beibehalten wurden, die einst der Verehrung seines heidnischen Vorgängers gegolten hatten.

Die folgenden Worte Fosbrokes [1843] fügen sich in diesem Zusammenhange passend ein: »Plutarch leitet das Wort *Pontifex* von den Opfern ab, die man auf Brücken darbrachte — heilige Handlungen von sehr hohem Alter. Diese *Pontifices,* die Brückenpriester, sollen zugleich die Verpflichtung gehabt haben, die Brücken instand zu halten, als unerläßlichen Teil ihres Amtes. Diese Sitte war zweifellos der Anlaß, daß auf der alten Brücke zu London eine Kapelle erbaut worden war, und die Gaben, die man darin niederlegte, dienten selbstverständlich zur Unterhaltung der Brücke.«

Die *Bibliotheca Scatologica,* aus der wir schon mehrfach Anführungen gebracht haben, ist eine merkwürdige Sammlung von Gelehrsamkeit. Der Name des Verfassers oder der Ort der Veröffentlichung konnte nicht entdeckt werden, das Buch scheint aber von Giraudet und Jouaust, 315 Rue Saint Honoré zu Paris gedruckt worden zu sein, vorausgesetzt, daß das kein angenommener Titel ist. In diesem Werke findet sich ein Verzeichnis von nicht weniger als 133 Abhandlungen über den Furz, einige wunderlich, einige gemein und eine oder zwei von seltsamer Gelehrsamkeit.

In dem aus dem 14. Jahrhundert stammenden Schwanke *Le Muynier* hat sich der Müller einige volkstümliche Gedanken, wie sie von gewissen Philosophen jener Zeit gelehrt wurden, angeeignet. Er glaubt, daß im Augenblick des Todes die Seele eines Menschen durch den Hintern entweicht, und bittet den Priester, ihn von seinen Sünden loszusprechen, mit den Worten: »Mein Leib entschließt sich zu sehr dazu. Ach! Ich weiß nicht, was ich tun soll! Geht fort!« Der Priester antwortet: »Ha! Denkt an Euer Seelenheil!« Darauf bemerkt der Müller: »Geht fort, denn ich bekacke mich!«

Die Frau und der Priester zerren nun den kranken Mann an die Bettkante und bringen ihn in eine solche Lage, daß sie für den Fall, daß die Lehre von dem Entweichen der Seele aus dem Hintern richtig ist, Zeugen der letzten Verrichtung des Müllers sein können. Sie beobachten nun den Vorgang einer Blähung aus dem Hintern, als plötzlich zur Bestürzung der Frau und des Priesters ein Dämon erscheint, der einen Sack über den Hintern des sterbenden Müllers legt, das Mastdarmgas auffängt und im Schwefeldampf davonfliegt [Dupouy].

»In einer Erzählung aus Armagnac rennt Joan lou Pec hinter einem Manne her, den er für einen Weisen hält, und fragt ihn, wann er sterben werde. Der Mann antwortet ihm: ›Joan lou Pec, du wirst beim dritten Furze deines Esels sterben.‹ Der Esel läßt zweimal einen Wind fahren, und der Narr versucht nun, den dritten Furz zu verhindern, indem er einen sehr spitzen Stock nimmt und ihn dem Esel mit einem Hammer in den Hals treibt. Aber der Esel wehrt sich mächtig, und bei seinen Anstrengungen fliegt der spitze Stock wie ein Wurfgeschoß heraus und tötet den armen Joan lou Pec« [Bladé, 1867].

Liebesbedürftigen Mädchen in Frankreich macht man den Vorwurf, daß sie als Liebesmittel einen Kuchen herstellen, zu dessen Bestandteilen »unaussprechliche Beimischungen« gehören. Wenn ein abtrünniger Liebhaber dieses Backwerk gegessen hat, lebt seine schwindende Zuneigung von neuem auf. Jean Baptiste Thiers [1741] berichtet über *le maléfice amoureuse ou le philtre:* »Es benützen es gewisse Frauen und gewisse Mädchen, die ihre Liebhaber zwingen wollen, sie wie früher zu lieben. Sie lassen diese eine Art Kuchen essen, in die sie Schmutzereien hineingetan haben, die ich nicht näher bezeichnen will.« Dieses Verfahren stand aber so stark im Geruche der Hexerei, daß es einige Kirchenversammlungen verboten haben.

Das Folgende erschien in dem *General Homoeopathic Journal* [1886] in einem Aufsatze mit der Überschrift: »The Last Cholera Epidemic in Paris« (»Die letzte Cholera-Seuche in Paris«) — »Die Nachbarn eines durch sein ausgezeichnetes Brot, seine Torten und sonstigen Erzeugnisse der Feinbäckerei im besten Rufe stehenden Geschäftes beklagten sich fortgesetzt über die ekelhaften Gerüche, die dort herrschten und die in ihre Wohnungen eindrangen. Das Auftreten der Cholera gab schließlich diesen Klagen einen gewissen Nachdruck, und die Sanitäts-Inspektoren, die man hingeschickt, um der Sache auf den Grund zu gehen, stellten fest, daß zwischen den Aborten dieser Wohnungen und dem Behälter, der das zur Bereitung des Brotes erforderliche Wasser enthielt, eine Verbindung bestand. Diese Verbindung stellte man sofort ab, aber die unmittelbare Folge hiervon war eine merkliche Verschlechterung in der Güte des Brotes. Den Chemikern wird der Beweis gar nicht schwerfallen, daß Wasser, das mit ›Abort-Extrakt‹ versetzt ist, ganz besonders die Eigenschaft hat, den Teig ordentlich zum Aufgehen zu bringen, wodurch dem Brot das schöne Aussehen und der angenehme Geschmack verliehen wird, und darin besteht eben die Haupteigenschaft eines köstlichen Brotes« [Jäger, 1888].

Bei den Franzosen hielt man den Harn für ein ganz sicheres Heilmittel gegen Fieber. Um diesen Wunderbalsam bildete sich ein solcher Berg von Glauben, daß es wohl der Mühe lohnt, die Vorschriften zu seiner Benutzung ausführlich wiederzugeben:

»Knete einen kleinen Laib Brot mit dem Harn zusammen, den ein Kranker, der an viertägigem Fieber leidet, bei einem ganz besonders schlimmen Anfall gelassen hat. Dann backe das Brot, laß es auskühlen und gib es dann einem anderen Menschen zu essen. Dies mußt du dreimal hintereinander bei verschiedenen Anfällen wiederholen, dann wird das Fieber den Kranken verlassen und auf den Menschen übergehen, der das Brot gegessen hat.

Eine andere Vorschrift lautet so: Nimm ein Ei, koche es hart und entferne die Schale davon. Dann steche mit einer Nadel an verschiedenen Stellen in das Ei hinein, tauche es in den Harn einer Person, die das Fieber hat, und dann gib es jemandem zu essen, einem Mann, wenn es sich um einen kranken Mann, einer Frau, wenn es sich um eine kranke Frau handelt, dann wird die Person, die das Ei ißt, das Fieber bekommen, und den Kranken wird es verlassen« [Thiers; Picart].

Im folgenden geben wir ein altes französisches »sympathetisches« Rezept für die Heilung aller Arten von Koliken: »Für die Kolik wird zwar hier die Vorschrift zu einem ekelhaften Heilmittel gegeben, aber es wird doch wahrscheinlich dem von Kolik Gequälten ganz angenehm sein. Denn wenn sie unter den Sitz des Aborts frisch gesammelten Kuhmist legen und sowohl darauf pissen als auch die Entleerungen ihres Leibes darauf ablegen, so werden sie durch Sympathie ohne Schwierigkeit Erleichterung haben« [Schurig, 1725].

Hauptmann Jouan [1888] berichtet: »In meiner Knabenzeit hatten wir im Hause meines Vaters eine ganze Menge Katzen, und ich erinnere mich noch, daß häufig Leute aus Cherbourg kamen und um die Erlaubnis baten, in unserem Dachgeschoß nach Katzenkot suchen zu dürfen; wenn man diesen in Weißwein auflöse, gäbe das ein sehr wirksames Getränk gegen Wechselfieberanfälle, behaupteten sie.

Man sagt, König Louis Philipp habe es niemals unterlassen, ehe er ein Pferd bestieg, es gegen das linke Hinterbein zu bepissen, gemäß einer alten Überlieferung bei der Reiterei, daß eine solche Handlung die Wirkung habe, daß das Bein des Tieres dadurch gestärkt werde und es deshalb geeigneter sei, die Anstrengung auszuhalten, wenn der Reiter in den Sattel springe. Ich erzähle Ihnen die Sache genau so, wie ich sie vor fünfundvierzig Jahren von einem der Söhne des Königs, dem Fürsten von Joinville erzählen hörte, als ich unter seinem Kommando auf der Fregatte ›La Belle Poule‹ Dienst tat.

Im Jahre 1847 — ich war damals 26 Jahre alt — kam einmal (in Cherbourg) eine alte Frau mit einer Waschschüssel zu mir und bat mich hineinzupissen, da man den Harn eines kräftigen, gesunden jungen Mannes nötig hätte, um die Brüste einer jungen Frau, die gerade von einem Kind entbunden worden war, damit zu waschen.«

Aborte ordnete man zu Paris im Jahre 1513 für jedes einzelne Haus an, woraus wir schließen können, daß manche Hauserbauer schon vorher aus eigenem Antriebe für solche Bequemlichkeiten gesorgt hatten; bereits im Jahre 1372 und ebenso im Jahre 1395 ergingen königliche Verordnungen, die da verboten, in Paris Unrat aus den Fenstern zu werfen. Hiernach sind wir zu der Annahme berechtigt, daß diese Sitte allgemein gewesen sein muß und sich unangenehm bemerkbar gemacht hat; dieselben Anordnungen traf man im Jahre 1585 für die Stadt Bordeaux.

Rabelais hat ein sehr anschauliches Kapitel von den Notbehelfen geschrieben, zu denen die Menschen greifen mußten, ehe man das Papier allgemein für den Gebrauch in den Latrinen eingeführt hatte; man vergleiche hierzu sein Kapitel 13 im 1. Buch des *Gargantua und Pantagruel:* »Anisterges« (»Arschwischer«).

Bettpfannen waren in Frankreich schon ganz im Anfange des 15. Jahrhunderts im Gebrauch. In der *Farce des Meisters Pathelin* aus dem Jahre 1480 sind sie erwähnt [Dupouy].

In einem Aufsatz mit dem Titel »Le Nirang des Parsis en Basse Bretagne« in der Mainummer der *Mélusine,*

Paris 1888, wird auf ein merkwürdiges Überlebsel der persischen Sitte des *Nirang* (Harn als Waschmittel) in Frankreich hingewiesen: »Ich habe meine Kindheit bis zum vierzehnten Jahre in einem alten bretonischen Herrenhause zugebracht, namens ›Keramborgne‹, das in der Gemeinde Plouarte im Arondissement Lannion liegt. Das väterliche Herrenhaus war den Unglücklichen und den umherziehenden Bettlern wohlbekannt; sie kamen hin, um Nahrung und Unterkunft für die Nacht zu erbitten. Unter den armen Bettlern, die in Keramborgne zu den häufigsten Gästen gehörten, befand sich auch eine alte Frau, namens Gillette Kerlohiou, die immer alle Neuigkeiten der Gegend kannte und die außerdem in dem Ruf stand, ein klein wenig von der Hexerei zu verstehen und gewisse Krankheiten mit Gebeten und Kräutern heilen zu können, die ihr allein bekannt waren. Eines Morgens, nachdem Gillette die Nacht im Stalle zugebracht, murmelte sie Gebete. Eine Kuh hatte gerade zu pissen angefangen, als sich die alte Bettlerin auf sie stürzte, den Harn in der hohlen Hand auffing und sich das Gesicht mehrere Male hintereinander damit abrieb. Als der Kuhschweizer dies sah, schalt er sie Schmutzfink und alte Närrin. Ohne sich aber im geringsten aufzuregen, erwiderte ihm Gillette: ›Es gibt gar nichts Besseres, mein Sohn, als sich frühmorgens, wenn man aufsteht, das Gesicht mit Kuhpisse zu waschen oder sogar mit seinem eigenen Harn, wenn man sich keinen von der Kuh verschaffen kann. Wenn Ihr eine solche Abwaschung morgens vorgenommen habt, seid Ihr für den ganzen Tag gegen alle Nachstellungen und Bosheiten des Teufels geschützt, denn Ihr werdet für ihn unsichtbar.‹«

Der Schreiber vorstehender Zeilen, F.M. Luzel, erfuhr von anderen Bauern und Bettlern, die dabeistanden, daß den von der alten Frau ausgesprochenen Glauben ihre Kameraden in jeder Hinsicht teilten.

»Unsere französischen Bäuerinnen wuschen sich die Hände in ihrem eigenen oder im Harn ihrer Ehemänner oder ihrer Kinder, um hinterlistige Streiche unschädlich zu machen oder deren Wirkungen aufzuheben« [Réclus, 1885].

Réclus sagt, daß noch heutzutage in Paris viele Leute, die die besten Toilettenwässer zur Hand haben, dennoch Harn als Reinigungsmittel vorziehen.

»Bei den Bauern von Frankreich galt das Träumen vom Mist als ein gutes Zeichen; in derselben Weise war es eine glückliche Vorbedeutung, wenn eine Kugel oder sonst irgend etwas, das man gerade in der Hand trug, in den Kot fiel« [Scot, 1651].

Tritt man mit einem Fuß in Kot, so bedeutet dies nach der Annahme der französischen Landbevölkerung, man werde sich Reichtum erwerben [Rockhill].

Im alten Französisch findet man diesen Ausdruck und er stammt vielleicht sogar daher: *»Pleurez donc et chiez bien des yeux, vous en pissez moins«* (»Weint also und scheißt tüchtig mit den Augen, Ihr werdet um so weniger pissen.«) [Beroalde, 1610].

Fuchs-Insulaner. Man findet die Angabe, daß in Alaska und auf den Fuchsinseln im Michigan-See »die Bewohner sich zuerst mit Harn und dann mit Wasser wuschen, wie es althergebrachte Sitte war« [Krenitzin, 1768].

Fulbe. »Meinen Ekel erregte eine Gewohnheit, die in den Häusern, wie in demjenigen, in dem ich wohnte, vorherrschte: man benutzte nämlich die Terrasse als eine Art Abtritt; und meinen Führer, Amer el Walati, der noch bei mir war und die Terrasse zu seinem gewöhnlichen Aufenthaltsorte erwählt hatte, konnte ich nur mit großer Mühe davon abhalten, daß er sich auch dieses schmutzige Verfahren angewöhnte« [Barth, 1859].

Gaui. Marco Polo [1811] bringt folgende Angaben bei: »In Malabar am Indischen Ozean gibt es Leute, die man ›Gaui‹ nennt. Sie essen das Fleisch von Ochsen, die eines natürlichen Todes gestorben sind, denn sie töten sie niemals, und ihre Häuser beschmieren sie mit Kuhmist.«

Marco Polo berichtet ferner: »Es gibt einige Gaui, die ihre Häuser über und über mit Ochsenmist beschmieren. Ihre Mahlzeiten rühren sie aber nicht mit der linken Hand an, sondern gebrauchen diese Hand nur zum Abwischen und anderen unreinlichen Geschäften« [Purchas, 1625].

Gnostiker. Das erste Evangelium der Kindheit Jesu Christi scheint von den Gnostikern des 2. Jahrhunderts als kanonisch angesehen worden zu sein und wurde auch in demselben Sinne von Eusebius, Athanasius, Chrysostomus und anderen Kirchenvätern und Kirchenschriftstellern angenommen. Dem Sozomenus erzählten Reisende in Ägypten, daß sie in diesem Lande von den Wundern gehört hätten, die das Wasser getan hätte, in dem das Jesukind gewaschen worden wäre. Nach Ahmed ben Idris gebrauchte man dieses Evangelium in gewissen Teilen des Orients zusammen mit den anderen Evangelien, während Ocobius de Castro behauptet, daß man es in vielen Kirchen Asiens und Afrikas unter Ausschluß der anderen vorgelesen [Hone, 1820]. Andererseits hat aber Papst Gelasius im 5. Jahrhundert alle Apokryphen verdammt, und dieses Verbot hat man erst im 16. Jahrhundert in der Zeit Pauls IV. aufgehoben.

Aus den folgenden Angaben wird man ersehen, daß die berichteten Wunder entweder von den Windeln Jesu selbst ausgingen oder von dem Wasser, in dem man sie gereinigt, und daraus muß man die Schlußfolgerung ziehen, daß man die Ausscheidungen des Heilands wie in so vielen anderen als Fällen eine Art Universalmittel angesehen hat, dem aber auch allgemeine wunderwirkende Eigenschaften zukamen.

Die Jungfrau Maria gab eine von den Windeln des Heilandes den Weisen aus dem Morgenlande, als sie ihn besuchten; sie nahmen die Windel mit nach Hause »und nachdem sie der Sitte ihres Landes gemäß ein Feuer angezündet hatten, beteten sie jene an, und als sie die Windel in das Feuer geworfen hatten, nahm sie das Feuer an und bewahrte sie auf« [1. Evangelium der Kindheit 3, 6 u. 7].

Als nach der Flucht bei der Ankunft in Ägypten »die heilige Jungfrau Maria die Windeln Christi des Herrn gewaschen hatte und an einer Stange zum Trocknen aufhing, nahm ein gewisser Knabe, der vom Teufel besessen war, eine von ihnen herunter und legte sie auf seinen

Kopf. Und sogleich kam der Teufel aus seinem Munde heraus und flog in der Gestalt von Krähen und Schlangen hinweg. Und von dieser Zeit an war der Knabe durch die Kraft Christi des Herrn geheilt« [1. Evangelium der Kindheit 4, 15–17].

»Auf der Rückreise aus Ägypten hatte Christus mit einem Kuß eine Frau geheilt, auf die der verfluchte Satan in der Gestalt einer Schlange gesprungen war. Und am Morgen kam dieselbe Frau und brachte wohlriechendes Wasser, um Jesum den Herrn zu waschen; und als sie ihn gewaschen hatte, bewahrte sie das Wasser auf. Und da war ein Mädchen, dessen Körper vom Aussatz ganz weiß war, die wurde mit diesem Wasser bespritzt und war sogleich rein von ihrem Aussatz« [1. Evangelium der Kindheit 4, 16 u. 17].

Ein anderes Beispiel von ganz derselben Art wird im 1. Evangelium der Kindheit 6, 34 erwähnt. »Und in Matarea ließ Jesus der Herr eine Quelle hervorspringen, in der die heilige Maria seinen Rock wusch. Und ein Balsam wird in dieser Gegend erzeugt oder wächst aus dem Schweiße, der dort von Jesus dem Herrn herunterrann« [1. Evangelium der Kindheit 8; Hone].

Goldküsten-Afrikaner. »Wenn sie ihre Notdurft verrichten wollen, gehen sie gewöhnlich morgens vor die Stadt hinaus, wo für diesen ausdrücklichen Zweck ein Platz für sie zurechtgemacht ist, damit man sie nicht sehen kann und damit auch Leute, die vorübergehen, durch den Geruch nicht belästigt werden sollen. Sie halten es auch für etwas sehr Schlechtes, daß sich jemand auf den Erdboden entleert; deshalb machen sie Häuser, die sich über dem Erdboden erheben, und entleeren sich auf deren Boden, und jedesmal, wenn sie dies tun, wischen sie sich ab; sonst gehen sie auch an den Rand des Wassers und entleeren sich in den Sand. Und wenn diese Abtritthäuser voll sind, dann stecken sie sie in Brand und lassen sie zu Asche verbrennen; sie pissen in Strahlen, wie es die Hunde tun, und nicht alles zu derselben Zeit auf einmal« [Jobson, 1620].

An der Goldküste in Afrika »achten die Neger sehr sorgfältig darauf, daß sie keinen Furz lassen, wenn jemand bei ihnen ist; sie waren über unsere Niederländer sehr erstaunt, die es sehr häufig aus Gewohnheit taten. Sie konnten sich nicht darüber beruhigen, daß ein Mensch in ihrer Gegenwart einen Furz ließ, weil sie es für eine große Unanständigkeit und ein Zeichen der Mißachtung gegen sie ansahen.«

Gondokoro-Afrikaner. Chaille Long [1877] gibt an, daß in Zentral-Afrika er und seine Leute sich gezwungen sahen, Wasser zu trinken, in das der Kot von dem Rhinozeros und dem Elephanten geraten war.

Kann man Wasser trinken, das mit dem Kot von Tieren verunreinigt ist, so kann es nur ein kleiner Schritt weiter sein, wenn man Flüssigkeiten zu sich nimmt, die absichtlich mit Harn versetzt sind, wie Sir Samuel Baker [1869] und Colonel Chaille Long es ihrem Berichte nach bei der Milch als Brauch der Neger in Gondokoro gesehen haben.

Griechen. Unter den Glaubensbräuchen der Griechen erwähnt Plutarch auch, daß sie sich »auf Misthaufen herumwälzten«. Er spricht ferner von »widerwärtigen Sühnegebräuchen, gemeinen Arten der Reinigung, Beschmutzungen im Tempel«, und erwähnt »Büßer, die in schmutzige und ekelhafte Lumpen gehüllt waren« oder »die sich nackt im Straßendreck herumwälzten«, und von »gemeiner und abscheulicher Art der Anbetung«.

Plutarch wirft die Frage auf: »Frage 95: Weshalb hat man angeordnet, daß diejenigen, die keusch leben mußten, keine Hülsenfrüchte essen sollen? Geschah es deshalb, weil sie mit leerem Magen und magerem Körper zu ihren Reinigungs- und Sühnegebräuchen kommen sollten? Denn Hülsenfrüchte wirken blähend und erzeugen eine große Menge Kot, der ein Abführmittel verlangt. Oder auch deshalb, wie sie durch ihre blähende und windeerzeugende Natur Geilheit hervorrufen?«

»Sprengel glaubt, Asklepiades mit dem Beinamen Pharmakion sei der erste, der Menschenkot verschrieben hat; es ist aber wahrscheinlich, daß er lediglich Vorschriften zu Papier brachte, die als bereits geheiligter Brauch schon im Orient, namentlich in Ägypten, längst vorhanden waren« [*Bibliotheca Scatologica,* 1850].

Galen schreibt: »Asklepiades hat ja auch alle anderen Heilmittel gesammelt und viele Bücher damit angefüllt, und er verwendet den Kot für viele Krankheiten, häufig nicht nur als Heilmittel, die man äußerlich auflegt, sondern auch als solche, die man innerlich einnimmt.«

Der älteste Schriftsteller, dessen Werke befragt wurden, ist der im Jahre 460 v.u.Z. geborene Hippokrates, den man den Vater der Heilkunde genannt hat. »Er war ein Glied der Familie der Asklepiaden, ein Nachkomme sowohl des Aeskulap als auch des Herkules. Er stammte aus einer Familie von Priesterärzten und war der erste, der den Aberglauben beiseite warf und die Ausübung der Heilkunde auf die Grundsätze der induktiven Philosophie gründete« [*Encyclopaedia Britannica,* 1841].

Galen schrieb eine Reihe von erklärenden Zusätzen zu dessen Schriften. Medizinische Schriftsteller stimmen zwar nicht darin überein, wie viele von den ihm zugeschriebenen Werken echt sind; aber die Ausgaben der anerkannt echten und der für verdächtig gehaltenen sind fast unzählig und in jeder europäischen Sprache gedruckt vorhanden.

Taubenmist wandte man bei der Behandlung der Kahlköpfigkeit äußerlich an [Hippokrates].

Ettmüller [1690] sagt, Hippokrates habe Habichtdung verordnet, um die Austreibung des Fötus zu beschleunigen und auch als Mittel gegen Unfruchtbarkeit. Die allgemeine Verwendung von kotartigen Stoffen bei der Ausübung der Heilkunde zur Zeit des Hippokrates läßt sich aus Angaben nachweisen, die anderen Quellen entnommen sind. So belegte zum Beispiel Aristophanes, der sein Zeitgenosse war (geboren 446 v.u.Z.), die ganze ärztliche Bruderschaft mit dem Beinamen »Dreckfresser«, und Xenokrates, ein anderer praktischer Arzt jener Zeit, von dessen Schriften sich allerdings weiter nichts erhalten hat als der magere Abriß, den man in den Kommentaren Galens findet, wandte häufig nicht nur menschlichen und tierischen Kot an, sondern auch alle sonstigen Absonderungen und Ausscheidungen. Nach Appleton's

Encyclopaedia war Xenokrates im Jahre 396 v.u.Z. geboren.

Xenokrates, der, wie Galen sagt, zwei Geschlechter oder sechzig Jahre vor ihm blühte, schreibt mit einer Ernsthaftigkeit, die Zutrauen verdient, von den guten Wirkungen, die man erzielt, »wenn man menschliches Gehirn, Fleisch oder Leber ißt oder wenn man die gebrannten oder ungebrannten Knochen des Kopfes, des Unterschenkels oder der Finger oder das Blut verschluckt« *[Saxon Leechdoms]*.

Mit der Ansicht des Xenokrates, der die innerliche und äußerliche Anwendung von Schweiß, Harn, Monatsblut und Ohrenschmalz in der Heilkunde empfahl, konnte sich Galen nicht befreunden.

Schurig [1725] berichtet von Aristophanes, daß er die Ärzte als »Dreckfresser« bezeichnete, »weil sie so große Verehrer davon gewesen seien, daß sie sogar von dem Kot der angesehenen Leute kosten wollten«. Er sagt ferner: »Daher hat auch jemand von ihm nicht ganz unpassend gesagt, er sei des Arztes Xenokrates würdig gewesen, der alle Krankheiten mit allem möglichen Tierkot zu heilen pflegte.«

Aristophanes hat über die Ärzte auch gesagt: »Dies war eher boshaft als wahr, denn die Zunftbrüder ließen ihre Kunden jedenfalls mehr davon essen, als sie selber genossen haben mögen« *[Bibliotheca Scatologica]*. Menschenkot wandte unter der Bezeichnung *botryon* der Athener Aeschines als Heilmittel gegen die Halsbräune an [Plinius].

»Bei Plautus läßt Aristophanes den Carion sagen, Gott Aeskulap habe den Kot gern und esse ihn auch: er ist ein Kotesser, wie der lateinische Übersetzer schreibt; ein unschicklicher Gott, von dem aber Sganarelle das heilige und tiefsinnige Wort gesprochen hat: ›Ist dieser Stoff lobenswert?‹ Er findet in den Exkrementen das Geheimnis der menschlichen Leiden. Sein prophetischer und medizinischer Dreifuß ist ein Leibstuhl!« *[Bibliotheca Scatologica]*.

»Der Donner ist weiter nichts als ein Furz.« Das sagt Aristophanes.

»In den *Physischen Problemen* beschäftigt sich Aristoteles mit den Beziehungen, die zwischen seelischen Eindrücken und der Tätigkeit der inneren Organe bestehen. Er forscht nach, weshalb ein plötzlicher und heftiger Schreck fast immer unwillkürlichen Harnabgang und Durchfall verursacht« *[Bibliotheca Scatologica]*.

Frommann [1675] führt Aristoteles und Plinius als Gewährsmänner für die bösartigen Wirkungen des Monatsblutes und den unheimlichen Einfluß menstruierender Frauen an. Aristoteles behauptet, ihr Blick nehme den Spiegeln den Glanz hinweg, und der nächste Mensch, der in diesen Spiegel blicke, werde behext.

Plinius bemerkt, daß die Griechen das von den Leibern der Athleten abgekratzte Zeug als ein den Monatsfluß beförderndes Mittel anwandten, ebenso für Gebärmutterstörungen, Verstauchungen, Muskelrheumatismus usw. »Wir finden auch, daß sehr angesehene Schriftsteller laut verkünden, Samenflüssigkeit sei ein unübertreffliches Mittel gegen Skorpionstich. Und in dem Falle, daß eine Frau mit Unfruchtbarkeit behaftet ist, empfehlen sie die Anwendung eines Mutterkranzes aus frischem Kot, den ein Kind bei der Geburt entleert hat. Sie sind sogar so weit gegangen, den Schmutz von Turnhallenmauern abzukratzen und zu behaupten, daß dieser gewisse Wärme erzeugende Eigenschaften besitze.«

Auch nach Plinius waren die menschlichen Exkremente das beste Düngemittel für die Felder. Homer berichtet, daß König Laertes Dung auf seine Ländereien brachte. Augias war der erste König in Griechenland, der ihn dafür verwandte, und »Herkules machte diese Verwendung bei den Italienern bekannt«.

Planudes erzählt: »Aesop, jener große Mann, sah seinen Herrn während des Gehens Wasser lassen. ›Ei ei!‹, sagt er, ›müssen wir denn düngen, wenn wir gehen?‹« [Montaigne].

Die bacchischen Orgien der Griechen haben zwar an sich mit den Harn-Orgien nichts zu tun, sie können aber in diesem Zusammenhang kaum übersehen werden.

Montfaucon [1719] beschreibt die *Omophagen* (Rohfleischesser) der Griechen folgendermaßen: »Die Omophagien waren ein Fest der Griechen, bei dem sie sich der bacchischen Wüterei hingaben; Arnobius sagt, daß sie sich mit Schlangen umwickelten und die Eingeweide von Ziegen roh verschlangen, wovon sie einen mit Blut verschmierten Mund hatten; dies bezeichnet man mit dem Worte *›Omophage‹*. Wir haben schon mehrere Male mit Schlangen umwundene Menschen gesehen, und besonders bei Mithras.«

Die Beziehungen zum Schlangenkult sind auffällig, namentlich wenn man die Tatsache beachtet, daß solche Schlangengebräuche heute noch bei den Mokis gefeiert werden, diese aber die nächsten Nachbarn der Zuñis sind, unter denen sie früher auch vorhanden waren. Der Hinweis auf Mithras scheint anzudeuten, daß solche Orgien den Persern geradesogut bekannt sein mußten wie den Griechen.

Bryant [1775] macht über diesen Punkt bei Besprechung der griechischen Orgien folgende Angaben: »Sowohl in den Orgien des Bacchus als auch bei den Gebräuchen der Ceres und denen anderer Gottheiten bestand ein Teil der Mysterien in einer Zeremonie *(Omophagia)*, wobei sie das Fleisch ganz roh samt dem Blute aßen. Beim Dionysosfeste auf Kreta pflegten sie das Fleisch mit den Zähnen von dem lebenden Tiere herunterzureißen.«

Grönländer. »Enthaltung von Speise und Arbeit wird auch einer ledigen Frau vorgeschrieben, wenn die Sonne oder der Mond (wir würden es eher als einen vorüberfliegenden Vogel bezeichnen) irgend etwas Unreines auf sie herabfallen lassen sollte; geschähe dies nicht, so würde sie unglücklich werden oder sogar das Leben verlieren« [Cranzen, 1782].

Guineer. »Bei den Negern von Guinea muß eine Frau, die zum ersten Male schwanger ist, gewisse feierliche Handlungen ausführen, zu denen es auch gehört, daß sie ans Meeresufer geht, um gewaschen zu werden. Eine große Anzahl von Knaben und Mädchen folgt ihr, die alle möglichen Arten von Kot und Unrat bei ihrem Gange zum Meer auf sie werfen, dort wird sie dann untergetaucht und gereinigt« [Bosman, 1708].

Im Bericht über den Gott Aidowedo, der Schlange im Regenbogen nach dem Glauben der Neger in Guinea, sagt Pater Baudin [1885]: »Derjenige, der den Kot dieser Schlange findet, wird für immer reich werden, denn mit diesem Talisman kann er Getreidekörner zu Muscheln verwandeln, die man als Geld gebraucht.« Weiterhin erzählt er eine sehr lustige Geschichte, wie der Neger zu dem Glauben kam, daß ihm ein Prisma in seinem Besitze die Macht verleihe, den Regenbogen nach seinem Willen in sein Zimmer zu bringen, und er sich daher unbeschränkte Mengen des kostbaren Kotes verschaffen könne.

Die Neger in Guinea halten fest am Glauben an die Besessenheit, und sie haben einen Gott Abiku, der »seinen Aufenthalt im menschlichen Körper nimmt«. Gewöhnlich belästigt er kleine Kinder, die manchmal daran sterben. »Stirbt das Kind, so wirft man die Leiche auf den Kehrichthaufen, damit sie die wilden Tiere fressen.«

Die Neger in Guinea scheinen vom vorliegenden Gegenstand gleichfalls bestimmte Ansichten zu haben, die es wert sind, daß wir sie hier einflechten: »Das Übersenden von Papageieneiern bedeutet: Wähle Dir eine Todesart, die Dir am leichtesten vorkommt, andernfalls werden wir für Dich wählen!«

Hebräer. Lentilius [1694] erklärt zum Schlusse, es könne keine grauenhaftere Drohung geben als die des Sennacherib gegen die Juden, er werde sie zwingen, ihren eigenen Kot zu essen und das Wasser zu trinken, das ihre Füße benetzt habe; Jesajah 36, 12: »Wehe den armen Kranken, die ihren eigenen Harn zu trinken veranlaßt werden.«

Die hebräischen Propheten saßen auf Düngerhaufen, wenn das widerspenstige Volk Israel gewarnt werden sollte: »Siehe, ich will schelten Euch samt der Saat und den Kot Eurer Festopfer Euch ins Angesicht werfen und soll an Euch kleben bleiben« [Maleachi 2, 3].

Man muß sorgfältig unterscheiden zwischen der religiösen Verwendung von Kot und Harn und derjenigen, bei der sie als äußere Zeichen der Trauer gelten, die durch einen übermächtigen Kummer veranlaßt sind, oder wo sie sich in den Gewerben nützlich erwiesen haben.

Lord Kingsborough [1831] schildert solche Besudelungen ganz kurz bei den feierlichen Förmlichkeiten der Totengebräuche bei den Hebräern und Azteken, wobei er seine Beweismittel für die letzteren aus Diego Duran [1581], für die ersteren aus dem Propheten Sacharjah 3, 3 nimmt: »Nun war Josua mit schmutzigen Gewändern bekleidet und stand vor dem Engel usw.«

Tiermist als Düngemittel war auch den Juden bekannt. Ebenso die Verwendung des menschlichen Kotes als Dünger. 2. Buch von den Königen 9, 37: ». . . soll wie Kot auf dem Felde sein.« Jeremias 8, 2: ». . . Kot auf der Erde.« 9, 22: »Mist auf dem Felde.« Ebenso 16, 4 und 25, 33.

Bei Erwähnung des Propheten Hesekiel sagte Voltaire [1795]: Darum sollten »die Kinder Israels ihr Brot essen, welches beschmutzt sei unter den Völkern, unter welchen sie verbannt seien«. Aber »nachdem sie jenes Brot der Betrübnis verzehrt hatten, erlaubte ihnen Gott, es einfach mit Kuhdung zu bedecken«.

Einige Bibelerklärer sind allerdings der Meinung, daß der Kot benutzt wurde, um das Brot damit zu backen; aber wenn dies richtig wäre, warum sollte man dann menschliche Exkremente für einen solchen Zweck gebrauchen? [McClintock und Strong, 1880; vgl. Lange, 1879].

»Was lediglich den Schmutz angeht, so möchte ich fragen, was könnte ekelhafter sein als 2. Buch von den Königen 18, 27; Jesajah 36, 12 und Hesekiel 4, 12–15 (wo der Herr Menschenkot in Kuhmist abändert)? ›Was Gott entschuldigt‹, sagt Henri Bayle, ›ist lediglich, daß er nicht vorhanden ist‹. Ich füge hinzu: ›Wie ihn der Mensch gemacht hat‹« [R.F. Burton, 1886].

Bayle [1737] hat in seinem kurzen Artikel über den Propheten Hesekiel keinen Hinweis auf diese Brotbäckerei mit Menschenkot gebracht, ebensowenig Professor J. Stuart Blaikie in seiner umfangreicheren Abhandlung in der *Encyclopaedia Britannica* [1841], unter »Ezekiel«.

»Die Verwendung von Kot bei den Israeliten des Altertums erschließt man zufällig aus der Stelle des Propheten Hesekiel, dem als sinnbildliche Handlung befohlen wird, er solle sein Brot mit Menschenmist backen; als er sich aber gegen die Verwendung von etwas Unreinem wehrt, wird ihm gestattet, an seiner Stelle Kuhmist zu verwenden« [McClintock und Strong].

»Ich glaube kaum, daß man Voltaire in hebräischen Dingen als maßgebend ansehen kann. Ich bin der Meinung, daß die Stelle aus Hesekiel in der durchgesehenen Bibelübersetzung richtig wiedergegeben ist, wenn im 15. Vers daselbst ›darauf‹ für ›damit‹ in der alten Übersetzung eingetreten ist. Die Verwendung von getrocknetem Kuhmist als Brennmaterial ist im Orient unter den ärmeren Schichten der Bevölkerung allgemein üblich; und bei einer Belagerung (wovon in der Hesekielstelle die Rede ist) würde Brennmaterial, das an sich dort schon schwer zu erlangen ist, so knapp werden, daß auch Menschenmist als solches Verwendung finden könnte. Ich denke nicht, daß man gezwungen wäre, für die Verse 15–17 eine andere Erklärung zu suchen; die Worte des 15. Verses sind keineswegs zweideutig, und das hebräische Wort für Mist ist dasselbe, das heute noch die Araber gebrauchen, um die getrockneten Kuchen aus Kuhmist, die sie als Brennmaterial verwenden, zu bezeichnen. Voltaire und Picart scheinen beide die lateinische Vulgata benutzt zu haben, in der Vers 12 falsch übersetzt ist« [W.R. Smith].

»Die zahlreichen Beispiele, die im Vorstehenden angeführt sind, lassen die Frage, ob Hesekiel wirklich Menschenkot gegessen habe, weniger wichtig erscheinen; es würde schließlich nur ein solcher Esser mehr sein. Man kann aber trotzdem in der Bibel den 12. Vers im 4. Kapitel dieses Propheten nachlesen: *›Et quasi sub cinericium hordeaceum comedes illud et stercore quod egreditur de homine operies illud in oculis eorum.‹* (›Gerstenkuchen sollst Du essen, die Du vor ihren Augen auf Menschenmist backen sollst.‹); man vergleiche auch die verschiedenartigen Erklärungen, die von den einzelnen Übersetzern und Auslegern gegeben worden sind« [*Bibliotheca Scatologica,* 1850].

Schurig [1725] widmet der Frage: *»an Ezechiel stercus comederit«* einen besonderen Absatz. Deshalb soll hier die Ansicht Schurigs von diesem Gegenstand mit seinen eigenen Worten folgen. Wenn er es auch nicht geradezu ausspricht, so neigt er doch der Meinung zu, Hesekiel habe wirklich Kot gegessen:

»Ferner scheint auch beim ersten Blick der Prophet Hesekiel 4, 12 auf göttlichen Befehl Gerstenkuchen mit menschlichem Kot zubereitet und gegessen zu haben, nach Luthers Übersetzung. Nach Junius und Tremellius lauten die angeführten Worte so: Du sollst eine Speise essen wie ein Gerstenkuchen, und zu Scheiben menschlichen Kotes bereitest Du jenen Kuchen vor ihren Augen zu. Nach Sebastian Schmid: Wie einen Gerstenkuchen sollst Du jenen essen; wie für ihn selbst wirst Du ihn vor ihren Augen mit Menschenkot machen. Gut erklärt auch diese Stelle der französische Wortlaut meiner Ausgabe: Du sollst Aschenkuchen aus Gerste essen, und Du sollst sie, während sie zusehen, mit dem Kote backen, der aus dem Menschen ausgeht.«

»Hesekiel erzählt, daß sein Gott ihm auftrug, zuerst 390 Tage auf der linken Seite und dann 40 Tage auf der rechten Seite zu liegen; dann ›würde er die Hände an ihn legen und ihn von einer Seite auf die andere wenden‹; auch sollte er während dieser ganzen Zeit nur Gerstenbrot essen, das auf eine Art gebacken war, die zu ekelhaft ist, als daß sie hier beschrieben werden könnte. Dieser letzte Befehl begegnete indessen sehr übler Aufnahme, so daß ihn seine Gottheit etwas erleichterte« [Forlong, 1883].

Die vernünftigste Erklärung dieser viel umstrittenen und auch nicht ganz klaren Stelle kann man notwendigerweise nur dann geben, wenn man die näheren Umstände bei Hesekiel in Betracht zieht. Wenn man jeden Zweifel zu Worte kommen läßt, so bleibt doch folgendes Bild übrig: Der Prophet stand ohne Frage bei seinem Denken und Handeln unter dem Einflusse seiner Zeit und seiner Stammesgenossen, die die Erniedrigung, der er sich selbst unterwarf, als die äußere Kundgebung eines inneren geistigen Vorgangs ansahen. Vom psychologischen Standpunkt aus ist kein großer Unterschied, ob jemand Menschenkot verzehrt oder ob er 390 Tage lang auf ein und derselben Seite liegt; beides kann als Zeichen derselben verdrehten Gehirnverfassung angesehen werden, die man so häufig mit Frömmigkeit und Heiligkeit verwechselt.

»Jesajah hatte von Zeit zu Zeit Anfälle einer schamlosen Raserei, denn es wird uns erzählt, daß er einmal drei Jahre lang völlig nackt umherging, weil es ihm der Herr so befohlen hatte« [Forlong].

»Jesajah vergleicht unsere Gerechtigkeit mit einem Menstruationslappen« [Harington, 1596]. Obgleich den Israeliten und den amerikanischen Indianern viele Ansichten über die Monatsblutungen gemeinsam waren, wie auch über die Absonderung der Frauen, die ihre Regel hatten, so scheint es doch nicht, daß man sich irgendwie bemüht hätte, die bei solchen Gelegenheiten gebrauchten Kleider aufzubewahren oder zu verbergen. So sagt der Prophet Jesajah [64, 6] von den Götzen der Heiden, daß man sie fortwerfen müsse, wie die mit dem Menstruationsblute beschmutzten Lappen [R. Fletcher].

Frauen in ihrer Regel schloß man von den jüdischen Synagogen aus und ebenso vom Abendmahl der ältesten christlichen Kirche: *»Menstruatae mulieres superstitiose exclusae ab ecclesia.«*

»Die rabbinischen Juden glaubten, daß jeder Abtritt der Aufenthaltsort eines unreinen Geistes dieser Art (nämlich eines kotverzehrenden Gottes) sei, den man mit dem Atem einziehen könne und der dann in die unteren Teile des Körpers hinabsteige, dort wohnen bleibe und auf diese Art, wie die Bhutas der Inder, Leiden und Krankheit hervorbringe« [J. F. Frazer, 1889].

In Beschreibungen von Jerusalem wird das »Kot-Tor« erwähnt, durch das man alle Abfallstoffe aus der Stadt hinausschaffen mußte [Harington].

»Du sollst außen vor dem Lager einen Ort haben, dahin Du zur Not hinausgehst. Und Du sollst ein Schäuflein haben und wenn Du Dich draußen setzen willst, sollst Du damit graben; und wenn Du gesessen hast, sollst Du zuscharren, was von Dir gegangen ist. Denn der Herr,

Dein Gott, wandelt unter Deinem Lager, daß er Dich errette und gebe Deine Feinde vor Dir. Darum soll Dein Lager heilig sein, daß nichts Schändliches unter Dir gesehen werde und er sich von Dir wende« [5. Buch Moses 23, 13–15].

Dulaure [1825] bringt Anführungen aus einer ganzen Anzahl von Schriftstellern zum Nachweis bei, daß die Israeliten und die Moabiter bei ihrem Bel-Phegor-Kulte dieselben lächerlichen und ekelhaften Gebräuche hatten. Der fromme Verehrer zeigte seinen nackten Hintern vor dem Altar, erleichterte seine Därme und brachte das stinkende Ergebnis dem Götzenbild als Opfergabe dar.

Philo berichtet, der Verehrer des Baal-Peor (Bel-Phegor) habe dem Götterbild alle äußeren Körperöffnungen dargeboten. Ein anderer Schriftsteller fügt dem noch hinzu, der Anbetende habe nicht nur die Körperöffnungen dem Götterbild hingehalten, sondern man habe ihm auch alle Ausflüsse oder Absonderungen dargebracht: Tränen aus den Augen, Schmalz aus den Ohren, Schleim aus der Nase, Speichel aus dem Munde, Harn und Kot aus den unteren Körperöffnungen. Dies war also der Gott, zu dem die Juden abfielen, und so waren aller Wahrscheinlichkeit nach die Gebräuche, die sie bei seinem Kulte ausübten [Campbell, 1888]. Und wieder ein anderer Schriftsteller sagt, daß der Verehrer des Gottes seinen nackten Hintern dem Altar darbot, seine Därme erleichterte und das Erzeugnis dem Götterbild darbrachte [Jennings, 1884]. Diese beiden Anführungen zeigen deutlich, daß der Verehrer des Gottes nicht etwa die Absicht hatte, als Opfergabe der Förmlichkeit halber einen Wind darzubringen, sondern daß eine wirkliche Niederlegung des Kotes stattfand, wie es nach dem oben Erwähnten bei ihren Nachbarn, den Assyrern, bei den frommen Handlungen am Altar ihrer Venus Sitte war.

Kotgötter erwähnt auch die Bibel; sie waren dem auserwählten Volke während der Zeit seiner Götzendienerei wohl bekannt. »Und sahet ihre Greuel und ihre Kotgötzen — Holz und Stein, Silber und Gold —, die bei ihnen waren« [5. Buch Moses 29, 17].

Wenn wir von dem Vorhandensein von »Kotgöttern« bei den Römern, den Ägyptern, den Hebräern und den Moabitern Kunde haben, so ist es jedenfalls angebracht, sich mit Bezug auf unseren vorliegenden Stoff streng an die überlieferten Texte zu halten und die Feststellung zu machen, daß überall da, wo sie von einem Opfer als Kotopfer sprechen und eine Gottheit als Kotesser bezeichnen, auch das wirklich gemeint ist, was sie besagen. Man darf sie unter dem Vorwande, daß es sich um sinnbildliche Ausdrücke handle, nicht in bezug auf Tatsachen und Ansichten verdrehen.

Harington macht auf Davids Weissagung im 78. Psalm, Vers 66 aufmerksam: *»Percussit inimicos suos in posteriores, opprobrium sempiternum dedit illis.«* (»Er schlug seine Feinde auf die hinteren Teile und hängte ihnen eine ewige Schande an.«)

Die Unterredung zwischen Moses und Jehovah, bei der letzterer dem Propheten die Erlaubnis verweigerte, ihn die Herrlichkeit seines Antlitzes sehen zu lassen, ihn schließlich aber damit zufriedenstellte, daß er ihm einen Anblick seiner hinteren Teile gestattete, kann als Anzeichen dafür gelten, daß die heiligen Schriftsteller der früheren Zeiten in einem Gedankenkreis lebten, der solche Vorstellungen hegte, wie sie mit den heiligen Handlungen des Bel-Phegor-Kultes verbunden waren [2. Buch Moses 33, 18ff].

Die Hebräer glaubten, Jehovah könne man mit süßen Gerüchen günstig stimmen: »Zünde es (Brot und Ölkuchen) an auf dem Altar zu dem Brandopfer, zum süßen Geruch vor dem Herrn« [2. Buch Moses 29, 25]. Bel-Phegor und andere Gottheiten der Heiden, die als Götter für besondere Teile des menschlichen Leibes galten, mußten aller Wahrscheinlichkeit nach über ein Opfer erfreut sein, das gerade von einem solchen besonderen Teil herkam; deshalb brachte man dem Jagdgott Wildopfer dar; dem Gott der Meere gab man Fischopfer; kleine Kinder brachte man den Geburt-Gottheiten dar; deshalb machte man auch den Gottheiten des Afters folgerichtig mit den Blähungen und dem Kot eine Freude.

Es sollte bemerkt werden, daß es ein seltsames Beispiel für das Überleben eines gegenteiligen Brauches in den Berichten Picarts [1729] von heutigen hebräischen Zeremonien gibt. Vom Verhalten der Hebräer beim Beten sagt er, daß sie das Gähnen, das Ausspucken, das Schneuzen der Nase und das Fahrenlassen eines Windes sorgfältig vermeiden sollten. Diese Einzelheiten stammen anscheinend aus einem Werke Rabbi Leons von Modena. Wir müssen in dem Angeführten lauter Gegenstücke zu den Gebräuchen erblicken, die für den Bel-Phegor-Kult so bezeichnend sind und die aus dem Denken des auserwählten Volkes mit Stumpf und Stiel auszurotten die Propheten sich so viel Mühe gaben.

»Als das Volk zum Feste der ungesäuerten Brote nach Jerusalem zusammenströmte, war über der Säulenhalle des Tempels eine römische Kohorte aufgestellt. Da zog auf einmal einer der Soldaten seinen Mantel in die Höhe, kehrte mit einer unanständigen Verbeugung den Juden das Gesäß zu und gab einen seiner Stellung entsprechenden Laut von sich« [Josephus]. Weiterhin wird erzählt, daß sich unter dem Volk ein Tumult erhob, bei dem die römischen Soldaten mit Steinen beworfen wurden, so daß nun Schwerbewaffnete vorrückten und den Tempel räumten. Bei dem fürchterlichen Gedränge sollen zehntausend Menschen umgekommen sein.

»Die Stämme hatten in ihrem Denken und Fühlen nur wenig Gemeinsames zu der Zeit, als die ersten Schriftsteller bei ihnen auftauchten, die da mitteilen, was jene voneinander hielten. In der Regel schimpften sie tüchtig über die Götter und die Tempel der anderen. Die Juden bezeichneten den samaritischen Tempel, in dem man Kälber und Stiere als heilig ansah, mit einem Worte griechischer Herkunft als *›Pelethos Naos‹*, den ›Düngerhaufen-Tempel‹, Die Samariter ihrerseits bezeichneten den Tempel zu Jerusalem als ›das Düngerhaus‹« [Forlong].

An einer anderen Stelle macht Dulaure auf den Gebrauch aufmerksam, den die Hebräer in bezug auf die Kotasche der roten Kuh hatten, die sie als Sühnemittel verwandten.

»Sie werden ihren Kot im Feuer verbrennen« [3. Buch Moses 16, 27]. »Er wird ihr Blut mit ihrem Kot verbrennen« [4. Buch Moses 19, 5].

Herakleer. Plinius berichtet, daß in Heraklea die Landbevölkerung die Panther mit Eisenhut *(Aconitum napellus)* vergiftete. Aber die Panther waren so klug zu wissen, daß Menschenkot ein Gegenmittel gegen dieses Gift sei. Weiterhin erzählt Plinius nochmals, der mit Eisenhut vergiftete Panther fresse Menschenkot und heile sich dadurch selber. Da den Bauern aber diese Tatsache bekannt ist, hängen sie Menschenkot in einem Topf so hoch in der Luft auf, daß der Panther sich bei dem Springen nach dem Topfe erschöpft und desto eher verendet.

Hindus. Nach der Hindu-Mythologie werden Verleumder und Ehrabschneider auf Betten aus rotglühendem Eisen ausgestreckt und gezwungen, Kot zu essen [Southey, 1849]. »Nach dem brahmanischen Religionssystem besteht die Bestrafung der Verleumder in der Hölle darin, daß man sie mit Kot füttert« [*Bibliotheca Scatologica*, 1850].

Der Glaube, man könne den Göttern durch den Anblick menschlichen Leidens eine Lust bereiten und sie günstig stimmen, namentlich fügte man sich selber Schmerzen zu, ist seit Urzeiten vorhanden und wird wahrscheinlich in der einen oder der anderen Form bis zum Ende der Welt dauern. Dieser Glaube ist in jeder möglichen Gestalt immer wieder zutage getreten, von der strengen Enthaltsamkeit der Büßer bis zur tierischen Geißelung der frommen Fanatiker und bis zur schließlichen Selbstentmannung der Galli, der Klysthi und der Hottentotten, ja, bis zur Selbstopferung der Gottesdiener von Jaggernaut.

Maurice [1800] zählt fünf verschiedene Arten von verdienstlichem Selbstmord auf, die man heute noch in Hindostan anerkennt. Und wir haben keinen vernünftigen Grund, die Überzeugung abzulehnen, daß auch unsere eigenen Vorfahren in vollem Maße dieselben falschen Ansichten hegten; sie beweisen heute noch ihren Einfluß auf die Geister einer ungebildeten Landbevölkerung und umgeben heute noch jeden Akt der Selbstvernichtung, mag er dem Wahnsinn oder irgendeinem anderen Antriebe, die man einem höheren Einflusse zuschreibt, entstammen, mit dem Geheimnis der Heiligkeit.

Als zweite verdienstvolle Art des Selbstmords beschreibt Maurice, wie der fromme Hindu »sich mit Kuhmist bedeckt, diesen in Brand setzt und sich so darin verbrennt.

Während einer Fastenzeit der Hindus benutzt der Gläubige diesen ekelhaften Kot als Speise. Am vierten Tage besteht sein ekelhaftes Getränk in dem Harn der Kuh; am fünften Tage ist der Kot dieses heiligen Tieres seine erlaubte Speise.«

»Ein sehr lehrreiches Kapitel aus dem *Aitareya-brahmanam* vom Opfern der Tiere zeigt uns, daß neben dem Menschen das Pferd das größte Opfer war, das man den Göttern darbringen konnte; daß die Kuh später an die Stelle des Pferdes trat, das Schaf an die Stelle der Kuh, die Ziege an die Stelle des Schafes, daß schließlich Erzeugnisse aus dem Pflanzenreich als Ersatz für die Tiere dienten — eine Unterschiebung oder ein Betrügen der Götter beim Opfern, die vielleicht ganz zutreffend den Betrug erklären, dessen Opfer in Volkserzählungen immer der Einfältige ist; der einfältige Held ist der Gott selbst, und der Betrüger ist der Mensch, der unter einem heiligen Vorwande die edelsten und am höchsten geschätzten Tiere gegen gewöhnliche und weniger geschätzte und schließlich noch gegen Pflanzen austauscht, die anscheinend überhaupt keinen Wert mehr haben. In den Gesetzbüchern der Hindus haben wir unter einem rechtlichen Vorwande denselben betrügerischen Ersatz für Tiere. ›Der Mörder einer Kuh‹, sagt das dem Yagnavalkyas zugeschriebene Gesetzbuch, ›muß einen Monat lange Buße tun, wobei er das *Panchakaryam* zu trinken hat, (nämlich die fünf guten Erzeugnisse der Kuh, die nach *Manu* in Milch, Quark, Butter, Harn und Mist bestehen), in einem Stall schlafen und mit den Kühen gehen‹« [de Gubernatis, 1874].

De Gubernatis spricht von der »Glaubenssitte der Hindus, sich mittels Kuhkotes zu reinigen. Dieselbe Sitte verbreitete sich auch nach Persien; und im *Kharda-Avesta* ist uns die Formel erhalten, die der Gläubige hersagen mußte, während er den Harn eines Ochsen oder einer Kuh in der Hand trägt, bevor er sich daran macht, sein Gesicht damit zu waschen: ›Vernichtet, vernichtet sei der böse Geist Ahriman, dessen Taten und Werke verflucht sein sollen.‹

Wir müssen die Erklärung einer anderen Mythe vervollständigen, nämlich derjenigen, daß man dem Kuhkot reinigende Eigenschaften zuschreibt. Der Mond erzeugt Ambrosia, gerade wie die Morgenröte. Da man nun den Mond für eine Kuh hält, so ist der Harn dieser Kuh Ambrosia oder heiliges Wasser; wer dieses Wasser trinkt, reinigt sich, genau wie die Ambrosia, die von den Mondstrahlen und der Morgenröte ausströmt, reinigend und erhellend auf den Himmelspfad wirkt, den die Schatten der Nacht verdunkeln und beflecken.

Dieselbe Kraft schreibt man ferner dem Kuhkot zu, und diese Auffassung hängt gleichfalls mit der Kuh zusammen, wenn man den Mond und die Morgenröte als solche ansieht. Diese beiden Kühe gelten als Befruchter der Erde, und zwar durch ihre ambrosiaartigen Exkremente; da diese Exkremente ebenfalls leuchtend sind, gelten diejenigen des Mondes und der Morgenröte als Reiniger. Die Asche dieser Kühe, die von der Heldin, ihrer Freundin, aufbewahrt wird, ist keine gewöhnliche Asche, sondern goldenes Pulver oder goldenes Mehl (der goldene Kuchen kehrt in jenem goldenen Mehl oder goldenen Pulver wieder, das die Hexe in russischen Märchen von dem Helden verlangt), das man mit Kot mischt und das dem schlauen Räuberhelden Glück bringt.

Die Asche der geopferten trächtigen Kuh, d.h. der Kuh, die verendet, nachdem sie ein Kalb zur Welt gebracht hat, bewahrten die Römer im Tempel der Vesta in frommer Weise auf, zusammen mit Bohnenranken, die man dazu verwandte, um den mit Korn besäten Boden zu düngen; sie galt als ein Sühnemittel. Ovid erwähnt diesen Brauch in den *Fasten.* ›Die Asche einer Kuh bewahrt man auf, sowohl als ein Sinnbild der Auferstehung, als auch als ein Mittel der Reinigung.‹«

Der gelehrte Verfasser denkt aber bei seiner Auseinandersetzung nicht daran, daß man in Indien die Kühe geopfert und sie angebetet hat, lange bevor man sie mit dem Tierkreis und der sinnbildlichen Erklärung der Naturerscheinungen in Beziehung brachte [vgl. Lang, 1887].

»Das größte oder auf alle Fälle das geeignetste Reinigungsmittel für Sünder ist der Harn einer Kuh. Man besprengt Bilder damit. Kein Mensch, der auf Frömmigkeit oder Reinlichkeit irgendwelchen Anspruch macht, wird an einer Kuh, die gerade ihr Wasser läßt, vorübergehen, ohne den heiligen Strahl in der Hand aufzufangen und einige Tropfen davon zu schlürfen. Hält ein Tier den Harn zurück, so wird ein frommer Mann, der darauf wartet, ungeduldig seinen Finger dazu benutzen, um durch geschicktes Kitzeln die gnadenvolle Flüssigkeit zum Vorschein zu bringen« [Moor, 1810].

»Man glaubt, der Harn der Kuh sei das wirksamste Mittel, um jede erdenkliche Unreinheit wegzuschaffen. Ich habe oft gesehen, wie die gläubigen Hindus diese Tiere begleiten, wenn sie auf der Weide sind, und auf den Augenblick warten, um den Harn, wenn er läuft, in Gefäßen aufzufangen, die sie zu diesem Zwecke mitgebracht haben, um ihn dann möglichst frisch nach Hause zu tragen; oder sie fangen ihn auch in der hohlen Hand auf, um ihr Gesicht und den ganzen Körper damit zu benetzen. Wenn man ihn so gebraucht, entfernt er alle äußerlichen Unreinlichkeiten; nimmt man ihn aber innerlich, wie es ganz allgemein geschieht, so reinigt er innerlich alles« [Dubois, 1817].

Die oben angeführten Beispiele, die man leicht zu einem ganzen Bande erweitern könnte, beweisen jedenfalls das heilige Ansehen dieser Ausscheidungen, die man als Ersatz für ein vollkommeneres Opfer betrachten kann. Es läßt sich mit ziemlicher Wahrscheinlichkeit annehmen, daß in früheren Zeiten die Hindus die ausgewachsene oder die junge Kuh mit dem Messer abschlachteten oder verbrannten; als aber die Bevölkerungsdichte zunahm, wurden die Haustiere zu kostbar, als daß man sie als Gabe den

Göttern dargebracht hätte. Und nach dem Grundsatze, daß der Teil das Ganze darstellt, traten Haar, Milch, Butter, Harn und Kot an die Stelle des ganzen Opfertierkörpers, während man den zu Asche verbrannten Mist die Rolle des früher verbrannten Opfertieres spielen ließ.

Es war kaum anzunehmen, daß solche Bräuche oder die Erklärung der Ursachen, die zu ihrer Annahme und Beibehaltung führten, dem scharfsinnigen Forscher E. B. Tylor [1871] entgehen würden. Er sagt hierüber:

»Für die Zwecke einiger seiner mannigfaltigen Sühnegebräuche hielt sich der Hindu an seine heilige Kuh. Die Religion der Parsen enthält Sühnevorschriften, die ihren gemeinsamen Ursprung mit denjenigen des Hinduismus durch die gleichartige Verwendung von Kuhharn und Wasser deutlich anzeigen. Die Anwendungen von *Nirang,* den man mit Wasser abwäscht, bilden einen Teil der täglichen religiösen Gebräuche und ebenso auch solcher besonderer Zeremonien wie der Namensgebung bei einem neugeborenen Kinde, der Anlegung der heiligen Schnur, der Reinigung der Mutter nach dem Gebären und der Reinigung dessen, der einen Leichnam berührt hat.«

»Hindu-Kaufleute aus Buchara klagen nun laut beim Anblick eines Stückes Kuhfleisch und mischen gleichzeitig zu ihrer Speise, damit ihnen diese gut bekommen möge, den Harn einer heiligen Kuh, die man an diesem Platze hält« [Erman, 1833].

»Als ich mich vor vierzig Jahren drei Monate lang in Bombay aufhielt, sah ich häufig, wie fromme Hindus den auf der Straße herumlaufenden Kühen den Schwanz aufhoben, mit der rechten Hand über die darunter befindliche Gegend rieben und danach ihr eigenes Gesicht mit derselben Hand abrieben« [Jouan, 1888]. Ähnliches wurde von dem General der Armee der Vereinigten Staaten, J. J. Dana, mitgeteilt, der vor über vierzig Jahren in der Umgegend von Kalkutta fromme Hindus sah, die vom Kopf bis zum Fuß mit menschlichem Kot beschmiert waren.

Es wird hier angebracht sein, darauf hinzuweisen, wie sich in Indien, obwohl dort die Wirksamkeit von Kuhmist und Kuhpisse allgemein anerkannt ist, fanatische

Gläubige dennoch nicht abhalten lassen, gelegentlich auf das menschliche Erzeugnis zurückzugehen, weil sie es für notwendig erachten.

»Ungefähr zehn englische Meilen (= leagues, etwa 50 km) im Süden von Seringapatam liegt ein Dorf namens Nan-ja-na-gud mit einem Tempel, der im ganzen (Vasallenstaat) Mysore berühmt ist. Die Zahl der Anhänger aus jeder Kaste, die zu diesem Tempel hingehen, besteht zum großen Teil aus kinderlosen Frauen, die dem Gott des Ortes Gaben darbringen und um die Gabe der Fruchtbarkeit als Gegengeschenk bitten. Aber diesen Zweck kann man nicht mit den Gaben und Gebeten allein erreichen, sondern dazu ist es noch erforderlich, den ekelhaften Teil der Zeremonie auszuführen. Wenn die Frau und ihr Gatte von dem Tempel weggehen, begeben sie sich zu der gemeinsamen Kloake, von der alle Pilger im Drange eines natürlichen Bedürfnisses Gebrauch machen. Dort nehmen der Gatte und seine Frau mit den Händen ein wenig von dem Kot heraus, legen es beiseite und bringen ein Zeichen darauf an, damit das Häufchen nicht von einem anderen angerührt werden soll. Und mit ihren Fingern, die sich noch in entsprechender Verfassung befinden, schöpfen sie Wasser aus der Kloake in der hohlen Hand und trinken davon. Dann nehmen sie die Abwaschung vor und entfernen sich. Nach zwei oder drei Tagen kehren sie zu der schmutzigen Stelle zurück und suchen das Kothäufchen, das sie dort zurückgelassen haben, wieder auf. Sie drehen und wenden es in den Händen hin und her, zerbrechen es und durchsuchen es auf jede mögliche Weise; und wenn sie finden, daß irgendein Insekt oder ein Wurm darin (nach ihrer Meinung: entstanden) ist, so betrachten sie dies als ein günstiges Anzeichen für die Frau« [Dubois].

An manchen Orten der Erde scheint die Verwendung des Kuhmistes als Brennmaterial noch nicht ganz von religiösen Ideen losgelöst zu sein. »Anfeuerholz ist in Seringapatam ein kostbarer Artikel, und das am meisten gebrauchte Heizmaterial besteht aus zu Kuchen geformtem Kuhmist. Diesen gebraucht man tatsächlich viel in allen Teilen Indiens, namentlich tun es Leute in hoher

Stellung; denn er stammt ja von der Kuh her, der man Verehrung zollt, und man sieht ihn deshalb als weitaus den reinsten Stoff an, den man überhaupt verwenden kann. Jeder Viehherde, die auf der Weide ist, folgen Frauen, und zwar oft aus hoher Kaste, die mit ihren Händen den Mist einsammeln und in Körben nach Hause tragen.

Sie geben ihm dann die Form von etwa einen halben Zoll dicken Kuchen, die etwa neun Zoll Durchmesser haben, und heften sie zum Trocknen an die Mauern. Die Reinlichkeitsbegriffe der Hindus sind tatsächlich von den unsrigen so verschieden, daß die Mauern ihrer schönsten Häuser manchmal ganz mit solchen Kuchen behängt sind, und jeden Morgen bringen zahlreiche Frauen aus der ganzen Umgegend Körbe mit diesem Brennmaterial nach Seringapatam. Manche von den Frauen, die große Körbe voll Kuhmist auf dem Kopfe tragen, sind sehr gut gekleidete und schön gewachsene Mädchen« [Buchanan, 1811].

In den sagenhaften Überlieferungen der Hindus tritt der Gott Utanka unter dem Schutze des Indra eine Reise an. »Auf seinem Wege trifft er einen riesenhaften Stier und einen Reitersmann an, der ihn auffordert, den Kot des Stieres zu essen, wenn er Erfolg haben wolle. Er tut es und spült sich nachher den Mund aus« [de Gubernatis].

Weiterhin erfahren wir, Utanka sei belehrt worden, »daß der Kot des Stieres die Götterspeise sei, die ihn im Schlangenreiche unsterblich machte«. Hier haben wir ein Gegenstück zu der Verwendung von Kot und Harn in Europa, um Hexen unschädlich zu machen, und zu dem Harntrinken eines sibirischen Mädchens; man bot ihn sehr wahrscheinlich dem Gaste als Versicherung dar, daß Zauberei nicht in Betracht komme, oder vielleicht auch, um Hexen unschädlich zu machen, gerade wie in England Brautpaare durch den Ehering pißten.

Das wohl den meisten Lesern bekannte Fest der Hindus, das man *»Holi«, »Huli«* oder *»Hulica«* heißt, schilderte vor kurzem ein Reisender, der selber Augenzeuge war, wie man es in den Landesteilen in der Nähe von Oudeypore feiert [Rousselet, 1876]. Die Vorgänge, die sich dabei abspielen, erinnern an die römischen Saturnalien; sie waren von toller Ausgelassenheit und übermäßigem Trinken begleitet.

Gleich zu Beginn des Festes stellte man Bilder von geradezu abstoßender Unzüchtigkeit an den Toren der Stadt und in den Hauptverkehrsadern auf. Banden von Männern und Frauen, bekränzt mit Blumen und trunken vom *Bhang*-Genusse, bevölkern die Straßen und tragen Säcke mit einem hellroten Pulver aus Pflanzenstoffen bei sich. Mit diesem Pulver machen sie Angriffe auf die Vorübergehenden, die bald mit Staubwolken bedeckt sind, wodurch die Kleider sehr bald eine auffallende Farbe annehmen. Gruppen von Menschen, die an den Fenstern stehen, erwidern die Angriffe mit demselben Wurfgeschoß, oder sie spritzen mit *hölzernen Spritzbüchsen Ströme von gelbem oder rotem Wasser in die Straßen hinunter.*

Die Tänze der Bajaderen *(Nautch)* erreichen bei dieser Gelegenheit den Gipfel der Wollust, und die begleitenden Gesänge sind voll von sehr deutlichen Anspielungen. Der Schriftsteller, von dem diese Angaben herrühren, fügt noch hinzu, daß Holica die indische Venus ist.

Inman [1878] sagt, daß »dieses rote Pulver *(gulàl)* ein Zeichen von schlechten Absichten ehebrecherischer Art ist. Während der *Holi*-Festtage wirft der Maharadscha den weiblichen und männlichen Gläubigen *gulàl* auf die Brust und richtet einen kleinen Strahl von gelb gefärbtem Wasser aus einer Spritze auf die Brüste der Frauen.«

Dieses »gelbe Wasser« kann ein Überlebsel und eine Verfeinerung von Harn sein.

In Verbindung mit dem Ritual des *Lingam*-Kultes gibt es heute noch Gebräuche, die zwar in sinnbildliche Spielereien ausgeartet sind, die man aber trotzdem auf keine andere Weise erklären kann, als daß man in ihnen Überlebsel sehr unzüchtiger und ekelhafter Handlungen sieht, die aus den urtümlichen Zeiten jenes Landstriches herstammen. Maurice erzählt bei der Beschreibung der Opferbräuche, die man *»Pujah«* heißt: »Das *Abichegam* bildet einen Teil des *Pujah.* Diese heilige Handlung besteht darin, daß man Milch über den *Lingam* gießt. Diese Flüssigkeit bewahrt man darauf mit großer Sorgfalt auf, und sterbenden Menschen gibt man einige Tropfen davon, damit sie der Freuden des *Cailason* teilhaftig werden.« Das »*Salagram* der Wischnuiten ist dasselbe wie der *Lingam* der Schivaiten«. »Glücklich sind diejenigen bevorzugten Gläubigen zu nennen, die das geheiligte Wasser hinunterschlucken können, in denen man eins von den beiden genannten Dingen gebadet.«

Der Geistliche T. W. Jex-Blake [1888] weiß von Benares mit seinen dreitausend Hindutempeln folgendes zu sagen: »Gehet nur in diese Stadt hinein; der eine Tempel ist voll von stinkenden Affen; den anderen benutzen Kühe, um ihren Mist darin abzulegen. Der Gestank in den Straßen, die zu den Tempeln führen, ist entsetzlich; der Schmutz unter Euren Füßen ist derartig, daß selbst ein unerschrokkener Reisender sich kaum ein zweites Mal dahinein wagte. Überall, in den Tempeln sowohl als auch in den kleinen Heiligtümern an der Straße, ist das Abzeichen des Schöpfers phallisch dargestellt. Rund um einen sehr malerischen Tempel herum, der anscheinend lange vor der englischen Besitzergreifung, wahrscheinlich vor der Schlacht von Waterloo erbaut wurde, läuft außen, etwa zehn Fuß über dem Erdboden, ein Bildersims, das so unanständig ist, daß es die Feder nicht beschreiben kann — es sind alle Laster dargestellt, natürliche und unnatürliche, die jedermann fortwährend sichtbar sind, schlimmer als alles im Bordell zu Pompeji. Von dem, was ich in Indien sah, führt mir nichts so zwingend die Notwendigkeit vor Augen, durch das Evangelium Christi eine Erneuerung des religiösen Lebens herbeizuführen, als das, was ich zu Benares öffentlich überall sehen mußte.«

Holländer. »Die Kupplerinnen in Amsterdam glaubten (um das Jahr 1637), der Kot, den ein Pferd vor dem Hause fallen ließ, brächte ihren Häusern Glück, legte man ihn frisch hinter die Haustür« [Brand, 1872].

Die öffentlichen Dirnen zu Amsterdam bewahrten Pferdemist in ihrer Wohnung auf, um Glück zu haben usw. Wenn wir daher irgendwo lesen, daß man die Leichen von Verbrechern oder Hexen auf Düngerhaufen geworfen habe, so bietet sich uns der Gedanke von selbst dar, daß man auf diese Weise alle Pläne, die der Geist zur Befriedigung seiner Rache aushecken könnte, unschädlich machen wollte.

Ein junger Mann in Leyden verliebte sich ganz närrisch in ein junges Mädchen, konnte aber die Einwilligung seiner Eltern zur Heirat mit ihr nicht erlangen. Es ergriff ihn ein starkes Fieber, verbunden mit Verstopfung. In dieser verzweifelten Lage kam er auf den Gedanken, es könne ihm das Trinken des frischen Harns seiner Geliebten helfen; er schrieb daher an sie und bat sie, seinem Verlangen zu entsprechen, was sie auch tat. Und als er sich an diesem Getränk satt getrunken hatte, fühlte er sich sofort erleichtert (ob von der Verstopfung oder von seiner Leidenschaft hat Paullini [1696] leider nicht mitgeteilt).

»Während der Krappernte in der holländischen Provinz Zeeland pflegt zuweilen ein Fremder, der an einem Felde vorübergeht, auf dem die Leute gerade Krappwurzeln ausgraben, diesen ein Schimpfwort — *Koortspillers* — zuzurufen. Daraufhin machen sich zwei der besten Läufer hinter ihm her, und wenn sie ihn einholen, bringen sie ihn zu dem Krappfelde zurück und graben ihn wenigstens bis zur Mitte des Körpers in die Erde ein, wobei sie sich über ihn lustig machen; schließlich erleichtern sie ihren Darm vor seinem Gesicht.

Es ist aber ein alter Aberglaube, daß sich die Diebe, wenn sie sich an dem Orte, an dem sie einen Diebstahl begehen, erleichtern, für eine gewisse Zeit gegen Störung sichern. Deshalb beweist die Tatsache, wonach sich die Krappwurzelgräber dieses Verfahrens bedienen, daß sie sich als Diebe betrachten und den anderen als die bestohlene Person« [J.G. Frazer, 1890].

Hottentotten. Einen religiösen Brauch von abscheulicher Art findet man bei dem Volke der Hottentotten, wenn sie ihre jungen Männer in die Reihen der Krieger aufnehmen. Diese Zeremonie schiebt man hinaus, bis der Einzuführende sein achtes oder neuntes Lebensjahr erreicht hat. Sie besteht in der Hauptsache darin, daß man ihm den linken Hoden entfernt, worauf der Medizinmann seinen Harn über ihn entleert [Picart, 1729].

»Im achten oder neunten Lebensjahr beraubt man den jungen Hottentotten mit großer Feierlichkeit seines linken Hodens.« Kolbein [1777] sagt an dieser Stelle nichts von der Übergießung mit dem Harn, aber auf der folgenden Seite erzählt er, daß zuerst einer der alten Männer eine Ansprache hält und nachher »einen rauchenden Strahl Harns über den Jungen entleert, indem er sein Wasser vorher zu diesem Zwecke zurückgehalten hat. Der Jüngling nimmt diesen Strahl mit Begier und voll Freude entgegen und kratzt mit seinen langen Fingernägeln Furchen in das Fett auf seinem Leib und reibt die salzige Flüssigkeit so rasch wie möglich ein. Nachdem er ihm den letzten Tropfen gespendet, ruft der alte Mann laut den folgenden Segensspruch aus: ›Das Glück sei Dir hold; mögest Du ein hohes Alter erreichen; wachse und vermehre Dich; möge Dein Bart Dir bald wachsen!‹

Sobald der junge Hottentott einen Löwen, einen Tiger, einen Leoparden oder einen Elephanten getötet hat, erwirbt er sich den Titel eines Helden und ist dann berechtigt, eine Harnblase in seinem Haar zu tragen; sein ganzer Kraal beglückwünscht ihn in aller Form. Einer der Medizinmänner geht auf den Helden zu und gießt seinen vollen Strahl über ihn vom Kopf bis zum Fuß — und spricht gewisse Worte über ihn aus, deren Sinn mir niemals erklärt worden ist. Der Held reibt auch diesmal, wie in den anderen Fällen, den rauchenden Strahl ein, und zwar mit großer Begierde sowohl in sein Gesicht als auch in jeden andern Körperteil.«

Bei den Hottentottenhochzeiten »betritt der Priester, der in dem Kraal der Braut lebt, den Kreis der Männer, und wenn er vor den Bräutigam kommt, pißt er ein wenig auf ihn. Der Bräutigam fängt den Strom auf und verreibt ihn eifrig über seinen ganzen Körper und kratzt sich Furchen mit seinen Nägeln, damit der Harn um so besser eindringen kann. Der Priester geht sodann in den äußeren Kreis und entleert ein wenig auf die Braut, die es mit demselben Eifer einreibt wie der Bräutigam. Zu diesem kehrt der Priester darauf zurück, und nachdem er ihn ein wenig stärker besprengt hat, geht er wieder zur Braut und begießt auch diese wieder mit seinem Wasser. In dieser Weise geht er nun von einem zum anderen, bis er seinen ganzen Vorrat erschöpft hat; wobei er jedesmal einem der beiden ein Stück der folgenden Wünsche zuspricht, bis er bei beiden damit zu Ende gekommen ist: ›Mögt Ihr lange und glücklich miteinander leben! Mögt Ihr einen Sohn haben, ehe dieses Jahr zu Ende geht! Möge dieser Sohn leben, um Euch in Eurem Alter eine Stütze zu sein! Möge sich dieser Sohn als ein Mann von Mut erweisen und als ein guter Jäger!‹«

Mit derselben Besorgtheit folgt der hottentottische Medizinmann den sterblichen Überresten seiner Landsleute zum Grabe, besprengt den Körper des Toten mit derselben heiligen Flüssigkeit, aber auch die Leidtragenden, die sein Schicksal beweinen [Picart].

Bei den Begräbnissen der Hottentotten »treten zwei alte Männer, Freunde oder Verwandte des Verstorbenen, in jeden Kreis und verteilen ihren Strahl sparsam auf jede einzelne Person, so daß jeder etwas abbekommen kann; die ganze Gesellschaft nimmt deren Wasser eifrig und ehrfurchtsvoll in Empfang. Wenn dies geschehen ist, begibt sich jeder in die Hütte, nimmt eine Handvoll Asche vom Herd, kommt zu dem Loche heraus, das man für die Leiche gemacht hat und streut die Asche nach und nach über die ganze Gesellschaft. Dies geschieht, wie sie sagen, um ihren Stolz zu demütigen« [Kolbein].

»Einige Schriftsteller haben angegeben, daß alle Hottentotten die Eingeweide von Tieren verschlingen, ohne sie vorher von Schmutz und Kot zu reinigen, und daß sie diese, ob gut oder verdorben, zu den größten Leckerbissen der Welt zählen; aber dies ist nicht wahr. Ich habe immer gefunden, daß sie Eingeweide, die sie essen wollten, vom Schmutz befreiten und in klarem Wasser abwuschen.«

»Wenn es den Hottentotten an Tabak mangelt, rauchen sie den Mist des zweihörnigen Nashorns oder des Elephanten« [Thunberg, 1814].

»Die Hottentotten beschmieren ihren Körper mit Fett

und anderen ölartigen Stoffen und reiben dann Kuhmist, Fett und ähnliches Zeug darauf.«

Hunnen. Ein Mitarbeiter der *Philadelphia Press* zu Pottsville in Pennsylvanien berichtet über ein sonderbares Vorkommnis, dessen Augenzeuge er in dem ungarischen Stadtviertel war.

»Eine Anzahl Kinder rannte barfüßig umher und schlug dabei auf Pfannen und Töpfe aus Zinn. In der Mitte des Kreises, den sie dabei beschrieben, war ein lebendiges kleines Kind bis an den Hals in die kalte Erde eingegraben, dem man ein Tuch zum Schutze um den Hals gewickelt hatte. Auf Befragen erfuhr der Beobachter, daß der Zweck, zu welchem man das Kind in diese sonderbare Lage gebracht, darin bestand, es von einer Hautkrankheit zu befreien. Die Hunnen hatten denselben Glauben an die Heilkräfte der Mutter Erde, wie er auch bei vielen wilden Völkern vorhanden ist. Während das Kind in dieser Weise die heilenden Eigenschaften der Erde, die um seinen Körper herum aufgeschüttet war, kennenlernen sollte, schlugen die Knaben auf die Pfannen, um den bösen Geist zu erschrecken und zu verjagen, der die Krankheit verursacht hatte.«

John McElhone, der Stenograph des Abgeordneten-Hauses und ein Gelehrter mit ausgedehnten Kenntnissen, erzählte mir, er erinnere sich, in einem alten Werke, dessen Titel er vergessen habe, die Schilderung eines Festes gelesen zu haben, das man bei der Krönung eines Königs von Ungarn gegeben. Bei diesem Feste setzte man den Edelleuten die seltensten Weine vor, aber die Leute aus dem Volke waren zufrieden, daß sie den daraus entstandenen Harn trinken durften. In Ungarn kann man aber, gleichviel ob man es als von einem hunnischen oder, in späteren Zeiten, als von einem türkischen Element bevölkert ansieht, einen Einschlag derselben charakteristischen Rassenzüge vorfinden wie heute noch in Kamtschatka und anderen Teilen Sibiriens.

Huronen. Dr. Francis Parkman [1867] spricht in seinem Werke *Jesuits in North America* von den »abstoßenden

Heilmitteln«, deren sich die Huronen, Irokesen und Algonkin-Stämme bedienen.

In Kanada trank man menschlichen Harn als Heilmittel. Pater Sagard [1636] war Augenzeuge bei einem Tanze der Huronen, bei dem die jungen Männer, Frauen und Mädchen nackt um eine kranke Frau herumtanzten, der einer von den Jünglingen in den Mund pißte, worauf sie die ekelhafte Flüssigkeit hinunterschluckte, in der Hoffnung, dadurch Heilung zu erlangen.

Pater Le Jeune [1636] muß bei den Huronen wohl irgend etwas auf der Spur gewesen sein, was einer Harn-Orgie ähnlich sah, als er in Erfahrung brachte, daß der Teufel den Kranken in Träumen die Verpflichtung auferlegte, sich im Kote herumzuwälzen, falls sie auf Wiederherstellung ihrer Gesundheit hofften.

In ähnlicher Weise beklagten sich die zuerst nach Kanada gekommenen Missionare über die maßlosen Orgien der Eingeborenen, bei denen man unter dem Schutz der Dunkelheit und unter dem Deckmantel ihres Glaubens Taten beging, die keine Feder zu beschreiben wagte. Zahlreiche Hinweise hierauf sind uns auch in den Berichten der Jesuiten aufbewahrt und in den ausführlichen und belehrenden amerikanischen Abhandlungen, die zum großen Teil auf diesen Berichten beruhen (z.B. Parkman). Es ist wahrscheinlicher, daß die Saturnalien der Huronen und Algonkin-Indianer in einem zügellosen Geschlechtsverkehr bestanden.

Wir können nur zwei Gewährsmänner, die Patres Le Jeune und Sagard, anführen, die die Verwendung von menschlichem Harn oder Kot unter priesterlicher Leitung mit Beispielen belegen; alle anderen lassen nur die Vermutung zu, daß die ausgelassenen Feste, denen sie als widerwillige und entrüstete Zuschauer beiwohnten, weiter keine Besonderheiten zeigten als diejenigen eines zügellosen geschlechtlichen Verkehrs.

Inder. Rudyard Kipling [1890] erzählt in seinen *Plain Tales from the Hills,* die eingeborene Bevölkerung von Indien habe die Gewohnheit, unter einen Teil Tabak zwei Teile Kuhmist zu mengen.

Forlong [1883] gibt an, man zünde ein Feuer aus dem Miste der heiligen Kuh an, sobald dem indischen Knaben die heilige Schnur verliehen werden soll.

In sonderbarer Weise sucht man im Westen Indiens die Seele eines Sterbenden zu reinigen. »An der Koromandelküste legt man das Gesicht des Sterbenden auf das Hinterteil einer Kuh, hebt den Schwanz des Tieres empor und sucht es dazu zu bringen, seinen Harn auf das Gesicht zu lassen. Fließt der Harn auf das Gesicht des Kranken, so schreien die Versammelten vor Freude und rechnen ihn zu den Seligen, aber wenn die Kuh nicht in der Laune ist, ihren Harn zu lassen, so ist man darüber traurig« [Picart, 1729].

»Die Bewohner der Koromandelküste legten diejenigen ihrer Kranken, mit denen es zu Ende ging, als letztes Rettungsmittel mit dem Gesicht auf den Rücken einer fetten Kuh, deren Schwanz sie hin- und herdrehten, um sie zu veranlassen, ihren Harn zu lassen; wenn nun der Harn über das Gesicht des Kranken floß, so galt dieses den Schmutzfinken als ein gutes Zeichen« [Paullini, 1696].

»Die folgende abgekürzte neue Art zauberischer Weissagung, deren so humorvolle Beschreibung wir in Butlers *Hudibras* [1684] finden, wendet man, wie Le Blanc in seiner Reisebeschreibung bestätigt, in Ostindien an:

›Your modern Indian Magician
Makes but a hole in th' earth to pisse in,
And straight resolves all questions by it,
And seldom fails to be in th' right‹«
[Brand, 1872].

(›Euer neumodischer indischer Zauberer macht nur ein Loch in die Erde und pißt hinein und löst dadurch flugs alle Fragen, und es mißlingt ihm nur selten, daß er recht hat.‹)

Iren. Irland erhielt den Beinamen des *»Urinal of the Planets«* (»Pißtopf der Planeten«) wegen des anhaltenden und reichlichen Regens, der dort fällt [Grose, 1811].

Nach Langsdorff [1812] verwenden die Bewohner von Ounalashka den Harn beim Färben. Dieselbe Verwendung von Harn hat Camden [1753] bei den Iren behauptet. Seine Angaben führt Buckle [1872] an: »Im Jahre 1562 kam O'Neal mit einigen seiner Begleiter nach London und erregte das Erstaunen der Bürger, denn ihr Haar fiel in Locken über ihre Schultern. Dazu trugen sie gelbe Umhänge, die mit Safran gefärbt oder mit Harn gebeizt waren.«

»Mit Bezug auf die täglichen Reliquien des Dalai-Lama, aus denen man Pillen für die Gläubigen macht, ein Geschichtchen, das die Drucker dieser Revue nicht ›hinunterwürgen‹ wollten, hat Herr John Stokes uns auf eine merkwürdige Stelle der Annalen Irlands aufmerksam gemacht. Wir halten diese Stelle für wichtig genug, um davon hier eine Übersetzung zu bringen. Dieser ›Glaubensakt‹ fand im Jahre 605 statt, und der Held dabei ist der König Aedh, mit dem Beinamen Uairidhnach.

Eines Tages ging er, als er noch Kronprinz war, über das Gebiet von Othain-Muira; er wusch seine Hände in dem Bache, der das Gebiet dieser Stadt durchfließt. Er nahm auch Wasser, um sich das Gesicht damit zu waschen. Einer seiner Leute hielt ihn aber davon ab. ›König‹, sprach er zu ihm, ›bringe dieses Wasser nicht auf Dein Gesicht!‹ ›Und weshalb nicht?‹, frug der König. ›Ich schäme mich, es zu sagen‹, erwiderte jener. ›Wie kannst Du Dich schämen, die Wahrheit zu sagen?‹, frug der König. ›Nun denn, die Sache verhält sich also‹, erwiderte jener, ›über diesem Wasser befindet sich der Abtritt der Geistlichen.‹ ›Und kommt der Geistliche selbst (d.h. der Oberste der Geistlichen) hierher, um sich zu erleichtern?‹

›Ja, er kommt selbst hierher‹, erwiderte der Page. ›Ich werde von diesem Wasser nicht nur auf mein Gesicht bringen‹, sagte der König darauf, ›sondern ich werde davon sogar in den Mund nehmen und ich werde davon trinken‹ (und er trank wirklich drei Mundvoll davon), ›denn das Wasser, wohinein sich jener erleichtert, ist für mich so gut wie das Abendmahl.‹

Dieses wurde Muira (dem Obersten der Geistlichen) wiedererzählt, und er dankte Gott, daß Aedh einen solchen Glauben habe; und er ließ Aedh zu sich kommen und sprach zu ihm: ›Teurer Sohn, als Belohnung für die Hochachtung, die Du der Kirche erwiesen hast, verspreche ich Dir bei der Gegenwart Gottes, daß Du bald die Königswürde von Irland bekommen wirst, daß Du über Deine Feinde den Sieg davontragen und triumphieren wirst, daß Du keines plötzlichen Todes sterben wirst, daß Du den Leib Christi aus meiner Hand empfangen wirst, und ich werde für Dich zum Herrn beten, daß es das Greisenalter sein wird, das Dich aus diesem Leben nimmt.‹

Und kurze Zeit hierauf erhielt Aedh wirklich die Königswürde von Irland, und er schenkte dem Muira von Othain fruchtbare Ländereien« [O'Donovan, 1860].

Wie der Leser herausgefunden haben wird, erzählt der Annalenschreiber, selber ein Geistlicher, diese Geschichte zur Erbauung. Sie macht in der Tat der Frömmigkeit des Königs alle Ehre und sie beweist, daß ›die Hochachtung, die er der Kirche bezeugt hat, ihre Belohnung erhielt‹. Was von den Gottesmännern kommt, nimmt in der Tat an den heiligen Eigenschaften Gottes teil, dessen Vertreter sie sind.

Wollte man versuchen, diese Untersuchung über hieratische Skatologie weiter auszudehnen, so fände man zweifellos viele für unseren gesitteten Geschmack abstoßende Glaubensansichten und Gebräuche. Aber sie sind doch vernünftig in gewissem Sinne, wenn man von vornherein ihren Ausgangspunkt in Betracht zieht, wenn man die Logik nicht verdammt und besonders, wenn man sich daran erinnert, daß der Abscheu vor den Überresten der Verdauung erst für das gesittete Leben und die gesellschaftlichen Gewohnheiten zu einer Hemmung geworden ist. Die Völkerschaften, die sich nicht waschen, riechen sicherlich ganz anders als wir und riechen vielleicht überhaupt nichts; unsere Vorfahren aus dem Zeitalter des Höhlenmenschen hatten jedenfalls ein weniger entwickeltes Riechvermögen. Man versichert, daß bei den Namas, einem Hottentottenstamme, der Schamane, der die Hochzeitsfeierlichkeiten vornimmt, die Neuvermählten mit seinem Harn besprengt. Dies ersetzt also unser Weihwasser. Der Schamane ist in der Tat ein ›Gottesmann‹

in ganz besonderer Bedeutung; denn wenn er sich seinen wilden Tänzen hingibt, die doch ein Bestandteil des Kultes sind, glaubt man, daß der Gott sich auf ihn herabläßt, nicht geistig, sondern leiblich« [Gaidoz, 1888].

Der Verfasser hat das Glück gehabt, daß er die Rede James Mooneys von der medizinischen Mythologie in Irland zu Gesicht bekam. Diese lehrreiche und äußerst wertvolle Abhandlung »Medical Mythology of Ireland« findet man in den *Transactions of the American Philosophical Society* [1887]. Sie läßt uns über die geheimnisvollen Kräfte, die die keltischen Bauern sowohl dem Harn als auch dem Kot zuschreiben, durchaus nicht im unklaren.

»Feuer, Eisen und Kot, das sind die drei großen Schutzmittel gegen den Einfluß der Kobolde und der höllischen Geister.«

Mooney berichtet von einem Beispiel der Entführung einer Irin durch Kobolde. Es gelang ihr, die Kenntnis von den Mitteln, durch die ihre Befreiung bewirkt werden konnte, ihrem Gatten beizubringen: »Er müßte sich mit etwas Harn und Hühnerkot bereit halten, es auf sie werfen und sie dann packen. Er hörte gleich darauf, wie die Kobolde herankamen, und als der Lärm gerade vor ihm war, warf er den Kot und den Harn in die Richtung, woher das Geräusch kam, und sah dann sein Weib von ihrem Pferde fallen.« Die irische Landbevölkerung glaubt steif und fest daran, daß Kobolde ihre Kinder entführen könnten; um das Wiederherbeischaffen zu ermöglichen, läßt man eine »weise Frau« kommen, deren Maßnahmen darin bestehen, daß sie »die Kohlenschaufel an der Feuerstelle heiß macht, den Wechselbalg darauf legt und ihn hinaus auf den Düngerhaufen bringt«.

Kinder, die an Krämpfen leiden, badet man, wenn gar nichts anderes helfen will, vom Kopf bis zum Fuß in Harn, um sie von ihren Plagegeistern zu befreien.

Folgende Kur wird von Mooney beschrieben, die von der Mutter eines an Krämpfen leidenden Kindes so ausgeführt wurde: »Sie suchte am Fußweg einer Landstraße zehn kleine weiße Kieselsteine zusammen, die unter dem Namen ›Elfensteine‹ bekannt sind. Als sie nach Hause kam, legte sie neun von diesen Steinen in ein Gefäß voll

Harns; den zehnten warf sie in das Feuer. Ferner tat sie in das Gefäß etwas Hühnerkot und drei Schößlinge einer Pflanze (wahrscheinlich Efeu oder Knoblauch), die über der Haustür auf dem Dache wuchs. Dann zog sie das Kind aus und warf das Hemd und die anderen Kleidungsstücke, die auf der bloßen Haut getragen werden, in das Feuer. Hierauf wusch sie das Kind vom Kopf bis zum Fuß, wickelte es in eine wollene Decke und brachte es zu Bett. Auf den Sparren über der Haustür saßen neun Hennen und ein Haushahn. Nach kurzer Zeit hatte das Kind einen heftigen Anfall, und die neun Hennen fielen tot zur Erde. Der Hahn flog von seiner Stange herunter, krähte dreimal und flog dann wieder auf die Sparren hinauf. Wenn die Frau auch den zehnten Stein zu den anderen gelegt hätte, wäre der Hahn samt den Hennen tot heruntergefallen. Das Kind wurde geheilt.«

Mooney knüpft daran die Bemerkungen: »Dieses einzige Beispiel birgt eine ganze Anzahl von wichtigen Zügen in Verbindung mit der volkstümlichen Mythologie in sich: den Kot, den Harn, die Pflanze über der Haustür, die Hühner, das Feuer und das Kleidungsstück, das der Haut zunächst getragen wird; er führt außerdem ein neues Element in die volkstümlichen Ansichten von Krankheit ein, nämlich den Gedanken einer stellvertretenden Heilung oder vielmehr eines stellvertretenden Opfers. Dieser Glaube, der allgemein verbreitet ist, besteht darin, daß niemand von einer gefährlichen Krankheit geheilt werden kann, solange nicht, wie das Volk sich ausdrückt, ›etwas an seiner Stelle hingegeben wird‹, um Krankheit und Tod zu erleiden.«

In Groß-Britannien und Irland »heilt man bei einem Knaben das Fieber dadurch, daß man aus seinem Harn und Gerstenmehl einen Kuchen bäckt, den man einem Hunde zu fressen gibt; in dem oben erwähnten Falle bekam der Hund einen Anfall von Schüttelfrost, und der Knabe wurde geheilt« [Black, 1883].

»In Donegal mußte der Leidende einen Strohhalm mit neun Knoten suchen und die Zwischenglieder abschneiden, jeden weiteren Knoten warf man weg; dann vergrub man die neun Knoten in der Mitte eines Misthaufens, und so wie die Knoten dann verfaulen, so werden Warzen verschwinden.«

In Irland tragen die Bauern auch »Medizinsäcke« bei sich, die den unter den nordamerikanischen Indianern gebräuchlichen sehr ähnlich sind. Unter dem Inhalte dieser Säcke »findet man Tabak, Knoblauch, Salz, Hühnerkot, *Lus-crea* und etwas Straßendreck«. Dies trägt man bei sich »als Schutz gegen das böse Auge; und Dinge derselben Art näht man auch der Braut in das Kleid, wenn sie ihre Freundinnen für die Heiratszeremonie zurechtmachen« [Mooney].

Vallencey [1774] beschreibt eine ganz merkwürdige Zeremonie bei den Iren im Monat September. »Am Abend vor dem Vollmond im September verbrennt man Stroh zu Asche, und in der Asche versteckt jeder Bauernbursche der Reihe nach ein Getreidekorn, wobei er ausruft: ›Ich werde Dich in Stücke reißen, wenn Du mein Korn findest.‹ Das in ihn verliebte Mädchen sucht dann, und ihr Kummer ist groß, wenn sie das Korn nicht findet. Holt sie es aber heraus, so wird sie von der Gesellschaft mit einem Freudengeschrei begrüßt; ihr Liebhaber legt sie zuerst auf den Rücken und zieht sie so durch die Asche, dann dreht er sie herum auf das Gesicht und wiederholt die Zeremonie so lange, bis die bloßen Stellen des Körpers ordentlich heiß geworden sind. Man nennt das ›*posadamin*‹ oder die ›Mehlhochzeit‹. Haben sich alle Mädchen der Zeremonie unterzogen, so setzen sie sich nieder und verzehren den gerösteten Weizen, wovon sie manchmal betrunken werden.«

Vallencey meint zweifellos das Mutterkorn; er sagt auch selbst, daß es ein »Korn ist, das man zuweilen in Irland unter dem Weizen antrifft«. Er bezeichnet auch diese »Hochzeiten« als eine »druidische Sitte«.

In der Grafschaft Cork in Irland scheuert man angelaufene Zinnschüsseln mit Kuhmist; der Mist ist gesegnet und nützt auf diese Weise den Schüsseln und wird daher Glück bringen. Nach einem gar nicht so seltenen Brauche vergräbt man *Keetars* und andere Schüsseln, die für die Aufnahme von Milch bestimmt sind, während des Winters und des Frühlingsanfangs (wenn die Kühe keine

Milch geben und die Milchschüsseln infolgedessen leer bleiben) in Misthaufen, um sie (die Schüsseln nämlich) vor böswilligen Leuten zu bewahren, denn solche könnten ihnen irgendeine Hexerei antun und auf diese Weise entweder die Kühe oder die Milch besprechen. Solche mit dem bösen Blick behaftete Menschen können einer Schüssel nur dann etwas antun, wenn sie leer ist.

In seiner Geschichte Irlands bringt Cox [1639] die Beschreibung eines Verhörs der Lady Alice Kettle aus Ossory, die man beschuldigte, daß sie eine Hexe sei; darin wird angegeben, daß sie einem dienstbaren Geist nachts an Kreuzwegen neun rote Hähne und neun Augen von Truthähnen opfere, daß sie die Straßen von Kilkenny fege, »wobei sie allen Dreck vor der Haustür ihres Sohnes William Outlaw zusammenscharre und dabei im geheimen die Worte vor sich hin murmele:

›Zum Hause meines Sohnes William
Möge aller Reichtum der Stadt Kilkenny eilen.‹«

Iren in den Vereinigten Staaten. Robert M. O'Reilly, Wundarzt der Armee der Vereinigten Staaten von Nord-Amerika, machte den Verfasser darauf aufmerksam, daß unter den irischen Ansiedlern, die in den letzten Jahren des 18. Jahrhunderts in die Staaten übersiedelten, der Ausdruck *Sir Reverence* (Herr Ehrwürden) ganz allgemein gebräuchlich war, wenn sie von Blähungen sprachen.

»*Sir Reverence.* Bei alten Schriftstellern eine häufig gebrauchte Entstellung von *save reverence* oder *saving your reverence* (Mit Erlaubnis zu sagen) — eine Redensart, die man zur Entschuldigung vorbringt, wenn man von irgend etwas spricht, das man für ungeeignet oder unpassend hält, besonders aber ein beschönigender Ausdruck für *stercus humanum*« [Stevens, 1706].

Irokesen. »Die Irokesen begannen das neue Jahr im Januar mit einem ›Fest der Träume‹. Es war eine Zeit allgemeiner Zügellosigkeit. Viele ergriffen die Gelegenheit, um alte Schulden abzutragen, indem sie mißliebige

Leute verprügelten und mit Dreck und heißer Asche bedeckten« [J.G. Frazer, 1890].

Isländer. Dittmar Bleekens [1565] sagt bei seiner Beschreibung der Isländer (Eisländer): »Und es ist wahrhaftig wunderbar, wie der Teufel mit ihnen sein Spiel treibt, denn er hat ihnen ein Mittel gezeigt, wie sie ihre Schiffe zum Stillstand bringen können: nämlich den Kot eines Mädchens, das noch eine Jungfrau ist. Bestreichen sie das Vorderteil und gewisse Planken des Schiffes damit, so hat er ihnen gezeigt, daß der Geist in die Flucht geschlagen und von diesem Gestank vertrieben wird.«

Issyny-Afrikaner. »Die Neger von Issyny haben nicht den Mut, das Wasser zu trinken, in das man die Fetische eingetaucht, wenn sie etwas behauptet haben, was nicht wahr ist« [Salverte, 1862].

Italiener. »Insofern als die Morgensonne oder die Frühlingssonne aus dem dunkelblauen Nachtvogel herauskommt, können wir es auch verstehen, daß es nach italienischem und deutschem Volksglauben als eine glückliche Vorbedeutung gilt, wenn der Kot eines Vogels auf einen Menschen fällt. Der Kot des sagenhaften Nachtvogels oder des Winters ist eben die Sonne« [de Gubernatis, 1874].

»Die Kommentare von Bernard dem Provençalen belehren uns«, sagt Daremberg, »daß gewisse Maßnahmen, die nicht allein abergläubisch, sondern auch ekelhaft sind, unter den Vorschriften von Salerno sehr häufig vorkommen; zum Beispiel sollten Frauen, um die Unfruchtbarkeit zu verhüten, den Kot eines Esels im Ofen schmoren und nicht nur selber davon essen, sondern auch ihre Ehemänner veranlassen, dasselbe zu tun« [Dupouy, 1888].

»Ein hochstehender Edelmann von Venedig, der Gesandter in Frankreich war, hörte, daß ein angesehener Mann zu ihm kommen wollte, um ihn zu sprechen; er ließ ihn so lange warten, bis er seine Hosen aufgenestelt hatte, und als er dann auf seinem Leibstuhl saß, ließ er den Edelmann holen, um während dieser Zeit bei ihm zu sein — als eine ganz besondere Gunstbezeigung« [Harington, 1596].

»In seiner merkwürdigen Abhandlung *Über die Erstikkung der Gebärmutter* aus dem Jahre 1603 sagt Jorden: ›Von einem anderen klugen Verfahren erzählt uns Marcellus Donatus: Ein Arzt wandte es bei der Gräfin von Mantua an, als diese an der Krankheit litt, die wir *Melancholia hypochondriaca* nennen, und tatsächlich glaubte, sie wäre behext. Sie wurde dadurch geheilt, daß man Nägel, Nadeln, Federn und ähnliche Dinge in ihren Nachtstuhl brachte, wenn sie Arznei eingenommen hatte, und dabei machte man sie glauben, daß diese Dinge aus ihrem Leib herauskämen‹« [Brand, 1872].

In Europa wird in Ecken und Winkeln, die abseits vom Wege liegen, heute noch der einsichtsvolle Beobachter hier und da auf Spuren von religiösen Gepflogenheiten stoßen, die an die bei Juvenal erwähnten erinnern. Herr Macaulay aus Philadelphia, der längere Zeit in der Nähe von Monaco an der Riviera lebte, teilte mit, er habe in diesem Landstriche Italiens eine solche sonderbare Sitte persönlich kennengelernt. Am Abend vor dem Weihnachtsfeste versammelte sich jede Familie im Halbkreis um das Feuer; der jüngste Knabe pißte auf das brennende Holzscheit; dann nahm der Vater einen gläsernen Becher, der mit weißem Wein gefüllt war und besprengte mittels eines Olivenzweigs das brennende Holz damit; schließlich nippten alle aus dem Becher, dessen Inhalt, wie Herr Macaulay angibt, nach den ihm zugeführten Mitteilungen zweifellos in sinnbildlicher Auffassung als Harn anzusehen war.

Jakuten. Von den Jakuten in Sibirien sagt man, »In bezug auf Unreinlichkeit stehen sie keinem nach, denn ein ernst zu nehmender Schriftsteller versichert uns, daß die Mörser, die sie verwenden, um darin ihre getrockneten Fische zu zerstampfen, aus Kuhmist angefertigt sind, den die Kälte erhärtet hat« [Maltebrun, 1832].

Sauer [1802] berichtet, daß die Jakuten die Felle der Hirsche und Elche mit Kuhmist gerben.

Schurig [1725] gibt an, man habe Pferdemist zuweilen bei »sympathetischer Magie« benutzt, und er erzählt hierfür ein Beispiel, wie es ein gewisser Gutsbesitzer, in dessen Wiesen die Pferde seiner Nachbarn eingedrungen, fertigbrachte, diesen Pferden sämtlich die Schwindsucht anzuhexen, indem er etwas von dem Mist, den sie hatten fallen lassen, mit sich nahm und in seinem Kamin aufhängte.

Die folgenden Angaben scheinen von einer Art von Beschwörung zu berichten, die der eben erwähnten nahe verwandt ist. Zwei Jakutenhäuptlinge stritten sich um die Oberherrschaft. Der eine, der Onagai hieß, brachte seinem Nebenbuhler eine Niederlage bei und verbannte ihn, so daß dieser nur mit seiner Frau und zwei Stuten entkam. Dieser zweite Häuptling, der Aley hieß, sammelte sorgfältig den Mist seiner Stuten und verbrannte ihn zu einer Zeit, als der Wind nach den Wohnstätten des Onagai zu wehte; der Geruch lockte das verirrte Vieh seines Feindes herbei [Sauer].

»Wenn ein Jakute ein guter und liebevoller Gatte war, so ging er sofort nach Hause und spie den Inhalt seines Magens in ein Gefäß voll Wassers, das er dann vor die Tür stellte, damit es kalt werden sollte; und mit dem reichlich darin herumschwimmenden Ausgespienen hielten dann seine Frau und seine Kinder ein herzhaftes Mahl ab. Der glückliche Besitzer eines Magens voller Wodka mag in der Anwandlung einer wohlwollenden Laune in ähnlicher Weise über einen Teil seines Überflusses verfügen, wobei man aber das Wasser fortläßt« [Melville, 1885].

Japaner. Zu den *Ephemeriden* hat Dr. Lentilius [1694] eine sorgfältige Übersicht über alles dasjenige beigetragen, was zu seiner Zeit über die innerliche Anwendung menschlicher Auswurfstoffe bekannt war, sei es in der Heilkunde oder aus irgendeiner anderen Veranlassung; als Vorrede zu seinen Bemerkungen sagt er, daß zwar manche Leute fremde Länder durchforschen und dort in den Wäldern nach Heilmitteln suchen ließen, daß es aber andere gebe, die sich ihre Arzneien etwas näher in der Heimat holten und dabei die Verwendung der ekelhaftesten Kotstoffe nicht verabscheuten. »Ich will hier nicht«, lauten seine Worte, »vom Kot der Tiere sprechen, sondern von Menschenkot und Menschenharn. Wir wissen, daß Pferdemist zur Behandlung von Kolik, Schweinemist zur Stillung von innerlichen Blutflüssen gebraucht, ferner Hundekot oder *Album Graecum* gegen Halsentzündung, Gänsedreck gegen Gelbsucht, Pfauenkot gegen Schwindelanfälle und Ziegenmist, in Kurland Bier, gegen bösartiges Fieber. Die Mexikaner gebrauchten Menschenkot als Gegengift bei den Bissen giftiger Schlangen; sie nahmen ihn in einer Menge von 2 Skrupeln (2,5 g) in einem beliebigen Getränk ein.« Dieselbe Mischung trank man auch bei den Japanern als Mittel für die Behandlung von Wunden, die von vergifteten Waffen herrührten. Im letzteren Falle ist darauf zu achten, daß der Kot von dem verwundeten Manne selbst herrührt.

»Die Japaner düngen ihre Felder mit menschlichem Kot« [Kemper, 1811].

Stirbt in Japan ein Kuppler, so wirft man seine Leiche auf einen Misthaufen [Saris, 1611].

Javaner. Als die Holländer im Jahre 1623 Batavia auf der Insel Java belagerten, beschmierten sich die Eingeborenen mit Menschenkot, aller Wahrscheinlichkeit nach zu irgendeinem nicht ganz klaren religiösen Zweck [Schurig, 1725].

Rosinus Lentilius [1694] schildert, daß die Bewohner von China und Java menschlichen Kot gegen Tabak und Nüsse eintauschen. Dies geschah wahrscheinlich wegen seines Wertes als Düngemittel für ihre Felder, denn das Düngen führte man dreimal im Jahre mit menschlichen Exkrementen aus, wie Lentilius berichtet. Diese Angabe bringt ihn auf die Bemerkung, der Mensch kehre wieder zu seinem Kot zurück: *»Unde stercus in alimentum et hoc rursum in stercus.«*

Juden. »In der im 15. Jahrhundert geschriebenen *Chronik von London* wird eine merkwürdige Geschichte erzählt, wie in der Zeit zwischen 1258 und 1260 ein Jude an einem Samstag in der Stadt Tewksbury in einen Abort fiel, aber es aus Ehrfurcht vor seinem Sabbath nicht dulden wollte, daß man ihn herauszog. Da nun der folgende Tag ein Sonntag war, wollte der Graf von Gloucester nicht erlauben, daß ihn jemand herausholte, und daher, sagt die Chronik, ›kam der Jude in dem Abort um‹« [Buckle, 1872].

Dr. Joseph Lanzoni [1702] war der Ansicht, daß man bei Harnverhaltung mit dem Aufhängen des menschlichen Harns in einer Schweineblase, so, daß er die Erde nicht berühre, keine guten Erfolge erzielen könne, wie er bei einem Juden und auch bei den Angehörigen eines religiösen Ordens beobachtet habe.

»Wer seine Nägel putzt und die Abfälle vergräbt, ist ein frommer Mann; wer sie verbrennt, ist ein rechtschaffener Mann; wer sie aber fortwirft, ist ein gottloser Mensch; denn wenn eine Frau darüber hinwegschreitet, so kann ein Unfall daraus entstehen« [Talmud].

»Die rechtgläubigen Juden in Polen achten noch bis auf den heutigen Tag sorgfältig darauf, daß sie ihre Nägelabschnitzel vergraben oder verbrennen« [Hershon, 1880].

Jungeion-Afrikaner. »Die Leute von Jungeion sammelten den Mist von Kühen und Schafen, trockneten ihn, rösteten ihn am Feuer und gebrauchten ihn nachher als Bett« [Mungo Park, 1813].

Kalifornien-Indianer. Die Indianer Kaliforniens waren noch viel weniger wählerisch. Der deutsche Jesuit, Pater Jakob Baegert, der sich ohne Unterbrechung von 1748 bis 1765 in Nieder-Kalifornien aufhielt, erzählt von ihnen:

»Sie essen die Samenkörner der *Pitahaya,* einer Art von Riesenkaktus, die unverdaut durch ihre eigenen Eingeweide hindurchgegangen sind; sie sammeln ihren eigenen Kot, suchen die Samenkörner heraus, rösten, mahlen und essen sie und zeigen ein großes Wohlgefallen an diesem ekelhaften Mahl.« Und weiterhin: »In der Mission des heiligen Ignatius gibt es Leute, die ein Stück Fleisch an einem Bindfaden befestigen, es verschlingen und es nacheinander ein dutzendmal wieder herausziehen. Sie verfolgen damit den Zweck, das Wohlgefallen an dem Geschmack des Fleisches zu verlängern« [Rau, 1866].

Orozco y Berra [1854] erwähnt den Vorgang gleichfalls; er fügt aber noch hinzu, daß sich öfters mehrere Kalifornier zusammentun und den köstlichen Leckerbissen von Mund zu Mund gehen lassen.

Castañeda [1540] weist darauf hin, daß die Kalifornier eine Rasse von nackten Wilden seien, die ihren eigenen Kot äßen. Pater Inamma, dessen lehrreiche Forschungen über die Klapperschlangenbisse und deren Heilmittel, die er in Nieder-Kalifornien im Jahre 1767 kurze Zeit vor der Austreibung der Jesuiten gemacht hat, bei Clavigero [1780] veröffentlicht sind, berichtet, daß das gebräuchlichste und wirksamste Gegengift Menschenkot war, den die gebissene Person frisch und in Wasser aufgelöst trank.

Die Indianer Kaliforniens geben den neugeborenen Kindern Harn zu trinken. »Bei der Entbindung findet man viele sonderbare Gebräuche; so wuschen z.B. die alten Weiber das Kind, sobald es geboren war, und tranken von diesem Waschwasser; das unglückselige Kind wurde gezwungen, einen Schluck Harn als Medizin zu nehmen« [Bancroft, 1886].

Kalmücken. Die Kalmücken glauben an Geister oder Genien, die sie »Bourkane« nennen, und an einen bösen Geist, der als »Erlik-Chan« bezeichnet wird. Über drei von diesen Bourkanen haben sie eine Erzählung; einer von diesen ist Sakya-Muni (Buddha): »Als sie eines Tages beieinandersaßen und mit großer Inbrunst ihre Gebete hersagten, wobei sie die Augen geschlossen hatten, wie das bei den Kalmücken Sitte ist, da näherte sich ihnen der höllische Geist und ließ seinen Kot in die geweihte Schale fallen, die die Priester vor sich stehen haben, wenn sie ihre Gebete verrichten. Als die Götter den Vorgang bemerkten, hielten sie einen Rat ab. Sie überlegten sich, daß alle Bewohner der Luft umkommen müßten, wenn sie jenes giftige Zeug in diesem Elemente verbreiteten; daß sie andererseits, wenn sie es auf die Erde würfen, alle lebenden Wesen, die sie bewohnen, zugrunde richteten. Sie beschlossen also, für das Heil der Menschheit diesen Kot zu verschlucken. Sakya-Muni erhielt als seinen Teil den Bodensatz aus der Schale; der Gärungsstoff darin war so stark, daß sein Gesicht ganz blau davon wurde; dies ist auch der Grund, weshalb man ihn auf den Bildern mit blau gefärbtem Gesicht darstellt; seine Standbilder haben dagegen nur eine blau angestrichene Mütze« [Pallas, 1771].

Dies ist eine lahme Erklärung, die die Lamas erfanden, als die Menschen etwas gesitteter geworden waren und einen gewissen Widerwillen gegen so teuflische Gebräuche zu zeigen begannen.

»Geweihte Pillen, die aus Tibet kommen, verdienen Erwähnung; man nennt sie *›Schalir‹*. Die Priester geben sie nur den Reichen oder den Angesehenen unter den Kalmücken; diese tragen sie immer bei sich und machen nur bei ernsten Krankheiten Gebrauch davon, wenn der Tod fast unvermeidlich erscheint. Sie behaupten, daß diese Pillen dazu dienen, die Seele den weltlichen Dingen abwendig zu machen und zu heiligen; sie sind schwarz und etwa so groß wie eine Erbse. Ich nahm an, daß sie Opium oder irgendein anderes Betäubungsmittel enthielten, aber man versicherte mir im Gegenteil, daß sie abführend wirkten« [Pallas].

Die Kalmücken glauben an viele zukünftige Straforte, »von denen einer mit einer Wolke von Kot und Unrat bedeckt ist«. Dies ist der Glaube, den ihnen ihre Lamas beibringen.

»In der vierten Erzählung (d.h. der von den Kalmücken und Mongolen berichteten Erzählungen) wird der verzauberte Edelstein, den die Tochter des Königs verloren hat, unter dem Kot einer Kuh wiedergefunden« [de Gubernatis, 1874].

Kambodschaner. »Die Einwohner von Kambodscha besprengen den bösen Geist der Pocken mit Harn, aber dieser Harn ist der eines Falben« [Réclus, 1885].

Kamtschadalen. *Amanita muscaria* besitzt eine berauschende Eigenschaft, und die nördlichen Völkerschaften verwenden sie zu diesem Zwecke. Im folgenden geben wir den Bericht von Langsdorff aus dem Jahre 1812 in der *English Cyclopaedia* [1854] wieder:

»Diese Abart von *Amanita muscaria* gebrauchen die Bewohner der nordöstlichen Teile Asiens in derselben Weise wie andere Völker Wein, Schnaps, Arak oder Opium. Man findet diese Pilze in Mengen bei Wischna, in Kamtschatka und Willowa Derecona. Zu manchen Zeiten sind sie sehr reichlich vorhanden und manchmal sehr selten. Man sammelt sie in den heißesten Monaten und hängt sie auf Schnüren in der Luft zum Trocknen auf; manche vertrocknen auch auf der Erde, und von diesen behauptet man, daß sie viel betäubender wirken als die künstlich getrockneten. Kleine, dunkelfarbige, stark mit Warzen bedeckte Stücke sollen gleichfalls kräftiger wirken als die größeren von hellerer Farbe.

Die gewöhnliche Art, den Pilz einzunehmen, besteht darin, daß man ihn wie eine große Pille zusammenrollt und hinunterschluckt, ohne ihn zu kauen, denn das Kauen riefe nach der Behauptung der Kamtschadalen Magenbeschwerden hervor.

Manchmal ißt man den Pilz auch frisch in Suppen und Brühen, und dann verliert er viel von seiner berauschenden Eigenschaft. Wenn er in den Saft der Beeren von *Vaccinium uliginosum* (Sumpfheidelbeere, Rauschbeere) eingetaucht wird, wirkt er wie starker Wein. Ein großer oder zwei kleine Pilze sind die gewöhnliche Menge, um für einen ganzen Tag einen ordentlichen Rausch zu erzeugen, namentlich wenn man Wasser dazu trinkt, das die narkotischen Eigenschaften vermehrt.

Die gewünschte Wirkung tritt eine oder zwei Stunden nach dem Einnehmen des Pilzes auf. Schwindelanfälle und Betrunkenheit zeigen sich in derselben Weise wie bei Wein oder Schnaps; zuerst tritt eine fröhliche Erregung des Geistes ein, das Gesicht wird rot, dann folgen unwillkürliche Worte und Bewegungen und schließlich kommt es manchmal zu vollkommener Bewußtlosigkeit. Manche Menschen werden in ganz auffallender Weise tatenlustig, und es zeigt sich ein hochgradiger Antrieb zu Muskelbewegungen. Durch zu große Mengen werden heftige, krampfartige Erscheinungen erzeugt. Auf wieder andere

Menschen wirkt der Pilz so anregend auf das Nervensystem, daß die Erfolge geradezu lächerlich sind. Will z.B. eine Person, die unter dem Einflusse des Pilzes steht, über einen Strohhalm oder einen dünnen Stock hinweggehen, so macht sie einen langen Schritt oder tut einen Sprung, der hoch genug ist, um über einen Baumstamm hinwegzukommen. Geschwätzige Leute können keinen Augenblick stille sein oder Geheimnisse für sich behalten, und Musikliebhaber singen ununterbrochen.

Die sonderbarste Wirkung der *Amanita* ist aber der Einfluß, den sie auf den Harn besitzt. Man behauptet, die Einheimischen hätten seit unvordenklichen Zeiten gewußt, daß der Pilz jener Absonderung seine berauschende Eigenschaft mitteilt, die noch eine ganz erhebliche Zeit lang anhält, nachdem man die Flüssigkeit eingenommen hat. So wird z.B. ein Mann, der heute nur mäßig betrunken war, morgen früh, wenn er ausgeschlafen hat, wieder ganz nüchtern sein. Nimmt er aber, wie es Sitte ist, nun eine Schale seines Harns zu sich, so wird er viel heftiger betrunken, als er es am vorhergehenden Tage war. Es ist daher gar nicht ungewöhnlich, daß eingewurzelte Trunkenbolde ihren Harn als kostbaren Likör aufheben, um gegen Mangel an Pilzen geschützt zu sein.

Die berauschende Eigenschaft des Harns läßt sich nun weiterverbreiten, weil der Harn eines jeden, der daran teilhat, selbst wieder in gleicher Weise beeinflußt wird. Daher kann eine Gesellschaft von Trunkenbolden mit ganz wenigen *Amanitae* ihre Schwelgerei eine ganze Woche lang fortsetzen. Dr. Langsdorff erwähnt, es könne dadurch, daß eine zweite Person den Harn der ersten trinkt, eine dritte den der zweiten und so fort, die berauschende Wirkung über fünf Menschen verbreitet werden.«

»Sie feiern Feste, wobei ein Dorf das andere freihält, entweder, wenn eine Hochzeit stattfinden soll oder wenn sie auf der Jagd und beim Fischen reiche Beute gemacht haben. Die Grundbesitzer setzen ihren Gästen große Schalen voll *Oponga* vor, bis sich die ganze Gesellschaft übergeben muß; manchmal verwenden sie auch eine Flüssigkeit aus einem großen Pilz, mit dem die Russen die Fliegen töten. Sie bereiten ihn mit dem Saft von *Epilo-*

bium oder der französischen Weide zu. Das erste Anzeichen dafür, daß diese Flüssigkeit bei einem Menschen ihre Wirkung tut, ist ein Zittern in allen seinen Gliedern, und eine halbe Stunde später beginnt er, wie im Fieber zu rasen; und je nach der besonderen Verfassung seines Körpers ist er entweder lustig oder traurig verrückt. Einige springen, tanzen und singen; andere weinen und geraten in eine furchtbare Angst, ein kleines Loch kommt ihnen wie eine große Grube vor und ein Löffel voll Wasser wie ein großer See; dies aber bezieht sich nur auf solche, die von der Flüssigkeit im Übermaß zu sich nehmen, denn wenn man sie nur in kleiner Menge nimmt, regt sie die Lebensgeister an und macht lebhaft, mutig und lustig.

Man hat die Beobachtung gemacht, daß sie jedesmal nach dem Genuß dieses Gewächses behaupten, sie gehorchten lediglich dem Befehl des Pilzes, wenn sie ihre Narrheiten ausführten; die Benutzung dieses Pilzes ist indessen so gefährlich, daß eine ganze Menge Menschen ihr Leben einbüßen würde, paßte man nicht ordentlich auf sie auf. Die Kamtschadalen machen sich nicht viel daraus, spricht man von den Streichen in der Betrunkenheit, und vielleicht macht der gewohnheitsmäßige Gebrauch den Pilz weniger gefährlich für sie. Einer von unseren Kosaken faßte den Entschluß, davon zu essen, um seinen Kameraden eine Überraschung zu bereiten, und er tat es auch wirklich; aber man hatte nachher große Mühe, ihn am Leben zu erhalten. Ein anderer, ein Eingeborener von Kamtschatka, bildete sich nach dem Essen des Pilzes ein, er stände am Rande der Hölle und sollte sofort hineingeworfen werden und der Pilz befehle ihm, in die Knie zu sinken und alle Sünden, die ihm einfielen, zu beichten. Und dies tat er auch vor einer großen Menge seiner Kameraden zu deren großer Belustigung. Man erzählte auch, ein Soldat der Besatzung, der ein wenig von dem Pilze gegessen, habe eine große Strecke marschieren können, ohne zu ermüden; daß er aber schließlich starb, als er eine zu große Menge davon eingenommen.

Mein Dolmetscher trank etwas von dem Safte, ohne daß er ihn kannte, und wurde so toll dadurch, daß wir ihn nur mit größter Mühe davon abhalten konnten, sich selber den Bauch aufzuschlitzen; wie er sagte, habe ihm dies der Pilz anbefohlen.

Die Kamtschadalen und die Koräken essen davon, wenn sie den Entschluß gefaßt haben, jemanden zu ermorden. Bei den Koräken steht der Pilz in so hohem Ansehen, daß sie keinem, der davon betrunken geworden ist, gestatten, sein Wasser auf den Boden zu lassen; sondern sie geben ihm ein Gefäß, damit er seinen Harn darin auffangen kann und diesen trinken sie; das hat dieselbe Wirkung wie der Pilz selbst.

Von diesen Pilzen wächst kein einziger in ihrem Lande, so daß sie gezwungen sind, ihn von den Kamtschadalen zu kaufen. Drei oder vier von ihnen gelten als sehr mäßige Menge, wenn sie aber in Trunkenheit geraten wollen, nehmen sie zehn Stück ein. Die Frauen gebrauchen ihn niemals, so daß alle ihre Belustigungen nur im Scherzen, Tanzen und Singen bestehen« [Grieve, 1764].

Wenn man nicht als Grund für die Verwendung des giftigen Pilzes die Erzeugung der heiligen Berauschung zugeben will, dann kann man die Frage aufwerfen, aus welchem anderen Grunde sie ihn brauchten? Und hier wäre nur eine einzige Antwort möglich, nämlich daß die Eingeborenen bei dem Fehlen des Getreides und unter dem Druck der Gier nach anregenden Mitteln zu jeder beliebigen Art von pflanzlichen Stoffen griffen. Daß dies wirklich der Fall gewesen ist, kann man aus der Geschichte vieler Völker nachweisen. Und die Mythologie ist voll von Beispielen für die okkulten Kräfte von Pflanzen wie der *Mandragora* und vieler anderer.

Und gewiß verdiente die religiöse Verehrung, mit der man solche Pflanzen betrachtete, keine mehr als gerade dieses wunderbare Giftgewächs — die *Amanita muscaria*. Das Verlangen nach anregenden Mitteln ist allgemein über die ganze Erde verbreitet; es ist kein Grund zu der Annahme vorhanden, daß es irgendeinen Stamm gegeben hat, der nicht gelegentlich irgend etwas Derartiges gebrauchte.

Stellers Bericht [1774] zeigt, daß die Bewohner von Kamtschatka zu seiner Zeit keine regelrechten Aborte hatten.

»Die Hunde stehlen Nahrungsmittel, so oft sie können, und fressen sogar ihre Zugriemen auf. In ihrem Beisein ist niemand in der Lage, ein natürliches Bedürfnis zu verrichten, wenn er sich nicht mit einem tüchtigen Knüttel versieht, um sie sich vom Leibe zu halten. Sobald er aber fortgeht, stürzen die Hunde auf die betreffende Stelle los, und unter vielem Knurren und Schnappen sucht ein jeder, das Abgelegte zu erhaschen.«

In Stellers Buch über Kamtschatka wird die folgende »sympathetische« Kur beschrieben: »Wenn ein Mann an Blasenschwäche leidet, so stellt man aus dem weichen Gras *Eheu* einen Kranz her, in dessen Mitte man etwas Fischlaich bringt, worauf der Leidende sein Wasser darauf läßt.«

Die Bewohner von Kamtschatka glaubten, daß der Regen der Harn des Billutschi, eines ihrer Götter und seiner Geister sei; wenn aber der Gott genug gepißt hat, zieht er ein neues Kleid in der Form eines Sackes an, der mit Fransen aus roten Seehundhaaren und verschiedenfarbigen Streifen aus Leder versehen ist. Diese sind der Ursprung des Regenbogens.

Gott Kutka der Kamtschadalen wurde einstmals von Feinden verfolgt, aber er rettete sich dadurch, daß »er aus seinen Eingeweiden alle möglichen Arten von Beeren fallen ließ, wodurch seine Verfolger aufgehalten wurden« [Steller].

»Die Geschichte von Joa lo Praube wird in den Abenteuern des Kamtschadalengottes Kutka fast wörtlich wiederholt, oder, genauer gesagt, es gibt eine Sage, die da berichtet, daß man diesem Gotte viele böse Streiche gespielt habe; bei einem stößt er sich Stöcke in seine Gesäßgegend.«

Dieser Gott Kutka war ein großer Sodomit und gleicht in einigen Zügen dem widernatürlichen Gott der Sioux-Indianer.

In einer anderen Sage von diesem possierlichen Gott Kutka wird erzählt, wie er sich in seinen eigenen Kot verliebte und ihm als seiner Braut den Hof machte; er nahm ihn auf seinem Schlitten mit nach Hause, legte ihn in sein Bett und kam erst durch den ekelhaften

Geruch wieder zur Erkenntnis seiner unvernünftigen Lage.

Es ist nicht leicht, diese Sagen zu erklären. Vielleicht spiegeln sie nur den geistigen Zustand dieser Menschen wider, die eine gewisse Vorliebe für unflätige Dinge (wie z.B. für den Pilz *Muk-a-moor*) hatten, aber auch diese Auslegung trifft vielleicht nicht das Richtige.

In *Le Bachelier de Salamanque* [1736] zeigt uns Le Sage einen Helden, dessen Mißgeschicke uns auf die Vermutung bringen, daß Le Sage etwas von den Taten des Kamtschadalengottes Kutka gelesen. Unter den vielen Streichen, die ihm seine Feinde, die Mäuse, spielten, war auch der, daß man ihm schimpflicherweise einen Sack aus Fischhaut vor den Hintern band, als er in tiefem Schlafe lag. Auf dem Heimwege wollte sich Kutka erleichtern, war aber, als er aufstand, über die ganz verschwindend kleine Ablage sehr erstaunt, da er seiner Ansucht nach eine sehr große Last losgeworden war [vgl. Spanier].

»Erstaunt über seine Reinlichkeit, erzählte er seinem Weibe Clachy die näheren Umstände. Diese entdeckte bald den wahren Stand der Dinge und, indem sie Kutka die Hosen auszog, entdeckte sie unter großem Gelächter den schwer gefüllten Sack« [Steller].

Die Sagen der Kamtschadalen bieten ein Gegenstück zu unseren Märchen dar, in denen sich die Geschenke des Teufels immer zu Unrat verwandeln. Dies geschieht auch in der Legende des Gottes Kutka, dem, wie wir bereits sahen, fortwährend Streiche gespielt werden. Ein solcher Streich besteht auch darin, daß sich die Speisen, die er sich selbst verschafft, zu »Torf, verfaultem Holz und Harn verwandeln«.

Die Kamtschadalen glauben, »daß sie Gäste aus ihrem eigenen Volke zu erwarten haben, wenn sie sich im Schlafe erleichtern«.

Folgendes Rätsel vom Kot wird unter den Kamtschadalen erzählt: »Mein Vater hat zahlreiche Gestalten und Kleider; meine Mutter ist warm und dünn und gebärt jeden Tag. Ehe ich geboren bin, liebe ich kalt und warm, aber nachdem ich geboren bin, nur kalt. In der Kälte bin ich stark und in der Wärme schwach; wenn ich kalt bin, sieht man mich von weitem; wenn ich warm bin, riecht man mich von weitem.«

Kap Flattery-Indianer. Die Indianer am und in der Nähe des Kaps Flattery an der Küste des Stillen Ozeans in Britisch Nord-Amerika pflegen heute noch den Harntanz in einer ganz besonders abstoßenden Gestalt. Wie von Herrn Kennard von der Küstenvermessungskommission der Vereinigten Staaten zu erfahren war, den der Verfasser das Vergnügen hatte, im Jahre 1886 in Washington zu treffen, destillieren die Medizinmänner aus Kartoffeln und anderen Zutaten einen schlechten Schnaps, der eine reizende und anregende Wirkung auf Nieren und Blase ausübt. Jeder, der von diesem Zeug zu sich genommen hat, muß sofort Harn lassen; dieses Ergebnis bekommt dann sofort der nächste Nachbar, der es trinkt. Dies hat wieder die geschilderte Wirkung und bringt gleichzeitig ein vorübergehendes Irresein, eine Art Delirium hervor, währenddessen man alle möglichen Arten von tollen Sprüngen ausführt. Der letzte Mann, der schließlich das Gift verschluckt, nachdem es durch den Körper von fünf oder sechs seiner Genossen hindurchgegangen ist, wird so vollständig davon überwältigt, daß er in eine todesähnliche Betäubung verfällt.

In seinen Angaben über die Indianer am Kap Flattery begnügt sich Swan mit der Bemerkung, daß sie ihre Tätowierungen mit Kohle und menschlichem Harn ausführen.

Wenn ein Kind von lauter Ruß und Fett sehr schmierig geworden ist, nimmt das Weib der Vancouverinsel »abgestandenen Harn«, um es zu reinigen. »Diese Art Lauge als Ersatzmittel für Seife ist das allgemein gebräuchliche Zubehör zu der Morgenwäsche beider Geschlechter, sowohl des männlichen als auch des weiblichen. Während des Winters reiben sie sich von Zeit zu Zeit mit Sand und Harn ab.«

Kappadozier. In Kappadozien wandelten Frauen, die ihre Regel hatten, über die Felder, um sie vor Würmern und Raupen zu bewahren. »Man sagt, daß auch junge Weinstöcke durch die Berührung einer Frau in diesem Zustande nicht wiedergutzumachenden Schaden erleiden und daß auch Rauten- und Efeupflanzen, die doch in hohem Maße heilkräftige Eigenschaften besitzen, sofort zugrunde gehen, faßt sie sie an. Die Schneide eines Rasiermessers wird stumpf, kommt es mit einer Frau, die ihre Regel hat, in Berührung« [Plinius].

Kapuziner. Von den Kapuzinermönchen berichtet man folgendes rohe Verfahren: *»Tunica replicata, absque impedimento cacat et mingit, anum fune abstergens«* (»Nachdem er seine Kutte aufgehoben hat, kackt und pißt er, ohne sich durch etwas abhalten zu lassen, den Hintern dann mit seinem Strick abwischend.«) [Fosbroke, 1817].

Kelten. Der keltische Stamm stellt, wie man heute allgemein annimmt, eine sehr frühe Einwanderung aus Indien dar. Wir haben zwar keine Mittel, um genau zu bestimmen, wann diese Wanderung begann und wann sie zu Ende war, aber so viel können wir mit ziemlicher Sicherheit sagen, wenn wir von der ganz hervorragenden Rolle ausgehen, die der Hühnermist in der keltischen Folklore spielt, daß sie nicht stattgefunden haben kann, ehe der Kult in Indien sich damit zu beschäftigen begann, worin man für das Menschenopfer einen passenden Ersatz sehen könnte [Dubois, 1817].

»Vom Hahnopfer bei den Kelten habe ich schon gesprochen; der Hahn war und ist heute noch in ganz Asien der billige, gewöhnliche und vollkommen erlaubte Ersatz für den Menschen« [Forlong, 1883].

Die Verehrung des Hühnergottes war augenscheinlich weit verzweigt, namentlich bei den Völkern und Stämmen der Menschenrasse, für die wir den Namen der arischen Familie gewählt haben. Bei verschiedenen dieser Abzweigungen, namentlich bei Wenden und Kelten, war das Huhn vielleicht der höchste Gott, und es hat seine stolze Stellung bis heute beibehalten, aus der es die ersten Wanderprediger nicht verdrängen konnten — seine Stellung auf dem Gipfel des heiligen Baumes oder auf dem Kirchturm der Dörfer.

Es ist ganz natürlich, daß wir beim Aufstoßen auf ein solches Fest bei den genannten Völkerstämmen, bei dem sie ihre höchsten geistigen Mächte anrufen, um von ihren

Verehrern alle möglichen Arten von Krankheiten und Mißgeschicken fernzuhalten, ein Huhnopfer erwarten sollten; aber die Armut oder die Knauserei des Bittstellers wies ihn in manchen Fällen auf den Ersatz durch eine billigere Gabe, nämlich das Ei, hin, das nun seinerseits wieder durch Vogelfedern ersetzt worden sein mag.

»Fasten bei Brot und Trinken von Wasser, das durch den Kot von Hühnern verunreinigt ist«, kommt unter den Disziplinarstrafen vor, die Fosbroke [1817] in seinem Werk vom Mönchswesen anführt.

Dieses Beispiel von mönchischer Klosterzucht begreift man erst ganz, wenn man zwischen den Zeilen liest. Die Verehrung, die man dem Hühnerkot in dem Religionssystem der Kelten zollte, wie es schon vor der Einführung des Christentums bestand, konnte man nicht besser vernichten als dadurch, daß man seine Verwendung zu einer Sache des Spottes und der Verachtung machte; die Geschichte liefert uns eine Unmenge Beispiele dafür, daß die Dinge, die in dem einen Kult besonders heilig gehalten werden, gerade diejenigen sind, an denen die Wut und die Verachtung des sie abschaffenden Kultes ausgelassen wird. Über diesen Punkt muß man die Bemerkungen lesen, die einer Abhandlung von James Mooney [1887] entnommen sind, in der von dem gläubigen Festhalten der irischen Landbevölkerung an dem Gebrauche von Hühnerkot die Rede ist.

Wir können mithin mit ziemlicher Wahrscheinlichkeit annehmen, daß der Hühnerkot in der Weise, wie ihn die Iren anwenden, als Vertreter und als Ersatz für Menschenkot zu gelten hat.

»Man hält die Kuh für ein heiliges Tier, und deshalb gilt der Mist auch als heilig« [Bergen]. Dieser Glaube der keltischen bäuerlichen Bevölkerung steht augenscheinlich mit der religiösen Verehrung in Beziehung, die auch die Bewohner Indiens der Kuh zollen.

Keltiberer. Die Verwendung von Harn als Zahnwasser hat früher einmal eine sehr weite Verbreitung gehabt; man findet sie sogar heute noch in manchen Gegenden von Europa und Amerika, die sich ihrer hohen Kultur rühmen. Die Keltiberer Spaniens »rühmten sich zwar ihrer Reinlichkeit sowohl in der Nahrung als auch in der Kleidung, es war aber durchaus nichts Ungewöhnliches, daß man sich bei ihnen die Zähne und den Leib mit Harn abwusch, ein Brauch, den sie als sehr förderlich für die Gesundheit ansahen« [Maltebrun, 1832].

Von Strabo erfahren wir, daß die Iberer »auf ein bequemes Wohlleben kein Gewicht legen, wenn nicht jemand der Ansicht ist, daß es zur Glückseligkeit des Lebens beiträgt, wenn sie sich und ihre Frauen mit abgestandenem Harn waschen, den man in Zisternen aufbewahrt, und ihren Mund damit ausspülen. Und das ist, wie sie sagen, Sitte bei den Kantabrern und deren Nachbarn«. Auf denselben Brauch weisen auch Percy [1743] und die *Encyclopédie* [1765] hin; und selbst bei den heutigen Spaniern soll sich der Brauch noch erhalten haben.

Die Angaben über die Keltiberer sind auch bei Clavigero [1780] zu finden. Diderot und D'Alembert [1779] berichten ganz unzweideutig, daß noch gegen Ende des 18. Jahrhunderts die Bewohner der spanischen Halbinsel den Harn als Zahnwasser benutzten.

»Nunc Celtiber es: Celtiberia in terra,
Quod quisque minxit, hoc sibi solet mane
Dentem atque russam defricare gingivam.«
Catull

(»Nun bist Du aber ein Keltiberer: im keltiberischen Lande pflegt sich morgens jeder mit dem, was er gepißt hat, die Zähne und das rote Zahnfleisch abzureiben.«)

Die Sitten der Keltiberer, nach Strabos und anderer Schilderungen, haben sich viele Geschlechter hindurch bis auf ihre Nachkommen in allen Teilen der Welt erhalten; alles das, was er über die Verwendung von menschlichem Harn als Mundwasser, als Waschwasser und als Zahnwasser berichtete, haben nach den Küsten Amerikas die spanischen Ansiedler gebracht, und selbst in dem heute lebenden Geschlecht lassen sich nach den Angaben des Generals der Armee der Vereinigten Staaten S. V. Bénèt bei den Ansiedlern in Florida Spuren solcher Sitten nachweisen.

Khonds. Wenn die Khonds von Orissa in Ostindien einen Menschen opfern wollten, so pflegten sie sich von ihm vorher die Gunstbezeugung auszubitten, »er möge ihnen ins Gesicht spucken; sie streichen dann den Speichel sorgfältig auseinander« [Réclus, 1885].

Kiowas. Die Kiowa-Indianer in den »Great Plains« der Vereinigten Staaten weichten ihre Büffelhäute in Harn ein, um sie zart und biegsam zu machen. Das ganze Verfahren hierbei hat Captain Robert G. Carter vom 4. Kavallerie-Regiment der Vereinigten Staaten ausführlich beobachtet.

Kirgisen. »Die Kirgisenstämme wenden sich an ihre Zauberer oder *Baksy,* damit sie böse Geister vertreiben und auf diese Weise die Krankheiten heilen, die der Einfluß böser Geister hervorruft. Zu diesem Zwecke peitschen sie den Kranken, bis er blutet, und spucken ihm dann ins Gesicht« [Lenormant, 1878].

Atkinson [1865] lehnte es ab, mit einer Gesellschaft von Kirgisen zu speisen, als er sah, »daß sie von einem kurz vorher geschlachteten Schaf die Eingeweide in die Pfanne legten, nachdem sie sie nur einer sehr oberflächlichen Reinigung unterzogen hatten«.

Der Kamelmist ist auch der Heizstoff der Kirgisen.

Kodiaken. In der Weltschöpfungssage der Kodiak-Insulaner wird berichtet, die erste Frau »habe die Seen dadurch hervorgebracht, daß sie Wasser ließ« [Lisiansky, 1814].

Die Bewohner von Kodiak gebrauchen nach Lisiansky den Harn, um die Vogelbälge herzurichten.

»Man darf ganz ruhig sagen, daß die Bewohner von Kodiak, wenn wir die Frauen während der monatlichen Reinigung und während des Kindbettes ausnehmen, auch nicht den geringsten Sinn für Reinlichkeit haben. Sie gehen auch nicht einen einzigen Schritt aus dem Wege, um die dringendsten natürlichen Bedürfnisse zu verrichten; für die Aufnahme des Harns sind unmittelbar vor den Türen der Häuser Gefäße aufgestellt, deren sich die beiden Geschlechter unterschiedslos bedienen.«

Kolumbianer. In der Stadt Bogota in Kolumbien, Süd-Amerika, harnen die niederen Klassen öffentlich auf den Straßen; in der Stadt Mexiko herrschte bis vor kurzem dieselbe Sitte.

Professor Patrice de Janon berichtet, daß die Frauen seines Heimatortes Carthagena im Kolumbien, wie er persönlich erfahren habe, ihren eigenen Harn als Waschwasser für das Gesicht zu benutzen pflegen, um die Haut zu verschönern und weich zu machen.

Kongolesen. Der afrikanische Jäger, der Wild, z.B. Elephanten jagen will, beschmiert sich am ganzen Körper mit ihrem Kot. Nach Pater Merollas Angaben [1692] dient dies lediglich dazu, um die Tiere über den Geruch zu täuschen.

Bei der Beschreibung des Tanzes eines Medizinmannes im Dorfe Kwinhata in der Nähe der Kongoflußquelle und der ehrfürchtigen Verehrung, die Frauen diesen *Mgangas* darbringen, berichtet Cameron [1877] von einem dieser Weiber: »Sie ging bald darauf ganz glücklich fort, als sie der oberste Mganga dadurch ausgezeichnet hatte, daß er ihr ins Gesicht spuckte und ihr eine seiner schweinischen Kugeln als Zaubermittel gab. Sie beeilte sich, diese Kugel in ihrer Hütte in Sicherheit zu bringen.«

Koräken. »Die ansässigen Koräken essen den berauschenden sibirischen Giftpilz in unmäßigen Mengen; und diese Gewohnheit allein wird mit der Zeit jeden Menschen ins tiefste Elend stürzen und zum Vieh herabwürdigen« [Kennan, 1887].

George Kennan beschreibt eine Hochzeitsfeier, die er in einem Dorfe Kamtschatkas sah: »Als die Zeremonie zu Ende war, gingen wir zu einem in der Nähe befindlichen Zelt und waren sehr überrascht, als wir in die frische Luft kamen und drei oder vier Koräken erblickten, die in einem ziemlich weit vorgeschrittenen Zustand der Betrunkenheit jauchzten und dabei hin und her wankten; sie feierten, wie ich annehme, die glückliche Heirat, die eben stattgefunden hatte. Ich wußte genau, daß im ganzen nördlichen Kamtschatka weder ein Tropfen einer alkoholhaltigen Flüssigkeit zu finden, noch etwas vorhanden war, aus dem sie hätte hergestellt werden können; und es blieb mir unerklärlich, auf welche Weise es ihnen gelungen war, sich so plötzlich, so vollständig, so hoffnungslos und so unleugbar zu betrinken. Selbst die niedrigste Schnapskneipe konnte nicht glaubwürdigere Muster einer berauschten Menschheit ans Tageslicht fördern als diese da vor uns.

Das aufregende Mittel, es mochte sein was es wollte, arbeitete sicherlich so rasch und war gerade so wirkungsvoll in seinen Ergebnissen wie irgendein ›Fusel‹ oder ›auf Flaschen gezogener Blitz‹, wie ihn die moderne Zivilisation kennt.

Auf unsere Nachfrage erfuhren wir zu unserem Erstaunen, daß diese Leute ein Gewächs gegessen hatten, das unter dem volkstümlichen Namen ›der Giftschwamm‹ bekannt ist. In Sibirien gibt es eine besondere Art dieser Klasse der Pilze, die von den Eingeborenen als *›Muk-amoor‹* bezeichnet und da sie stark berauschende Eigenschaften besitzt, von fast allen sibirischen Stämmen als anregendes Mittel benutzt wird.

In größeren Mengen genommen, ist es ein heftiges, betäubendes Gift; kleinere Mengen erzeugen jedoch alle Erscheinungen, die der Genuß alkoholhaltiger Flüssigkeiten zur Folge hat.

Seine gewohnheitsmäßige Verwendung erschüttert indessen das Nervensystem vollständig, und der Verkauf an die Eingeborenen durch russische Händler ist infolgedessen von dem russischen Gesetze unter Strafe gestellt. Aber trotz aller Verbote geht der Handel damit im geheimen weiter, und ich habe selbst gesehen, wie man Pelze im Werte von zwanzig Dollars für einen einzigen dieser Pilze hingab.

Die Koräken würden ihn wohl selbst sammeln, aber er wächst nur im Schatten der Wälder, und auf den öden Steppen, auf denen die Koräken umherziehen, findet man ihn nicht; sie sind daher meistens gezwungen, ihn zu ungeheuren Preisen von den russischen Händlern zu kaufen. Es mag für unsere Ohren ganz sonderbar klingen, aber die Einladung eines gastfreundlichen Koräken an einen vorbeikommenden guten Bekannten lautet nicht: ›Komm herein, wir wollen einen zusammen trinken‹, sondern ›Willst du nicht hereinkommen und einen Giftschwamm mit mir essen?‹ — für einen zivilisierten Trunkenbold wohl gerade kein verlockender Vorschlag, der aber auf einen liederlichen Koräken eine geradezu zauberhafte Wirkung ausübt. Da das Angebot an solchen Giftschwämmen keineswegs der Nachfrage entspricht, so hat sich koräkischer Erfindungsgeist an dem Bemühen erprobt, das kostbare Anregungsmittel möglichst sparsam zu verwenden und es in ganz besonderer Weise auszunutzen.

Im Verlaufe menschlicher Begebenheiten wird es manchmal gebieterisch notwendig, daß sich eine ganze Gesellschaft zusammen betrinkt, es ist aber leider nur ein Giftschwamm da, den man dafür in Anspruch nehmen kann. Der neugierige Leser, der eine Beschreibung der Art und Weise haben will, wie diese Gesellschaft insgesamt und jeder einzelne von einem einzigen Pilze betrunken wird und eine ganze Woche lang betrunken bleibt, der kann sich bei Goldsmiths *A Citizen of the World* [1762] Belehrung holen [vgl. Kamtschadalen und Tataren].

Die Gerechtigkeit verlangt aber, daß ich ausdrücklich erkläre, daß dieser abscheuliche Gebrauch sich fast ausschließlich auf die ansässigen Koräken am Penzshink-Busen beschränkt — und diese sind der erbärmlichste und verkommenste Teil des ganzen Stammes. In einem sehr beschränkten Grade mag dieser Brauch auch bei den herumziehenden Eingeborenen herrschen, aber mir selbst ist nur ein einziger Fall außerhalb der Ansiedlungen am Penzshink-Busen bekanntgeworden.«

Bei einer Schilderung der Harn-Orgien der Bewohner Sibiriens gebraucht Dr. J. W. Kingsley [1888] die Worte: »Ich erinnere mich, daß mir ein Engländer, der mit der Central-Pacific-Railway aus Sibirien zurückkehrte, diesen Pilz gezeigt hat. Er bestätigte mir ganz und gar alles, was ich von der Sache gehört hatte, denn er war selber Augenzeuge der Orgie gewesen. Sie werden vielleicht sagen, das hat mit Religion nichts zu tun, aber wenn Sie sich die Sache etwas näher betrachten, so werden Sie doch erkennen, daß man diese ›Berauschungsmittel‹, die man heutzutage lediglich anwendet, um eine Aufregung oder viehische Betrunkenheit hervorzurufen, ursprünglich doch als Vermittler angesehen hat, die imstande waren, den sterblichen Menschen auf die gleiche Stufe mit seinen Göttern zu erheben und ihn zu befähigen, mit ihnen in Verbindung zu treten, wie es ganz sicher der Fall war mit dem *Soma* der Verzückten bei den Hindus und mit dem Haschisch, den ich bei einigen arabischen Stämmen in Anwendung gesehen habe. Es würde ganz bestimmt von großer Bedeutung sein, sollte man versuchen festzustellen, ob die Teilnehmer an den Harn-Orgien vor deren Beginn nicht irgendein bestimmtes Kraut gegessen haben oder ob sie wenigstens eine Überlieferung darüber haben, daß ihre Vorfahren es taten.«

Van Stralenberg [1736] berichtet von den Koräken: »Für die Verrichtung ihrer Notdurft gebrauchen sie einen Kübel, den sie in der Hütte bei sich haben und wenn er voll ist, tragen sie ihn hinaus; und sie verwenden denselben Kübel, um für andere Zwecke reines Wasser darin hereinzutragen.«

Koreaner. In Korea pissen hohe Beamte öffentlich in Bronzeschalen, die ihnen von Dienern in einer Art Netz nachgetragen und auf Verlangen gereicht werden [Rockhill].

Die Koreaner haben in der Heilkunde dieselben Methoden wie die Chinesen. Sie wenden beide Pflaster aus Menschenkot gegen giftige Bisse, Rotlauf, Entzündungen usw. an. Harn eines gesunden Knaben gebrauchen sie als stärkendes Mittel [Allen, 1888].

Krähen-Indianer. »Büffelmist war, wie ich selber gesehen habe, in den Tanzhütten der Krähen-Indianer sorgfältig aufgestapelt; er stand augenscheinlich zu den Zeremonien in irgendeiner Beziehung« [Holder, 1890].

Kreuzfahrer. »Man sollte erwarten, daß man in den religiösen Gebräuchen eines Volkes seine ältesten Sitten und Gewohnheiten wiederfindet« [Higgins, 1810].

Wendet man die obige Bemerkung nun auf den Zuñi-Tanz an, so kann er als die bildliche Darstellung eines halbvergessenen Vorkommnisses der Stammesgeschichte in Form eines Dramas aufgefaßt werden. Um diese Ansicht mit einem Beispiel zu bekräftigen, wollen wir uns an die Tatsache erinnern, daß das Kreuzfahrer-Heer unter Peter dem Einsiedler in Nikomedia in Bithynien von den Muselmanen so eng eingeschlossen worden war, daß sie sich schließlich gezwungen sahen, ihren eigenen Harn zu trinken. Wir lesen ganz kaltblütig über diese Erzählung hinweg. Die Zuñis würden aber eine Erinnerung an dieses Ereignis in einer dramatischen Wiedergabe bewahrt haben, und mit der Zeit wäre diese mit der ganzen Ehrwürdigkeit umkleidet worden, die die Religion verleihen kann.

Die Belege für die vorstehende Angabe über die Kreuzfahrer findet man bei Purchas [1625]. Weder Gibbon noch Michaud bringen diese Tatsache so klar zum Ausdruck, sondern sie sprechen nur von den schrecklichen Leiden, die die zuchtlosen Horden des Walter Senzaveir (Habenichts) und des Peter von Amiens dahinrafften und die Überlebenden zur Menschenfresserei trieben.

Kubaner. »Ich erfuhr vor kurzem aus einer guten Quelle, daß man in Havanna beim Zigarrenmachen den weiblichen Harn als ein gutes Einweichungsmittel gebrauchte« [Jäger, 1888].

Kutenak-Indianer. Die Kutenaks, die die östlichen Ausläufer der Kaskadeberge bewohnen, haben das Besprengen nach dem Begräbnis als Sitte. »Wenn diejenigen, die den Leichnam begraben haben, zurückkommen, nehmen sie ein Dornenbüschel, tauchen es in einen Wasserkessel und besprengen die Türen sämtlicher Hütten« [Boas, 1889].

Kybele-Anbeter. Die Römer hatten ein Fest zu Ehren der Mutter aller Götter, Berecinthia, bei dem die Matronen deren Standbild herabnahmen und es mit ihrem Harn besprengten [Torquemada, 1723].

Berecinthia war einer der der Namen, unter denen Kybele oder Rhea, die älteste Erdgöttin, von den Römern und vielen anderen Völkern des Orients verehrt wurde. Ihre Priester, die Galloi zu Hierapolis in Syrien, entmannten sich selber bei Orgien, deren tobsüchtige Raserei von derselben Art war wie diejenige der *Omophagen* bei den Griechen, von denen wir oben gesprochen haben. Die Entmannung der Priester der Kybele vollzog man mit Scherben von Tongefäßen, die auf der Insel Samos hergestellt waren [L. Evans, 1860 (a)]. Die Kybelepriester haben, wie manche annehmen, ihren Namen von dem Fluße Gallos erhalten, »in dessen Nähe diese Priester die Selbstverstümmelung, von der wir sprechen, vornahmen. Es war die Wirkung des Wassers jenes Flußes, das die Anfälle von Raserei bei ihnen bewirkte, — ›wer davon trinkt, wird rasend‹, sagt Ovid« [Banier, 1711].

Bei der Beschreibung der Gebräuche der Bona Dea sagt Juvenal:

»Nachts stellen sie hier ihre Sänften auf;
Dort harnen sie, besudeln dort das Bild
Der Bona Dea langgezogenen Lauts.
Abwechselnd reiten sie und drehen sich
Im Schein des Mondes, darauf gehen sie
Nach Haus zurück.«

Lappen. Die Frauen der Lappländer tragen ein kleines, aus der Rinde von Birkenbäumen gemachtes Kästchen, »und zwar gewöhnlich unter dem Gürtel«; in diesem Kästchen befindet sich Rentiermist. Es ist aber kein Amulett, sondern sie benutzen es, um die jungen Rentiere abzugewöhnen, indem sie die Euter der Muttertiere mit dem Mist beschmieren [Leem, 1808].

Die Lappen hielten beim Abbrechen ihres Lagers streng darauf, den Kot ihrer Rentiere in allen denjenigen Fällen zu verbrennen, in denen einige von diesen Tieren an einer Krankheit gestorben waren; ebenso wird berichtet, daß die Auswanderer, die aus den Staaten Missouri und Arkansas nach Kalifornien kamen, die sonderbare Gewohnheit hatten, aus irgendeinem unbekannten Beweggrunde ihren eigenen Kot im Lagerfeuer zu verbrennen.

Aus anderen Quellen erfahren wir jedoch, daß die Lappländer dem Kot und Harn die mächtigsten Einflüsse zuschreiben, denn sie glaubten, ihre Rentiere könnten damit behext werden, daß Schiffe beschleunigt oder in ihrem Laufe aufgehalten würden usw., wenn man die genannten Stoffe anwende.

Beckherius [1660] bringt auch die Erzählung von den lappländischen Hexen, die imstande sein sollen, ein Schiff in seinem Laufe aufzuhalten, außer man hatte die inneren Nähte des Fahrzeuges mit Jungfrauenkot bestrichen. Beckherius beruft sich weiterhin auch auf Josephus, der berichte, ein gewisser See in der Nähe von Jericho werfe Asphalt aus, der so fest an den Schiffen anhafte, daß diese Gefahr liefen, zum Wrack zu werden, wenn man nicht den Asphalt durch eine Auflage von Monatsblut und menschlichem Harn ablöse.

Der Teufel haßt nichts so sehr wie menschlichen Kot. (Über diesen Punkt möge man Luthers *Tischreden* nachsehen.) Man kann den Teufel nicht besser unschädlich machen, als wenn man auf seine Werke menschlichen Kot legt oder solchen in den Rauch des Schornsteins hängt. Die Lappländer standen im Rufe, sie seien imstande, ein Schiff im vollen Segeln aufhalten zu können; war aber ein solches Schiff im Innern den Plankennähten entlang mit Jungfrauenkot bestrichen worden, dann blieben die Anstrengungen der Hexen ohne Erfolg [Paullini, 1696].

Zu beachten ist ein anderer Glaube der Lappen. »Es gibt Leute, welche ihre Schiffe in- und auswendig mit Jungfernkot beschmieren und sich also wider die bösen Geister verwahren wollen, die jenen Gestank nicht ertragen können« [Regnard, 1808].

In einem Aufsatz »Christmas under the Polar Star«, abgedruckt im *Washington Evening Star* am 17. Dezember 1888, steht, »im südlichen Lappland besudeln, nach dem im Volke verbreiteten Glauben, die geärgerten Yulemännchen oder christlichen Kobolde den Holzstoß derart, daß man gar nicht an ihn herankommen könne, wenn der Hausvater es unterlassen sollte, einen für die Bedürfnisse des Winters ausreichenden Vorrat an Heizstoffen zusammenzubringen«.

Latukas. Die Latukas am weißen Nil stellen Salz aus Ziegenmistasche her [Baker, 1869].

Litauer. Bei dem *»Sabarios«* genannten litauischen Feste schlachtete und aß man Hühner. »Die Knochen gab man dann den Hunden zum Fressen, und wenn diese sie nicht alle auffraßen, begrub man die Überreste unter dem Mist im Viehstall« [J. G. Frazer, 1890].

Loango-Afrikaner. »Gerät in Loango in Afrika ein Mann in den Verdacht, er habe sich eines Vergehens schuldig gemacht, so schleppt man ihn vor den König und zwingt ihn, eine Abkochung einer Wurzelart, die *Imbando* heißt, zu trinken. Diese Wurzel wirkt dergestalt, daß man nicht pissen kann, wenn man zuviel davon in das Wasser getan hat. Das Gottesurteil besteht nun darin, daß man den Aufguß trinkt und danach als Beweis der Unschuld Harn läßt« [Battell, 1814].

Madegassen. Die Bewohner von Madagaskar haben ein jährliches Fest, das man mit ganz besonderer Feierlichkeit abhält und währenddessen man kein Vieh schlachten darf, »das bedeutet soviel, als daß man auch keins essen kann, da sich in Madagaskar das Fleisch keine 24 Stunden hält«. Dieses Fest wird »Das Bad der Königin« genannt und mit großem Aufwand ins Werk gesetzt. »Wenn das Wasser warm war, ging die Königin hinunter und betrat den mit einem Vorhang abgeschlossenen Raum. Wenige Augenblicke später verkündete Kanonendonner dem Volke, daß die Königin ihr Bad nahm. Nach einigen Augenblicken erschien sie wieder, prächtig mit Edelsteinen geschmückt. In der Hand trug sie ein Horn, das mit Badewasser gefüllt war, mit dem sie die Gesellschaft besprengte« [*Boston Transcript*].

Das Besprengen mit dem Wasser, das man zu dem oben angeführten Zweck gebrauchte, ist vielleicht das Überlebsel einer älteren Sitte, bei der man die Besprengung mit dem Harn [der Königin] ausführte.

Malaien. »Der Anblick des Dorfes an sich ist sehr hübsch, da der Boden von den hauptsächlichsten Häusern oft gefegt wird; aber es herrschen sehr schlechte Gerüche vor, die daraus entstehen, daß sich unter jedem Hause eine stinkende Abortgrube befindet, in die alle unverwendbaren Flüssigkeiten und Abfallstoffe durch den darüber befindlichen Fußboden hinabgegossen werden. In den meisten anderen Dingen sind die Malaien ziemlich reinlich — in einigen sogar peinlich reinlich —, und diese sonderbare und ekelhafte Sitte, die fast allgemein verbreitet ist, liegt darin begründet, wie ich fast als gewiß annehme, daß sie ursprünglich ein wasserliebendes und am Meere wohnendes Volk gewesen sind, das seine Häuser auf Pfählen im Wasser baute und allmählich landeinwärts wanderte, zuerst dem Laufe der Flüsse und Ströme folgend, bis sie schließlich ins wasserlose Binnenland kamen.

Gewohnheiten, die einstmals ganz am Platze und reinlich waren und die so lange bestanden hatten, daß sie einen Teil des häuslichen Lebens des Volkes ausmachten, behielt man natürlich bei, als die ersten Ansiedler ihre Häuser im Binnenlande bauten; und da sie keine regelrechten Entwässerungsanlagen haben, so ist die Anlage ihrer Dörfer derart, daß irgendeine andere Vorkehrung zu großen Unzuträglichkeiten führen würde« [Wallace, 1869].

»Die Malaien bedienen sich des Harns, um ihre berühmten Dolchmesser, die *Kris,* damit anzufeuchten. Sie stecken diese Dolche in die Erde und pissen eine bestimmte Zeit lang darüber, so daß auf diese Weise die umgebende Erde fortwährend mit Harn getränkt ist«, wie Dr. Bernard [1888] mitteilte.

Malemuten. In den von Whymper [1868] beigebrachten Angaben von den Bewohnern des Dorfes Unlacheet am Norton-Sund lesen wir, daß sich »die ›Tänzer‹ der Malemuten des Norton-Sunds in Harn badeten«. An einer anderen Stelle gibt Whymper jedoch an, daß dies aus Mangel an Seife geschah, was man aber aus bestimmten Gründen nicht als richtig ansehen kann. Baden ist eine häufige Zutat, ja ein notwendiger Bestandteil der religiösen heiligen Gebräuche bei allen Indianern Amerikas und ohne Zweifel auch bei den Inuits oder Eskimos; und wenn es von Tänzern geschieht, so ist das ein weiterer Grund, sorgfältig nach religiösen Beziehungen zu forschen, namentlich dann, wenn man diese Tänze an heiligen Orten ausführt, wie es nach Petroffs [1882] Angaben geschieht:

»Sie baden oder waschen ihren Leib niemals, aber bei gewissen Gelegenheiten zünden die Männer in der *Kashima* ein Feuer an, ziehen sich nackt aus, tanzen und springen herum, bis sie vollständig in Schweiß geraten sind. Dann bringen sie Harn auf ihren öligen Leib und reiben sich, bis Schaum erscheint, worauf sie sich in den Fluß stürzen.«

»In jedem Dorfe der Kuskutchewak (in Alaska) gibt es ein öffentliches Gebäude, das man ›*Kashima*‹ heißt, in dem man die Ratsversammlungen abhält und die Feste feiert; es muß groß genug sein, um alle erwachsenen Männer des Dorfes aufnehmen zu können. Es hat erhöhte Plattformen um die Mauern herum und im Mittelpunkt einen Platz für ein Feuer; im Dache befindet sich eine Öffnung, um das Licht hereinzulassen« [Richardson, 1851].

Diese *Kashima* sind dasselbe, wie die *Estufas* der Zuñis, Mokis und Pueblo-Indianer am Rio Grande. Whymper selber beschreibt sie so: »Diese Gebäude kann man als die Stadthäuser der Eingeborenen ansehen; in ihnen hält man Reden, darin finden Feierlichkeiten und Festessen statt.«

Malteser. *Cowe-dung-fewell* (altenglisch = *cow dung fuel*), d.h. Heizstoff aus Kuhmist, erwähnt Master George Sandys im Jahre 1610 auf der Insel Malta [Purchas, 1625].

Mandans. Den Ausdruck »Dreckfresser« gebrauchen die Mandans und andere Stämme am oberen Missouri als ganz gemeines Schimpfwort, wie Washington Matthews, Arzt im Heere der Vereinigten Staaten, berichtet.

Bei der Beschreibung der sechs geheimen Kriegergesellschaften oder Kriegerbanden der Mandans macht Maximilian von Wied [1843] darauf aufmerksam, daß die drei Führer der einen Bande, die man »Hunde« nannte, verpflichtet waren, über jedes Stück Fleisch, das jemand mit den Worten: »Da friß, Hund«, in die Asche oder auf die Erde warf, herzufallen und es roh zu verschlingen wie Hunde oder Raubtiere.

Die Mandans hatten ein Jahresfest, bei dem die Austreibung des Teufels ein eigentümlicher Zug war. »Man jagte ihn zum Dorfe hinaus, wobei ihn die Frauen mit Schmutz bewarfen« [J.G.Frazer, 1890].

Wir erinnern hier an die sorgfältige Art und Weise, wie die Mandans die Schädel ihrer Toten aufbewahrten, wie berichtet von Catlin [1841].

Mandingo. Die Mandingo in Afrika ziehen Geschwüre mit Kuhmist auf [Mungo Park, 1813]. Der Verfasser hat in New Jersey selbst gesehen, wie man Kuhdünger als Pflaster auf Bienenstiche auflegte, wodurch Linderung eintrat.

Manichäer. Flemming [1738] teilt uns mit, wir dürfen die Tatsache nicht mit Stillschweigen übergehen, daß manche Leute menschlichen Samen als Arzneimittel angewandt haben. Sie glaubten, man könne seine magnetische Kraft zu Liebestränken benutzen, und ein Liebender könne damit die Flamme der Zuneigung seiner Geliebten nähren. Aus diesem Grunde stellte man das her, was als »magnetische Mumie« bekannt worden ist; wenn man es einer Frau eingab, so geriet sie in eine unauslöschliche Liebeswut zu dem Manne oder dem Tier, von dem es herstammte — ein Hinweis auf die Tierverehrung. Andere schreiben ihm eine geradezu wunderbare Wirksamkeit bei der Heilung von veralteter Fallsucht zu oder bei der Wiederherstellung der Manneskraft, die durch Beschwörungen oder Hexerei geschwächt war; zu diesem Zwecke gebrauchte man ihn, wenn er noch ganz frisch und noch nicht der Luft ausgesetzt war, in Fleischbrühe, in die man Muskatnußpulver getan. Flemming macht auch Anspielungen auf die abscheuliche Verwendung von Reliquien in gutem und schlechtem Sinne, auf die menschlicher Samen ejakuliert worden war; aber damit war so viel von der gröbsten Gottlosigkeit verbunden, daß er es ablehnt, weitere Einzelheiten beizubringen.

Der im vorstehenden Absatz beschriebene Liebestrank erinnert an einen etwas ähnlichen Brauch bei der Sekte der Manichäer, bei denen man das Abendmahlbrot mit menschlichem Samen mischte oder bespritzte, möglicherweise mit dem Gedanken, daß das Brot des Lebens mit der Leben erzeugenden Ausscheidung gemischt sein sollte. Sanctus Augustinus schreibt zu diesem Punkt: »*Qua occasione vel potius execrabilis superstitionis quadam necessitate coguntur electi eorum velut eucharistiam conspersam cum semine humano sumere*« [Bayle, 1737].

Die Albigenser oder Katharer, die Nachkommen der Manichäer, stehen in dem Rufe, daß sie gleichfalls in diesen scheußlichen Aberglauben verfallen sind oder ihn bewahrt haben. Die Katharer waren eine Art auserwählter Manichäer, die das Abendmahlbrot mit menschlichem Samen anfeuchteten [Thiers, 1741; Picart, 1729].

E. B. Tylor [1871] berichtet, daß »etwa um das Jahr 700 Johann von Osun, der Patriarch von Armenien, eine Streitschrift gegen die Sekte der Paulicianer schrieb«, von denen man annahm, daß sie von den Manichäern abstammten und deren Lehren sie ihrerseits wieder den Albigensern übermittelt hätten. Im Laufe seiner Ausführungen erklärt der Patriarch, daß sie »Weizenmehl mit Kinderblut vermischen und damit ihr heiliges Abendmahl feiern«.

Man muß hierbei berücksichtigen, daß diese Angaben aus gegnerischen Schriften stammen; sie sind auch lediglich aus dem Grunde angeführt, weil man annimmt, daß die Sittenlehre und Gebräuche der Manichäer sowohl mit der Religion der Parsen als auch mit derjenigen der Buddhisten Ähnlichkeit haben, aus denen sie ja bis zu einem gewissen Grade entstanden sein mögen. Daher hat man auch Grund zu der Annahme, daß die gottesdienstlichen Abwaschungen, Besprengungen und andere derartige Gebräuche von der älteren und größeren Sekte im fernen Osten der jüngeren Religion in Europa überliefert worden sind.

Die Sekte der Manichäer badete in Harn [Picart].

Manxmänner. »Die Bewohner der Insel Man stellen heute noch nachts ein Gefäß mit Wasser vor die Haustür, um die Feen, die, wie sie sagen, die ersten Bewohner ihrer Insel waren, in den Stand zu setzen, sich zu waschen und sie dadurch abzuhalten, ihnen Schaden zuzufügen« [Brand, 1872].

Es ist jedenfalls auffällig, daß man hier eine Spur jener Sitte findet, die auch bei den Lappen und den Bewohnern von Sibirien vorkommt, denn diese stellten Schalen mit Harn zu demselben Zwecke hin, weil man Harn gewöhnlich zum Waschen benutzte.

Maoris. Kapitän Cook erzählt uns, daß die Neuseeländer Abtritte für immer drei oder vier ihrer Häuser hatten; bei dieser Gelegenheit gibt er auch an, daß man in Madrid vor dem Jahre 1760 keine Abtritte kannte und daß der Entschluß des Königs, solche und auch Abflußkanäle einzuführen und zugleich zu verbieten, nach Einbruch der Dunkelheit Menschenkot aus den Fenstern auf die Straße zu werfen, wie es bisher Sitte gewesen, fast zu einem Aufstande geführt hätte [vgl. Hawkesworth, 1773].

»In bezug auf Auswurfstoffe waren diese (die Maoris) viel reinlicher als die meisten Wilden. Jedes Haus hatte seinen, wenn es möglich war, versteckt liegenden Abtritt, und an großen Vorsprüngen an der Küste war ein Pfahl über die Klippe ausgestreckt, worauf man sich nach Matrosenart setzen konnte« [Tregear, 1889].

»Ich kenne nur eine abergläubische Anwendung von Exkrementen — nämlich jene, wobei man die Angeln rund um solche herumlegte, bevor man mit den Fischerei-Zaubersprüchen begann.« Dieser Brauch hat große Ähnlichkeit mit gewissen Anwendungen von Kuhmist in Indien.

Marquesas-Insulaner. »In bezug auf die Überreste der Verdauung sind die Marquesas-Insulaner ganz besonders reinlich. Auf den Gesellschafts-Inseln werden Augen und Nase des Wanderers jeden Morgen mitten auf den Pfaden von den natürlichen Ergebnissen einer gesunden Verdauung beleidigt; aber die Eingeborenen der Marquesas-Inseln haben die Gewohnheit, nach Art unserer Katzen, diese Auge und Nase beleidigenden Dinge in der Erde zu vergraben« [Forster, 1778].

Massai. »Bei der Rückkehr von einer versuchten Besteigung des großen afrikanischen Berges, des Kilimandscharo, der nach dem Glauben der benachbarten Stämme im Besitze gefährlicher Geister ist, wurden Herr New [1874] und seine Begleiter, sobald sie die Grenzen des bewohnten Landes wieder erreicht hatten, von den Eingeborenen entzaubert; man besprengte sie nämlich mit ›einer von einem Kundigen hergestellten Flüssigkeit, der, wie man annahm, die Kraft inne wohnt, böse Einflüsse unwirksam zu machen und den Zauber der schlechten Geister zu vernichten‹« [J. G. Frazer, 1890].

Melanesier. »Aber auch ihre eigenen Geister werden weiter nichts als Kot zu essen bekommen, wenn sie während des Lebens die Gebräuche der *Bora*-Weihe nicht in gehöriger Weise ausgeführt haben. Hierzu vergleiche man die Erklärung des indischen *Manes,* daß ein *Kahatya,* der seine Pflicht nicht getan hat, nach seinem Tode von Kot und Tierleichen leben muß. Und im Hades der Melanesier bekommen die Geister der Gottlosen weiter nichts zu essen als ekelhafte Abfälle und Kot« [J. F. Frazer, 1889].

Mennominee-Indianer. Der Abbé Domenech [1860] erwähnt von den Banden in der Nähe des Oberen Sees: »Während sie ihren wilden Reis zur Mahlzeit aufkochen, mischen sie den Kot von Kaninchen darunter — ein Leckerbissen, der bei den Feinschmeckern unter ihnen besonderen Anklang findet.«

Mexikaner. Sahagun [1831] gibt eine sehr eingehende Beschreibung der Vorschrift an, nach der sich die Mexikaner richteten, wollten sie den Kopfgrind entfernen. »Schneide das Haar dicht über der Wurzel ab, wasche den Kopf tüchtig mit Harn, und nachher nimm *Amole* (Seifenkraut) und *Coixochitlblätter* — das *Amole* ist der Wermut dieses Landes (darin hat sich Sahagun jedoch geirrt) — und die Kerne von *Aguacate,* gemahlen und mit Asche vermischt (nämlich Holzasche von der Feuerstelle), und dann reibe schwarzen Schlamm und eine entsprechende Menge Rinde *(Mesquite)* daran.«

Eine ähnliche Art und Weise der Haarbehandlung, aber ohne Harn, kommt bei den Indianern an den Ufern des Rio Colorado und in Sonora in Mexiko vor. Zuerst wendet man eine Auflage von Flußschlamm an (in Arizona nennt man ihn »blauen Schlamm«) und zerstoßene *Mesquite*-Rinde. Nach drei Tagen wird dieses entfernt und das Haar ordentlich mit Wasser ausgewaschen, in das man die seifenartige Wurzel des *Amole* eingelegt hat. Das Haar bekommt dann eine schöne blau-schwarze Farbe und bleibt weich, zart und glänzend.

Bernal Diaz [1844] drückt sich bei der Aufzählung der Dinge, die man auf den *Tianguez* oder den Marktplätzen von Tenochtitlan verkauft, folgendermaßen aus: »Ich muß dabei auch den Menschenkot erwähnen, den man in Kähnen, die auf den Kanälen in der Nähe dieses Platzes lagen, zum Verkauf anbot; er dient zum Ledergerben, denn nach den Versicherungen der Mexikaner ist es ohne ihn unmöglich, ordentlich zu gerben.«

Gómara [1552], der gleichfalls die Dinge zusammengestellt hat, die man auf den mexikanischen Märkten verkaufte, gibt keine unmittelbaren Nachrichten von Menschenkot; er drückt sich vielmehr etwas unbestimmt aus: »Alle diese Dinge, von denen ich hier spreche, verkauft man auf dem Markte der Mexikaner, nebst vielen anderen, die ich nicht kenne, und auch anderen, über die ich schweigen will.«

Mohren. Mungo Park [1813] versichert seinen Lesern, daß man einmal während seiner Reisen im Innern Afrikas bei den Mohren eine Hochzeit gefeiert hat, indes er schlief, und daß sich dabei folgendes zutrug: Er wurde von einer alten Frau, die eine hölzerne Schale trug, dadurch aus seinem Schlummer geweckt, daß sie ihm deren Inhalt mitten ins Gesicht schüttete, wobei sie sagte, es wäre ein Geschenk der Braut.

Als er herausgefunden hatte, es sei dieselbe Art heiligen Wassers, womit der Hottentottenpriester angeblich ein eben verheiratetes Paar besprengt, nahm er zuerst an, es sollte ein schlechter Scherz sein, aber man klärte ihn darüber auf, daß es ein bräutlicher Segen von der Braut selbst sei, den bei solchen Gelegenheiten die jungen, unverheirateten Mohren als ein Zeichen besonderer Gunst immer empfingen.

Moki-Indianer. In der Abhandlung über den Schlangentanz der Mokis von Arizona hatte der Verfasser einiges zu sagen, welches die Sitte der Mokis, der Zuñis und anderer Pueblo-Stämme berührte, den Harn in irdenen Gefäßen zu sammeln. Dies geschah zu dem Zwecke, diese Flüssigkeit aufzuheben, um sie zum Färben der Wolle zu verwenden, aus der sie ihre Decken und andere Kleidungsstücke machten. Es wurde jedoch bemerkt, daß für solche Notfälle, die sich daraus ergeben konnten, daß die gewöhnlichen Behältnisse nicht erreichbar waren, ein besonderer Platz bestimmt war. So gab es in der Stadt Hualpi, auf der östlichen Hochebene in der nordöstlichen Ecke des Territoriums Arizona, einen Winkel, der so andauernd und während so langer Zeit benutzt worden war, daß der Strahl, der von der Wand herunterlief, in dem weichen Sandsteinboden einen Kanal ausgewaschen hatte. Dies würde als Beweis dienen können, daß die Stelle seit einer langen Reihe von Jahren zu diesen Zwekken gedient hatte.

Ehe wir weitergehen, dürfte es angezeigt sein, die Tatsache festzulegen, daß der Harntanz der Zuñis durchaus keine vereinzelte Erscheinung ist, die diesem Indianerdorf eigentümlich gewesen wäre oder vielleicht nur einem Teil dieses Dorfes, sondern er war Stammessitte, von dem ganzen Gemeinwesen anerkannt und für gut gehalten, und kam in dem Ritual aller Dörfer des Südwestens vor.

Über diesen Punkt werden hier einige Sätze aus des Verfassers Tagebuch unterm 24. Nov. 1881 am Platze sein, um das Vorhandensein des Brauches unter den Mokis nachzuweisen. Mein Berichterstatter war ein junger Moki, namens Nana-je, von unbedingter Ehrlichkeit und Wahrhaftigkeit: »In dem Kreise fiel mir Nana-je und der junge Nehue-Cue-Knabe auf, der einige Abende vorher bei uns gewesen war. Während einer Pause in der Unterhaltung frug ich den jungen Nehue, ob er in letzter Zeit wieder Harn getrunken hätte. Diese Frage rief einiges Gelächter bei den Indianern hervor; aber zu meinem Erstaunen sagte Nana-je ganz frei heraus: ›Ich bin auch ein Nehue. Die Nehue der Zuñi sind noch gar nichts gegen denselben Orden bei den Mokis. Bei jenen trinken die Nehue nicht allein Harn, wie Sie neulich abends dort sahen, sondern sie essen auch menschlichen und tierischen Kot. Bei uns ißt man das auch; aber wir essen dazu noch alles, was man uns vorsetzt. Wir haben eine Medizin, die uns gerade wie Branntwein betrunken macht; wir trinken einen tüchtigen Schluck davon, ehe wir anfangen; und das macht uns betrunken. Was dann kommen mag, ist uns ganz gleich; wir mögen dann essen oder trinken, was wir wollen, es kann uns niemals schaden.‹ Man findet die Nehue-Cue in allen Dörfern am Rio Grande oder in seiner Nähe; aber sie zeigen dort ihr Tun nicht öffentlich.«

Beadle [1878] lebte bei den Mokis und aß bei ihnen eine Reihe von Tagen. Seine Bemerkung, die von den Mormonen herstammt, bezieht sich vielleicht auf eine nicht ganz richtig verstandene Zeremonie. »In ihrem Haushalt sind sie nicht so reinlich wie die Navahos, und es sind Andeutungen vorhanden, daß sie manchmal bei diesen Festlichkeiten ihr Mehl mit Harn mischen; aber ich erfuhr nicht eher etwas davon, als bis ich mit Mormonen darüber sprach, die bei ihnen gewesen waren.«

Mombottoes. »Die Schlafkammer des Königs der Mombottoes, Munza, war mit vielen geometrischen Zeichnungen bemalt, die mit dem Weißen des Hundekots *(Album Graecum)* hergestellt waren« [Schweinfurth, 1878].

Man kann ganz ruhig behaupten, daß diese »geometrischen Zeichnungen« »magische Zeichen« waren.

Mongolen. »Wenn berühmte Lamas gestorben und ihre Körper verbrannt worden sind, findet man angeblich kleine weiße Pillen in der Asche, die man den Gläubigen für hohe Summen verkauft, weil sie die konzentrierte Tugend des Mannes enthalten und die Kraft besitzen, jedem eine glückliche Zukunft zu sichern, der eine vor seinem Tode verschluckt. Dies ist allgemein verbreitet. Ich hörte von einem Manne, der die Sache noch dadurch verbesserte, daß er aussprengte, diese kleinen Pillen kämen gewöhnlich an verschiedenen Stellen des Körpers aus der Haut heraus. Diese Pillen, die man ›*Scharil*‹ nennt, fanden raschen Absatz, und der Mann heimste selber die Belohnung für seine Tugend ein und sorgte dafür, daß nicht der ganze Verdienst an seinen Erben kam« [Gilmour, 1883].

Dieser Schriftsteller gibt also an, daß die Pillen weiß sind; ein anderer beschreibt sie als schwarz, während diejenigen, die der Verfasser von Herrn W. W. Rockhill geschickt bekam, rot waren.

»Die Ablagerungen von Kuhmist auf dem Grunde der Zelte« bei den Mongolen erwähnt James Gilmour.

»*Argol,* der Kuchen aus dem getrockneten Kamelmist, ist in der Mongolei das allgemein verbreitete Brennmaterial.«

»Das ganze Brennmaterial« der Mongolen besteht lediglich »aus Kuhmist und Pferdemist, den man an der Sonne trocknet« [Du Halde, 1736].

Mosagueys. Und ein anderer wiederum berichtet, daß die Mosagueys »sich aus Milch und frischem Kuhkot eine Suppe zurechtmachten; sie rühren die Bestandteile durcheinander, machen sie am Feuer heiß und trinken sie; sie behaupten davon, daß es sie stark mache« [Purchas, 1625].

Moslime. Vambéry [1868] berichtet über die Gebräuche der Moslime: »Nach Mohammeds Gesetz wird der Menschenleib nach jeder Ausleerung unrein, nach der Verrichtung eines größeren oder kleineren Bedürfnisses ist je nach den Umständen eine Abwaschung erforderlich. Wenn ein Harntropfen an die Kleider kommt, muß man sie schon waschen.« Aus Furcht, daß ihre Gewänder in dieser Weise beschmutzt worden sein könnten, »verrichten die Bewohner von Buchara häufig ihre Gebete vollkommen nackt«. Die Art und Weise, wie der Leib nach einer Ausleerung in irgendwelcher Form gereinigt werden muß, schreibt das religiöse Ritual genau vor. »Das Gesetz ordnet an *Istindjah* — Entfernung —, *Istinkah* — Abwaschung —, *Istibra* — Trocknen —, d.h. zuerst gebraucht man einen kleinen Erdklumpen zur örtlichen Reinigung, dann Wasser, zum mindesten zweimal, und schließlich ein Stück Leinwand, das eine Elle lang ist.

In der Türkei, Arabien und Persien sind alle drei unbedingt erforderlich, und fromme Männer tragen zu diesem Zweck einige Erdklümpchen in ihrem Turban mit sich herum. Diese Reinigungshandlungen führt man auch in den Bazaren vollständig in aller Öffentlichkeit aus, und zwar mit dem Wunsche, das strenge Festhalten an dem frommen Brauche der Welt vor Augen zu führen.« Vambéry sah, wie »ein Lehrer seinen Zöglingen, sowohl Knaben als auch Mädchen, Unterricht im Gebrauche des Erdklumpens usw. durch praktische Vorführungen gab«.

Nach den Anführungen Tourneforts [1751] lassen die Moslime ihr Wasser, indem sie sich auf die Fersen niederhocken, denn »ein Harnspritzerchen würde die Haare und die Kleider rituell unrein machen. Nach dem Wasserlassen wischt der Moslim die Zumptmündung mit einem bis drei Stückchen Stein, Lehm oder einer Handvoll Erde ab, und bevor er sein Gebet verrichten kann, muß er *Wuzu* machen.«

Er erzählt außerdem eine ergötzliche Geschichte von gewissen Christen zu Konstantinopel, die an einer Mauer, an der sich die Moslime die Zumptmündung, um sie abzuwischen, zu reiben pflegten, die Steine mit indischem Pfeffer bestreuten. Burton [1886] sagt, das gewissenhafte Moslime vor ihren Füßen den Boden mit einem Stocke aufkratzen, um das Umherspritzen des Harns und das hieraus entstehende Unreinsein zu verhindern.

Von den Moslimen berichtet Tournefort: »Wenn sie das Wasser lassen, hocken sie sich nieder wie Weiber, aus Furcht, einige Tropfen Harn könnten in ihre Hosen fallen. Um dieses Unglück zu verhüten, pressen sie ihr Geschlechtsteil sehr sorgfältig aus und reiben seine Spitze gegen die Wände, und man kann an einigen Plätzen die Beobachtung machen, daß die Steine durch diese Gewohnheit abgenutzt sind. Um sich einen Spaß zu machen, schmieren die Christen manchmal indischen Pfeffer und die Wurzel, die ›*Calf's-Foot*‹ (Ingwer) genannt wird, oder irgendeine andere beißende Pflanze an diese Steine, wodurch häufig Entzündungen bei denjenigen hervorgerufen werden, die einen solchen Stein benutzen. Da der Schmerz sehr heftig ist, so laufen die armen Türken wegen der Heilung gewöhnlich gerade zu denselben christlichen Wundärzten, die die Urheber dieser unglücklichen Zufälle sind. Diese unterlassen es denn auch niemals, jenen zu sagen, daß es sich um eine sehr schlimme Sache handelt und daß sie vielleicht gezwungen sein würden, eine Amputation vorzunehmen. Die Türken erheben dagegen Einspruch und beteuern, daß sie niemals mit einer Sorte von Weibern, die verdächtig sein könnten, Umgang gehabt hätten. Schließlich wickeln sie dann den leidenden Teil in einen mit einer Mischung von Weinessig und Wasser getränkten und mit einem bißchen armenischer Siegelerde gefärbten Leinenlappen; und das verkaufen sie ihnen dann als ein großartiges Sonderheilmittel für diese Art von Krankheit.«

»Einige von ihren Gelehrten glauben, die Beschneidung sei nicht von den Juden übernommen, sondern lediglich wegen der besseren Beobachtung der Reinheitsvorschriften eingeführt, denn es ist ihnen verboten, Harn auf ihr Fleisch fallen zu lassen. Und es ist sicher, daß einige Tropfen Harn jedesmal leicht an der Vorhaut hängen bleiben können, namentlich bei den Arabern, bei denen diese Haut von Natur aus viel länger als bei den anderen Menschen ist.«

Die Moslime »haben zwei Arten der Abwaschung, die große und die kleine. Die erste geschieht am ganzen Leib; man legt sie aber nur denjenigen auf, die einige Tropfen Harn auf ihr Fleisch haben fallen lassen, als sie ihr Wasser ließen.« Und das rechnet man unter »die drei großen Verunreinigungen der Muselmanen«.

Nach den Angaben Niebuhrs [1772] gilt es als die größte Beleidigung, die man in Arabien einem Menschen, namentlich einem Mohammedaner, antun kann, wenn man ihm auf den Bart spuckt oder zu ihm sagt: »Dreck auf deinen Bart.«

»Liebeszaubermittel fertigte man aus Bestandteilen an, die zu nennen zu ekelhaft ist, und die Moslime geben sie Frauen ein, wenn sie diese dazu bringen wollen, sie zu lieben« [H.C., 1867].

Mota-Insulaner. Die Bewohner der Insel Mota oder der Banksinsel »haben eine ganz besondere Art von Totem, das sie ›*tamaniu*‹ nennen. Es ist irgendein Gegenstand, gewöhnlich ein Tier, etwa eine Eidechse oder eine Schlange, aber manchmal auch ein Stein, von dem der Einzelne glaubt, sein Leben hänge davon ab; wenn das Totem stirbt oder verlorengeht oder zerbricht, dann stirbt auch er. Der Zufall entscheidet über die Wahl eines solchen *tamaniu;* man kann es aber auch finden, wenn man eine Abkochung von gewissen Kräutern trinkt und die Abfälle vom Essen auf einen Haufen zusammenbringt. Das erste lebende Wesen, das man dann in diesem Haufen oder darauf sieht, das ist das *tamaniu.* Es wird bewacht, aber nicht gefüttert oder verehrt« [J.G. Frazer, 1887].

Man ziehe einen Vergleich zwischen dem Vorstehenden und dem anderswo ausgeübten Brauch, dadurch zu bestimmen, ob eine Frau schwanger ist oder nicht, daß man ein wenig von ihrem Harn auf Kleie gießt, es gären läßt und dann beobachtet, ob tierisches Leben entsteht.

Mysier. Stiermist hielt Galen für wertvoll bei Bienen- und Wespenstichen, womit man die Beobachtungen über den gleichen Gegenstand im Staate New Jersey vergleiche. In Mysien, einer Landschaft in der Nähe des Hellesponts, verordneten ihn Ärzte zum Aufschmieren auf die Haut der Wassersüchtigen in der Sonne. Diese Behandlung sollte auch schwindsüchtigen Kranken helfen, wenn der Mist von einer mit Gras gefütterten Herde stammte; aber er wiederholt auch hier wieder, daß solche Mittel besser für Bauern geeignet seien als für die Bewohner der Städte.

Narinyeri. Die Stämme der Narinyeri an der Encounter Bay in Süd-Australien haben eine Legende, die Verschiedenheit in der Sprache sei dadurch verursacht, daß einmal ihre Vorfahren, »den Inhalt der Eingeweide der

Göttin Wurruri aßen« [Woods, 1879]. In diesem Abschnitt berichtet man uns, daß mehrere Zeremonien fortgelassen sind, weil sie für die meisten Leser zu unzüchtig seien.

Es gab noch einen anderen Gott, mit Namen Nurunduri, von dem man erzählt, daß er einst an einer bestimmten Stelle Wasser ließ »und wegen dieses Umstandes heißt der Platz *›kainjamin‹*, d.h. ›pissen‹«.

»Die Leute an der Encounter Bay haben noch eine andere Sage, die Dean Swift [1726] den Yahoos hätte zuschreiben können, denn sie spricht den Menschen einen sehr ekelhaften Ursprung zu« [Lang, 1887].

Die Australier haben eine Sage von der Erschaffung des Menschen: »Als sich Mingarope bei einer natürlichen Gelegenheit zurückgezogen hatte, war sie hoch erfreut über die rote Farbe ihres Kotes und sie begann, ihn sofort in die Gestalt eines Menschen zu bilden. Als sie diese kitzelte, gab sie Lebenszeichen von sich und fing an zu lachen« [Woods].

Die Schöpfungssage der Australier berichtet, »Gott Bund-jil habe das Weltmeer dadurch erschaffen, daß er mehrere Tage lang auf den Erdkreis pißte. *Bullarto Bulgo* bedeutet die große Menge dieser Flüssigkeit« [Smyth, 1878]. Die Eingeborenen sagen, daß der Gott, weil er böse war, *Bullarto Bulgo* auf die Erde ließ, d.h. einen großen Strahl Harnes.

Navahos. Die Hexen und Hexenmeister des Apachenstammes stellen gleichfalls ein Backwerk oder einen Liebestrank her, unter dessen Bestandteilen sich gewöhnlich menschlicher Kot befindet, wie der Verfasser vor einigen Jahren von einem Mitglied der Zunft erfuhr. Die Navahos, die gleicher Herkunft wie die Apachen sind und dieselbe Sprache sprechen, nehmen dazu den Mist von Kühen.

Die Verwendung von Schafsmist bei der Behandlung der Masern muß sehr alt und sehr weit verbreitet gewesen sein. Der Arzt Washington Matthews bemerkte seine Anwendung bei den Navahos, die sie ihrerseits durch die Spanier kennenlernten.

Bei den Navahos in Arizona besteht bei den Frauen die Sitte, einen Schafshautstreifen zu tragen, den man

»chogan« heißt; ist die Zeit, während welcher die Frau ihn tragen muß, vorüber, so geht die Frau zum Dorfe hinaus und verbirgt den Streifen in der Astgabel einer Zeder oder eines Wacholderbaumes; die kommen in den dortigen Bergen sehr häufig vor. Der Verfasser fand einmal einen solchen Streifen; aber die Leute, die bei ihm waren, standen vollständig unter dem Eindruck, daß nichts Gutes aus der Nähe dieses Dinges entstehen würde. Ein anderes Mal erfuhr er, daß einen kleinen Knaben ein solcher *chogan,* den ein Sturm von seinem Platze herabgeweht hatte, getroffen. Der Knabe wurde fast wahnsinnig vor Angst und brachte drei oder vier Tage damit zu, Lieder zu singen und sich in einem Schwitzbadhause zu waschen.

Die Ostjaken in Sibirien scheinen davon dieselben Anschauungen zu haben wie die Apachen und die Navahos [Pallas, 1771].

Nicaraguaner. Gómara [1552] sagt über die Indianer von Nicaragua: *»Mean todos do les toma la gana, — ellos en cuclillas y ellas en pie.«* (»Sie pissen, wie es gerade der Zufall fügt, die Männer im Hocken, die Frauen im Stehen.«)

Nilgherri-Inder. In den gottesdienstlichen Texten der Stämme an den Nilgherri-Hügeln kommt die Stelle vor:

»Mada hat in das Feuer gepißt.«
»Mada hat im Angesicht der Sonne gekackt«
[Réclus, 1885].

In dem Ritual der Stämme an den Nilgherri-Bergen (in Ostindien) findet sich folgende Stelle:

»Mada hat in die Quellen gespuckt.«

Nootka-Indianer. Während man den Medizinmännern der Nootkas nachsagt, daß sie eine Orgie haben, bei der sie »lebendige Hunde und menschliche Leichen ergreifen und mit den Zähnen zerreißen, so scheinen sie doch, wenigstens in späteren Zeiten, die lebendigen Menschen nicht mehr anzugreifen, und ihre Schaustellungen sind lange nicht so schrecklich und blutig wie die wilden Orgien der nördlichen Stämme« [Bancroft, 1886].

Nuba. Bei Bruce [1790] findet sich keine Anspielung auf die schmutzigen Gewohnheiten, die von Schweinfurth [1878], Sir Samuel Baker [1869] und anderen eingehend geschildert werden; er sagt aber, daß die Nuba in den Dörfern, die *Daher* heißen, an den Quellen des weißen Nils in Abessinien »niemals ihre Nahrung roh verzehren, wie die Abessinier; sondern sie stellen aus den Stengeln der *Durra* oder der Hirse und dem Miste der Kamele in der Erde Öfen her, in denen sie ihre Schweine ganz rösten, in ziemlich reinlicher und gar nicht unangenehmer Weise«.

Nukahiva-Insulaner. Auf der Insel Nukahiva war die Hexe nicht damit zufrieden, daß sie den Kot ihres Opfers an sich brachte, sondern man mußte ihn außerdem in einen Sack tun. »Wer sich durch Zauberei an einem Feinde rächen will, sucht sich dessen Speichel oder Harn oder Kot zu verschaffen. Diese Stoffe mischt er mit einem Pulver und legt sie in ein Säckchen, das in einer ganz besonderen Art gewebt ist; dieses Säckchen vergräbt man dann« [Krusenstern, 1810].

Obbo-Afrikaner. »Die Obboneger gleichen den Barinegern in bezug auf einige ihrer Sitten. Ich habe große Schwierigkeit gehabt, meinem Kuhwärter seine ekelhafte Angewohnheit zu vertreiben, den Milcheimer mit Kuhpisse zu waschen und sogar etwas davon unter die Milch zu mischen. Er erklärt mir nämlich, wenn er vor dem Melken seine Hände nicht mit solchem Wasser wasche, werde die Kuh ihre Milch verlieren. Diese schmutzige Sitte ist unerklärbar« [Baker, 1869].

»Die Obboneger waschen den Mund mit dem eigenen Harn aus. Diese Gewohnheit mag aus dem vollkommenen Fehlen des Salzes in ihrem Lande entstanden sein.«

Österreicher. Schurig [1725] erklärt den Ziegenmist für ein hautrötendes, d.h. blutziehendes Mittel; man gebrauchte ihn daher zur Milderung rheumatischer Schmerzen, bei Kopfweh, bei Schwindelanfällen, bei Seitenstechen, bei Schmerzen in den Schultern, im Gehirn und in den Lenden, bei Koliken, bei Schlaganfällen, bei Schlafsucht; man glaubte auch, daß Ziegenmist imstande sei, skrofulöse und alle anderen Geschwülste aufzulösen; er galt auch als wirksam bei der Behandlung der Gicht. Bei innerlichem Gebrauch trieb er bei Wassersüchtigen das Wasser durch den Harn ab und löste auch Steine auf. Als Pflaster gebrauchte man ihn bei der Behandlung der Bisse toller Hunde; ebenso bei Kopfgrind. Innerlich verordneten ihn die österreichischen Hebammen bei der Behandlung der Hysterie, während man ihn in ganz Deutschland beim Ausbleiben des Monatsflusses gebrauchte.

Löwenkot zeigte seine besondere Kraft bei schweren Entbindungen, und er war das Allheilmittel bei fallender Sucht und Schlaganfällen. Einer der Erzherzöge von Österreich wurde durch seinen Gebrauch von der fallenden Sucht geheilt. Man bevorzugte den Kot von Löwinnen, ausgenommen wenn sie eben erst Junge zur Welt gebracht hatten. Ein sehr hoch angesehenes Heilmittel für die fallende Sucht setzte sich zusammen aus gebranntem Krähennest, gebrannter Schildkröte, gebranntem Menschenschädel, Lindenbaumrinde und Löwenkot; aus alledem stellte man einen Aufguß her, den man möglichst lange mit Weingeist ausziehen ließ.

Der Streit zwischen Richard Löwenherz und dem Herzog von Österreich, der später zu der Einkerkerung des englischen Königs in einem Burgverließ führte, verdankt seine Entstehung der schweren Beleidigung, daß man die österreichische Fahne in einen Abort warf. Matthäus von Paris sagt ausdrücklich, Richard selber habe es getan. »Nun wurde er, da er der Sache der Normannen sehr zugetan war, zornig über den Zug des Herzogs und gab den starrköpfigen, unziemlichen Befehl, das Banner des Herzogs in eine Abtrittgrube zu werfen« [Archer, 1889].

Der Umstand, daß irrsinnige Menschen Kot essen, hat die Aufmerksamkeit der medizinischen Sachverständigen erregt. H. B. Obersteiner berichtet in einer Mitteilung an das *Psychiatrische Centralblatt* [1873], Dr. A. Erlenmeyer jr. habe durch einen Vortrag des Professors Lang im Jahre 1872 veranlaßt, eine tabellarische Übersicht zusammengestellt, die als Ergebnis seiner Beobachtungen

Angaben über das Vorkommen der Koprophagie bei irrsinnigen Personen enthält. Er fand, daß ein Prozent von Leuten, die an Geisteskrankheiten litten, sich diesem ungewöhnlichen Gelüste hingaben; die Mehrheit von ihnen bildeten Männer. Eine besondere Beziehung zwischen Kotessen und Onanie ließ sich nicht feststellen; es wurden auch keine nachteiligen Wirkungen auf die Verdauungsorgane ermittelt.

»Bei krankhaften Veränderungen des Charakters, wie sie durch Gehirnkrankheiten erzeugt werden, gibt es gewisse Stufen bei einigen Formen von Geisteskrankheiten, bei denen einige von den Handlungen, die Sie erwähnen, nicht ungewöhnlich sind« [Billings, 1888].

Ojibwah-Indianer. Major Ferry, den der Verfasser im Büro des damaligen Kriegssekretärs, des Generals Robert McFreely, am 5. Oktober 1888 antraf, erzählte, er sei der Sohn eines protestantischen Missionars, der zuerst eine Kirche in Mackinaw gebaut habe, und die Indianer des Ojibwah-Stammes, die in der Nachbarschaft dieses Platzes lebten, feierten von Zeit zu Zeit Orgien, bei denen auch das Harntrinken eine Rolle spielte.

Orinoco-Indianer. Pater Gumilla [1741] berichtet, daß die Indianer am Orinoco denselben Brauch haben wie die Juden und Türken; sie graben mit einer Hacke ein Loch in die Erde und decken ihre Ausleerungen zu. Den Indianern der Ebenen von Nord-Amerika oder den herumziehenden Stämmen im Südwesten kann man keine solche Reinlichkeit nachsagen.

Orkney-Insulaner. »Die Bewohner der Orkney-Inseln pflegen einen Kranken zu waschen und dann das Wasser durch einen Torweg hinauszuschütten, im Glauben, daß die Krankheit dann den Kranken verläßt und auf die erste Person übertragen wird, die unter dem Tor hindurchgeht« [J.G. Frazer, 1890].

Ounalashka-Eskimos. Die Bewohner von Ounalashka »wuschen sich zuerst mit ihrem eigenen Harn und danach mit Wasser« [Coxe, 1803].

In Ounalashka sind die Häuser durch Querwände abgeteilt. »Jeder Teil hat einen besonderen hölzernen Behälter für den Harn, den sie zum Färben des Grases und zum Waschen der Hände gebrauchen; sie spülen aber die Hände im Wasser ab, nachdem sie sie in dieser Weise gereinigt haben« [Sarytchew, 1805].

Nach Langsdorff [1812] verwenden die Bewohner von Ounalashka den Harn beim Färben. Er berichtete, daß Harn überdies bei ihren häuslichen Verrichtungen Verwendung finde. Er erzählt uns auch, man führe das Tätowieren »mit einer Art Kohlenstaub aus, den man mit Harn vermischte und in die Stiche einrieb«, die man in die Haut gemacht hatte. Daß die Tätowierung, mit der die Wilden ihren Leib verzieren, eine Bedeutung hat, die über einen einfachen persönlichen Schmuck hinausgeht, kann man nicht bestreiten, obwohl sich die Stufe der Entartung aus einem primitiven religiösen Sinnbildertum heute nicht mehr bestimmt nachweisen läßt. Selbst wenn man das Tätowieren lediglich von dem Gesichtspunkte aus betrachtet, es sollte ein Mittel zur Unterscheidung der Stämme bilden, so haben wir doch Andeutungen, die auf einen veralteten heiligen Brauch hinzielen; denn die Trennung in Kasten und Geschlechter beschreiben die Primitiven immer in einer Weise, daß man erkennen kann, sie sei auf Geheiß einer ihrer unzähligen Gottheiten erfolgt, die einem jeden Stamm sein besonderes »Totemzeichen« zuwies.

Ove-Herrero-Afrikaner. »Die Medizinmänner der Ove-Herrero, die im Süden von Angola an der Westküste von Afrika wohnen, bepissen den Kranken, um ihn damit zu heilen« [Muhongo].

Die Ove-Herreros reiben ihren Körper mit trockenem Kuhmist ab, um ihn glänzend zu machen.

Panamesen. Auf der Landenge von Darien war der Glaube bei den Eingeborenen herrschend, das beste Mittel gegen vergiftete Pfeile bestehe darin, daß der verwundete Mann Pillen aus seinem eigenen Kot verschluckt [Herrera, 1729].

Im spanischen Text steht: Man pflegte zu sagen, die Gegenmittel gegen dieses Gift seien Feuer — also Ausbrennen —, Seewasser, Fasten und Enthaltsamkeit. Ein anderes Mittel, von dem sie sprachen, war der Kot des Verwundeten, in Pillenform oder in anderer Form genommen.

Pandaronen. Die Mönche des Gottes Chivem, die man Pandaronen nennt, beschmieren sich die Gesichter, die Brust und die Arme mit der Asche von Kuhkot; sie laufen so auf den Straßen herum und betteln um Almosen, beinahe in derselben Weise, wie die Mitwirkenden bei den Zuñis eine Mahlzeit verlangten, und singen dabei das Lob des Chivem, wobei sie ein Bündel Pfauenfedern in der Hand tragen und den Lingam um den Hals gehängt haben [Dulaure, 1825].

Parsen. Eine Verwendung des Kotes von geistlichen Würdenträgern wird auch in der orientalischen Literatur erwähnt. In den Märchen aus *Tausendundeiner Nacht* sagt König Afrida zu den Emiren unter anderem: »›Und ich habe die Absicht, Euch alle heute abend mit dem heiligen Weihrauch zu weihen.‹ Als die Emire diese Worte hörten, küßten sie vor ihm den Boden. Nun war aber der Weihrauch, von dem er sprach, der Kot des Obersten Patriarchen, des Leugners, des Entweihers der Wahrheit, und sie suchten ihn mit solchem Eifer und sie schätzten ihn so hoch, daß der Oberpriester der Griechen ihn in Seide eingewickelt in alle Länder der Christen verschickte, nachdem er ihn mit Moschus und Ambra gemischt hatte; und Könige, die davon hörten, gaben gern tausend Goldstücke für jede Drachme; sie schickten danach, denn sie wollten ihn haben, um die jungen Frauen damit wohlriechend zu machen; und die Oberpriester und die Großkönige pflegten ein wenig davon als Augensalbe zu gebrauchen und als Heilmittel bei Krankheit und Kolik; und die Patriarchen pflegten damit ihren eigenen Kot zu vermischen, denn der Kot des Oberpriesters hätte für zehn Länder nicht ausgereicht.« In Burtons Sachregister [1886] wird dies als *»Holy Merde«* (der »heilige

Kot«) bezeichnet. Burton sagt ferner: »Der Begriff des heiligen Kotes kann vielleicht von den Hindus übernommen sein; man lese bei Mandeville nach, wie der Archiprotopapaton (eine Art Prälat) Ochsenkot und Kuhharn zu dem Könige bringt, der damit sein Gesicht und seine Brust bestreicht usw. Und man sollte es nicht glauben, wenn man hört, daß dieser Gebrauch heute noch bei den Parsen besteht, die doch zu den fortgeschrittensten und scharfsinnigsten Völkerschaften Asiens gehören.«

Sehr bezeichnend für die Hartnäckigkeit, mit welcher eine Sekte an solchen häßlichen Gebräuchen, die sie einmal angenommen hat, auch festhält und sie in ihrem Leben eine Rolle spielen läßt, lange nachdem die Beweggründe, die ihre Einführung veranlaßt oder empfohlen haben, aus dem Gedächtnis entschwanden, sind einige Zeilen aus Max Müllers *Chips from a German Workshop* [1867], »Essay upon the Parsees«, die ich hier anführen will: »Unter *Nirang* versteht man den Harn einer Kuh, eines Ochsen oder einer Ziege, und wenn der Parse morgens früh das Bett verlassen hat, so ist das nächste, was er tut, daß er sich das Gesicht und die Hände mit *Nirang* abreibt. Solange diese Anwendung des *Nirang* auf Gesicht und Hände nicht stattgefunden hat oder solange er ihm nach der Anwendung auf den Händen bleibt, wird der Parse nichts unmittelbar mit den Händen berühren, so daß er gezwungen ist, um den *Nirang* abzuwaschen, jemand anders zu bitten, ihm Wasser über die Hände zu gießen oder sich damit zu helfen, daß er das Wassergefäß mit einem Stück Tuch anfaßt, sei es nun ein Handtuch oder seine *Sudra,* d.h. seine Bluse. Er gießt dann zuerst Wasser auf die eine Hand, nimmt dann das Gefäß in diese Hand und wäscht dann die andere Hand, das Gesicht und die Füße« [Müller zitiert Dadabhai-Nadrosi, 1864].

Max Müller sagt dann weiterhin: »So sonderbar sich diese Art Reinigung ausnehmen mag, so wird sie vollkommen ekelhaft, wenn wir erfahren, daß sich Frauen nach der Entbindung nicht allein dieser heiligen Abwaschung unterziehen, sondern wirklich noch dazu ein wenig von dem *Nirang* trinken müssen. Derselbe Brauch wird auch den Kindern auferlegt, wenn man sie mit *Sudra* und

Koschti, den Abzeichen der zarathustrischen Lehre, bekleidet.«

Monier Williams [1878] wiederholt ungefähr das, was Müller über die Parsen berichtet. Ein junger Parse muß sich einer Art von Einweihung unterziehen, bei der »man ihn veranlaßt, eine kleine Menge von dem Harn eines Stieres zu trinken«.

Ein Parse verunreinigt sich, wenn er einen Leichnam anrührt. »Und wenn er damit in Berührung kommt und stößt ihn nicht fort, so muß er sich mit Stierharn und Wasser waschen« [Müller, 1880].

Den Anhängern des Zarathustra war es zur Pflicht gemacht, einen Leichnam aus dem Wasser herauszuziehen. »Es wird ihm aber nicht als Sünde angerechnet, wenn ein Knochen, Haar, Gras, Fleisch, Kot oder Blut in das Wasser zurückfällt« [Darmesteter, 1880].

»Und es stirbt ein Mann in den Tiefen des Tales; ein Vogel nimmt seinen Flug von dem Gipfel des Berges hinunter in die Tiefen des Tales, und er frißt den Leichnam des toten Mannes dort auf; dann fliegt er aus den Tiefen des Tales zu dem Gipfel des Berges; er fliegt zu einem der dort stehenden Bäume — zu einem mit hartem Holze oder zu einem mit weichem Holze —, und auf diesem Baume speit er aus, legt er Kot ab, läßt er Stücke des Leichnams fallen. Wenn ein Mann ein Stück von diesem Holze für ein Feuer abhackt, so wird er deswegen nicht als verunreinigt angesehen, weil Ahura-Mazda antwortete: ›Es liegt keine Sünde auf einem Menschen wegen irgendeines toten Dinges, das Hunde, Vögel, Wölfe, Winde oder Fliegen herbeigebracht haben.‹«

War ein Hund auf einem Stück Ackerland verendet, so mußte das Ackerland ein Jahr lang brachliegen; am Ende dieser Zeit »sollen sie auf dem Ackerland nachsehen nach Knochen, Haaren, Fleisch, Kot oder Blut, die darauf liegen könnten«.

»Die Oberfläche des Grabes sollen sie mit Asche oder Kuhmist bedecken.«

»Laßt die Verehrer des Mazda hierher den Harn bringen, mit dem die Leichenträger ihr Haar und ihren Leib waschen sollen.« Bei der *Bareshnun*-Zeremonie muß sich bei den Parsen »der Priester gewissen Waschungen unterziehen, bei denen er Kuhpisse an seinen Leib bringt und ferner Sand und Lehm; das scheinen die gebräuchlichsten und billigsten Beseitigungsmittel für Ansteckungsstoffe gewesen zu sein, die den alten Iranern bekannt waren« [Dosabhai, 1884].

Zu den Bestandteilen des heiligen Trankes der Parsen, des *Hum,* gehört auch »die Pisse einer jungen, reinen Kuh« [Müller, 1888]. Diesen heiligen Trank gebraucht man auch als »Opfergabe bei Beschwörungen«.

Bei den Parsen findet man eine merkwürdige Anschauung, die auf die bei den Juden vorhandene Abneigung gegen den Kult des Bel-Phegor hinweist: »Die Regel ist, wenn jemand ein Gebet innerlich zurückhält und es kommt ein Wind von unten, so ist das dasselbe, als wenn ein Wind aus dem Munde kommt« [Müller, 1880]. Eine Anmerkung gibt hierzu die Erklärung: In beiden Fällen ist der Zauber des *Vag* oder des Gebetes gebrochen.

Patagonier. Möglicherweise kann der folgende Bericht über die Art und Weise, wie die Patagonier den Walfischspeck essen, die Bedeutung haben, daß man Harn darüber goß: »Er setzte dasselbe Stück nochmals auf das Feuer und saugte wieder daran, nachdem er noch etwas hinzugetan hatte, das mir zu ekelhaft ist, um es zu erwähnen« [Darwin, 1839].

»Einer von ihnen hustete ein Stück Walfischspeck, das er gerade gegessen hatte, sofort wieder heraus und gab es an einen anderen weiter, der es seinerseits mit vielen Umständen und mit einem sonderbaren Geräusch im Halse verschluckte.«

Die Patagonier sind der Ansicht, daß ihre Hexen jedem ein Leid antun können, von dem sie irgend etwas vom Leib oder Kot in die Hände bekommen, — »wenn sie irgend etwas von demjenigen, den sie sich als Opfer ausersehen haben, erlangen können oder irgend etwas, das von dem Leib herrührt, wie Haare, Stückchen von den Nägeln usw., und dieser Glaube ist um so auffälliger, weil er ganz genau mit dem in Polynesien so allgemein verbreiteten übereinstimmt«.

Pawnee-Indianer. Ein Bericht über eine der älteren amerikanischen Forschungsreisen in das Gebiet jenseits des Missouri erzählt, die freistaatlichen Pawnee-Indianer in Nebraska hätten einmal in der Zeit zwisohen 1780 und 1790 die Gesetze der Gastfreundschaft dadurch verletzt, daß sie einen Friedenspfeifeträger aus dem Stamme der Omahas, der in ihr Dorf gekommen war, ergriffen und neben anderen Schändlichkeiten zwangen, »Harn mit Bisonochsengalle zu trinken« [Long, 1823].

Pelauer. Bastian [1888] führt an, daß man bei den Eingeborenen dieser Inseln bei Todesfällen die Scheide, die Harnröhre, den After, die Nasenlöcher und alle anderen Körperöffnungen der Leiche dicht mit den Fasern einer gewissen Wurzel oder mit Schwamm zustopft, um zu verhindern, daß irgendeine Flüssigkeit der Leiche aus dem Körper herauskomme, weil man anzunehmen schien, daß diese Flüssigkeit dem Geiste des Verstorbenen irgendwie von Nutzen wäre.

Pericui-Indianer. »Um ihre Kinder gegen Witterungseinflüsse zu schützen, bedecken Mütter der Pericuis (Pirigua) des unteren Kalifornien deren ganzen Körper mit einem Anstrich aus Kohle und Harn« [Bancroft, 1886].

Clavigero [1780] bringt nicht allein alle Angaben, die wir bei Bancroft finden, sondern er fügt noch hinzu, daß die kalifornischen Weiber ihr eigenes Gesicht mit Harn wuschen.

Perser. Die Perser »dürfen vor einer überhängenden Mauer oder in einem Zimmer, in dem sich ein Nachttopf befindet, keine Gebete verrichten« [Benjamin, 1887].

Die beste Sorte Melonen, die sogenannte Zuckermelone, »düngt man mit der größten Sorgfalt mit Taubenmist, den man für diesen Zweck aufbewahrt«.

Fosbroke [1843] führt Tavernier für die Angabe an, daß der Beherrscher von Persien aus dem Mist ein größeres Einkommen bezieht als aus den Tauben, die ihm in Isfahan gehören. Von den Persern berichtet man, daß sie während der Sommermonate von Melonen leben und »Taubenmist bei ihrer Zucht benutzen«.

Peruaner. Wenn in Peru »Säuglinge erkrankten und dann namentlich, wenn das Leiden fieberhafter Natur war, wusch man sie morgens mit Harn, und wenn man etwas von dem eigenen Harn des Kindes auffangen konnte, gab man ihm diesen zu trinken« [de la Vega, 1609].

»Im Tale von Cuzco in Peru und auch sonst fast überall in der Sierra verwendeten sie menschlichen Kot zum Düngen der Maispflanzen, weil sie behaupteten, das wäre das Beste.«

»Sie kennen sehr gut das Verfahren, die Felder mit Menschenkot zu düngen, und das nennen sie ›*Vunaltu*‹« [Molina, 1788].

Die Peruaner hatten eine besondere Klasse von Hexenmeistern, d.h. Medizinmännern, »die aus Mais und aus Schafsmist die Zukunft voraussagten«.

Die *Hachus,* eine besondere Abteilung der peruanischen Priesterschaft, befragten die Zukunft mittels Maiskörnern oder Tier-Exkrementen [Oliva, 1857].

Philippinos. Auf der Insel Manila stand Menschenkot in so hohem Ansehen als Heilmittel für Schlangenbisse und Bisse aller giftigen Tiere, daß man ihn getrocknet oder frisch in kleinen Büchsen oder Beutelchen um den Hals bei sich trug, um ihn zur sofortigen Verwendung zur Hand zu haben. Ein Beispiel von einem Manne wird angeführt, der heftig gebissen worden war und sich schon so nahe dem Tode befand, daß er seinen Mund nicht mehr aufmachen konnte; man mußte ihm die Zähne auseinanderzwängen, um ihm das Mittel einzuflößen. Er kam sofort wieder zu sich. Für diese Angabe wird als Gewährsmann ein Franziskanerpater angeführt, der jahrelang als Missionar auf der Insel lebte [Paullini, 1696].

Polynesier. Langsdorff [1812] berichtet, daß sich auf den Washingtoninseln ein Mann, der einen Feind verhexen will, »etwas von seinem Haar oder Überreste von seinem Essen oder Erde, auf die er gespuckt oder sein Wasser abgelassen hat, zu verschaffen suche«.

Portugiesen. Ivan Petroff [1882] berichtet, daß in Portugal die Bauern heute noch ihre Kleider mit Harn waschen.

Queres-Indianer. »Sind Sie jemals während Ihres Aufenthaltes in Neu-Mexiko Augenzeuge des Tanzes gewesen, den jene Gruppe oder jener Orden aufführt, die oder der bei den Queres *Ko-scha-re,* bei den Tehuas *Ko-sa-re* und bei den Tiguas *Schu-re* heißt? Ich selber habe ihn mehrmals mitangesehen; und diese Herrschaften, von denen mehrere zu dem Kreis meiner näheren persönlichen Freunde gehören, entfalten dabei einen ganz sonderbaren Hunger nach dem, was der Menschenleib nicht allein ab-, sondern auch ausstößt. Es tut mir leid, daß ich nicht früher etwas von Ihrer Arbeit erfuhr, ich hätte Ihnen sonst eine viel ausführlichere Beschreibung dieser Tänze geben können. Die Gruppe, von der hier die Rede ist, hat eine ganz eigentümliche Aufgabe, es liegt ihr nämlich ob, für das Reifwerden aller möglichen Arten von Früchten zu sorgen, sogar der Frucht im Mutterleibe, und ihre Gebräuche sind daher von einer geradezu Übelkeit erregenden Unzüchtigkeit. Das Kotverschlingen ist noch ein ganz erträgliches Schauspiel im Vergleich zu dem, was ich mitansehen mußte« [Bandelier, 1888].

Raskolniki. Bei einer Besprechung der russischen Dissidenten, die unter dem Namen Raskolniki (Ketzer, Abtrünnige) bekannt sind, sagt Heard [1887]: »Sie trugen ihren Widerstand bis in die kleinsten Einzelheiten des täglichen Lebens; es war ihnen Gewissenssache, den Gebrauch des Tabaks zu verabscheuen, denn ›die Dinge, die aus dem Menschen kommen, verunreinigen ihn‹ [Markus 7, 15]; sie verabscheuten auch die Kartoffeln, weil das die Frucht gewesen sei, mit der Eva von der Schlange versucht wurde.«

Die Anführung aus dem Neuen Testamente könnte irgendwie mit den Harntänzen in Beziehung stehen, und das Verbot, die Kartoffeln zu verwenden, bedeutet vielleicht mehr, als es auf den ersten Blick scheint.

Vielleicht hatte man in Rußland die Absicht, die Sektierer von der Verwendung der Knollengewächse oder Pilze abzuhalten, weil sie nicht nach dem Geschmacke der nachdenklicheren Führer der neuen Bewegung waren.

Römer. Die Römer »hatten einen Gott des Kotes, der ›Stercutius‹ genannt wurde; einen für andere Bequemlichkeiten, den sie ›Crepitus‹ (Furz) nannten; und eine Göttin für die allgemeinen Abzugskanäle, die ›Cloacina‹« [Banier, 1711].

»Die Alten hatten mehrere Gottheiten des Kotes geschaffen: 1. Stercus oder Sterces, der Vater des Picus, war der Erfinder des Verfahrens, die Äcker zu düngen [St. Augustinus, *De Civitate Dei*]; 2. Sterculius [Macrobius, *Saturnalia*]; 3. Stercutius [Lactantius, *De Falsa Religione*], Stercutus, Sterquilinus, Sterquilina, Gottheiten, die dem Dünger vorstanden. Manche Leute nehmen an, dies sei ein Beiname des Saturns gewesen, um ihn als Erfinder des Ackerbaues zu bezeichnen; andere wollen darin die Erde selbst wiederfinden. Plinius gibt an, dieser Gott sei ein Sohn des Gottes Faunus und ein Enkel des Picus, des Königs der Latiner gewesen« [*Bibliotheca Scatologica*, 1850].

»Horaz und alle Dichter aus der Zeit des Augustus sprechen von Stercus an hundert Stellen ihrer Werke mit allen Einzelheiten und Nebenumständen. Martial, Catull, Petron, Macrobius und Lucretius würzen ihre Gedichte mit ihm; Homer, Plinius und Lampridius sprechen offen und versteckt von ihm; die Heiligen Hieronymus und Augustinus verschmähen es durchaus nicht, ihre Leser über ihn zu unterhalten.«

»Cato wandte auf den Gegenstand einer unserer Untersuchungen die Redensart an: ›*Nullum mihi vitum facit*‹. ›Mir schadet es ja nicht‹, sagte Cato, als einer seiner Sklaven in seiner Gegenwart einen Furz ließ.«

»Cicero betrachtete den Furz als ein unschuldiges Opfer, das von der Gesittung seiner Zeit unterdrückt würde. Er stieß daher zu seinen Gunsten einen Schrei nach Freiheit aus und stellte seine Rechte fest.« In einer Anmerkung dazu lesen wir folgenden Auszug aus Ciceros

Briefen: *»Crepitus aeque liberos ac ructus esse oportere.«* (»Sowohl der Furz als auch das Rülpsen müssen in gleicher Weise gestattet sein.«)

Bei Suetonius stehen folgende Bemerkungen über den römischen Kaiser Claudius: »Er soll auch über einen Erlaß nachgedacht haben, durch den die Erlaubnis erteilt wurde, beim Mahle einen Rülpser oder einen Wind loszulassen, nachdem er in Erfahrung gebracht, daß irgend jemand, der aus Schamgefühl dergleichen unterdrückt hatte, daran fast gestorben wäre.«

Eine römische Göttin hatte den Namen Cloacina. Sie war eine der ersten römischen Gottheiten, und man glaubte, daß ihr Romulus selbst diesen Namen gegeben hatte. Unter ihrem Schutze standen die verschiedenen Abzugskanäle, Kloaken, Aborte usw. der Ewigen Stadt.

Es gibt noch eine andere Ansicht über die Cloacina; dies sei nämlich eine Bezeichnung für ein Standbild der Venus, das man in der *Cloaca maxima* gefunden hatte. In seinem *Dictionary of Antiquities* bringt William Smith [1850] diese Ansicht zum Ausdruck, und die amerikanischen und englischen Enzyklopädien scheinen ihm darin gefolgt zu sein. Lemprière erklärt die Cloacina folgendermaßen: »Eine Göttin von Rom, der die Kloaken unterstellt waren; einige halten sie für die Venus, deren Standbild man in den Kloaken gefunden, woher sie den Namen erhielt« [vgl. ferner Anthon's *Classical Dictionary,* 1841]. Higgins [1810] sagt, »das berühmte Standbild der Venus Cloacina von Romulus habe man in ihnen (den *Cloacae maximae*) gefunden«.

Reginald Scot [1651] bemerkt: »Colatina, oder auch Clocina, war die Göttin der Nachtstühle und der Aborte, der wie auch allen anderen ein besonderer Tempel erbaut worden war.«

Arnobius erwähnt auch einen Gott namens »Latrinus«, von dem er sagt: »Wer (kennt nicht) Latrinus, den Vorsteher der Latrinen?«

Die Erwähnung der römischen Göttin Cloacina legt eine Untersuchung der allgemeinen Geschichte der Aborte und Pißhäuser nahe. Ihre Einführung läßt sich nicht lediglich aus gesundheitlichen Erwägungen erklären, denn viele Völker auf verhältnismäßig hoher Entwicklungsstufe haben es fertiggebracht, auch ohne sie vorwärts zu kommen, während andererseits auf einer niedrigen Stufe der Gesittung befindliche Stämme auf ihre Einrichtung verfielen.

In den Untersuchungen von Hexereien und Beschwörungen ist genug Beweisstoff zusammengetragen, um auch den größten Zweifler davon zu überzeugen, es sei jedenfalls früher der Glaube weit verbreitet gewesen, daß Hexenmeister und alle anderen Angehörigen dieser Sippe Macht über diejenigen unglückseligen Menschenkinder besaßen, deren Auswurfstoffe, mochten sie nun fest oder flüssig sein, in ihre Hände fielen; die Angst wird deshalb wohl der treibende Beweggrund gewesen sein, die Reste der Verdauung einer Gemeinschaft zu zerstreuen, zu verbergen oder in passenden Behältnissen zu sammeln. Als dann später die Erfahrung den Menschen belehrte, daß diese Abfallstoffe wertvolle Düngemittel für die Äcker und die Weinberge waren oder als Flüssigkeiten zum Bleichen und Gerben dienen konnten, haben jedenfalls die staatlichen Machthaber durch gesetzliche Vorschriften für die Aufbewahrung Sorge getragen.

Im alten Rom gab es öffentliche Latrinen, aber in den Häusern hatte man keine Aborte. Es gab Becken und Kübel, die täglich von besonders zu diesem Zwecke bestimmten Sklaven ausgeleert wurden. Klosettpapier war nicht im Gebrauch, wie man sich wohl denken kann, da es noch nicht erfunden oder in Europa eingeführt worden war, aber in jeder öffentlichen Latrine war ein mit Salzwasser gefüllter Eimer und ein Stock, an dessen einem Ende ein Schwamm befestigt war, mit dem sich die Besucher reinigten, worauf sie den Stock wieder in den Eimer steckten. In seinem Briefe Nr. 70 beschreibt Seneca den Selbstmord eines germanischen Sklaven, der sich einen dieser Stöcke in den Schlund hinunterstieß.

Bei Martial findet sich eine Anspielung auf die Verwendung des Stockes und des Schwammes. Er spricht auch von einer römischen Dame, deren Nachttopf aus Gold, ihr Trinkgefäß aber aus Glas war:

Ventris onus misero, nec te pudet, excipis auro,
Basse, bibis vitro: carius ergo cacas
[Harington, 1596].

Zotige Versemacherei war zu Rom in den Latrinen genauso bekannt wie heute noch bei uns, und einige Gedichte solcher Art sind erhalten [vgl. *Bibliotheca Scatologica*].

Die Römer schützen ihre Mauern »gegen solche Verunreinigungen, indem sie die einer solchen Gefahr ausgesetzten Mauern mit dem Bilde einer Gottheit oder irgendeines anderen heiligen Sinnbildes weihten und den Zorn des Himmels allen denjenigen androhten, die gottlos genug wären, das zu beschmutzen, was sie pflichtgemäß anbeten sollten. Wie es scheint, verwandte man zuweilen die Gestalt einer Schlange für diesen Zweck, und die Schlange reihte man, wie allgemein bekannt ist, bei den Heiden unter die Götter ein« [J. J. Blunt, 1823].

Caracalla ließ diejenigen hinrichten, die vor seinen Standbildern oder Bildern ihr Wasser abließen [Lampridius].

»Harnbehälter waren in den Straßen von Rom aufgestellt, entweder zum Zwecke der öffentlichen Reinlichkeit oder für den Gebrauch der Tuchwalker, die deren Inhalt während der Regierung Vespasians und wahrscheinlich auch anderer Kaiser, gegen eine bestimmte jährliche Abgabe von der Staatsverwaltung zu kaufen pflegten, denn Harn war vor der Erfindung oder der allgemeinen Einführung der Seife der Stoff, den man in den Walkmühlen hauptsächlich zum Reinigen der Tuche und Zeuge gebrauchte, bevor man sie färbte« [Good, 1805].

»Gefäße, die man ›*Gastra*‹ nannte, stellten die Römer zur Bequemlichkeit der Vorübergehenden an den Ecken der Straßen und Wege auf« [Fosbroke, 1843].

»Die römischen Tuchwalker verwandten Menschenharn in ihrem Geschäfte, und Plinius sagt, man hätte die Beobachtung gemacht, daß sie niemals an Gicht litten.«

Plinius berichtet uns, daß die Dreschtennen der römischen Bauern mit Kuhmist »gepflastert« waren.

Es gab einen Kitt, den man gebrauchte, um die Edelmetalle zu befestigen, und der unter dem Namen *Chrysocollon* bekannt war. Man stellte ihn mit vielen Zeremonien »aus dem Harn eines unschuldigen Knaben« her. Es sind verschiedene Beschreibungen davon vorhanden, aber die folgende, obwohl sie kurz ist, enthält dennoch alle hauptsächlichen Punkte.

Galen beschreibt dieses *Chrysocollon* oder den Goldleim, wie ihn einige Ärzte aus dem Harn eines Knaben herstellten. Der Knabe mußte seinen Harn in einen Mörser aus rotem Kupfer lassen, während eine Mörserkeule aus demselben Stoff in Bewegung war; den Harn setzte man dann sorgsam der Sonne aus, bis er die Dicke des Honigs erreicht hatte, dann hielt man ihn für geeignet, um Gold zu löten und hartnäckige Krankheiten zu heilen. Galen, der im Jahre 130 u.Z. zu Pergamos in Mysien geboren wurde, »war der berühmteste der alten medizinischen Schriftsteller, und Kaiser Marcus Aurelius ernannte ihn zum Leibarzt seines Sohnes, des jungen Prinzen und späteren Kaisers Commodus« [*Encyclopaedia Britannica,* 1841].

Demokritos sagt von dem Stein *Aspisatis:* »Kranke sollen ihn mit Kamelmist zusammen am Körper befestigt tragen.« In demselben Buche berichtet uns Plinius, daß Gladiatoren Steine dieser Art ganz allgemein getragen haben, z.B. Milo von Crotona. Was unter *Aspisatis* zu verstehen ist, läßt sich nicht mehr feststellen.

Gegen alle Flecken und sonstige Unreinheiten der Gesichtshaut legte man Taubendreck auf. Gegen Flechten gebrauchte man Mäusekot äußerlich. Brandnarben (Stigmata) entfernte man durch die Behandlung mit einem in Essig aufgelösten Taubendreck. Krokodilskot, *»crocodilea«* genannt, entfernte Unreinheiten der Gesichtshaut. Auch Sommersprossen konnte man damit vertreiben. »Eine Auflage von Stiermist, sagt man, wird den Wangen eine rosige Farbe verleihen, und für diesen Zweck ist nicht einmal *crocodilea* besser.«

Galen weist auf den ausgedehnten Gebrauch hin, den die griechischen und römischen Frauen von dem Krokodilskot machten; in derselben Weise wandte man auch den Kot nur mit Reis gefütterter Stare an. Auch Dioskorides empfiehlt den Frauen Krokodilskot als ein Verschönerungsmittel für das Gesicht.

Stiermist gebrauchten Frauen als Mittel gegen alle Hautunreinheiten. Knabenharn entfernte Sommersprossen und Leberflecken, wusch man das Gesicht damit. Es war gut gegen Scheidenausflüsse der Frauen, wenn sie die betreffende Stelle häufig mit dem Harn eines Mannes wuschen. Gegen Muttermale bei Kindern nimmt man die Kruste, die sich bildet, wenn man Harn im Nachttopf stehen läßt; man zerbricht sie und trocknet sie im Ofen; dann bringt man das Kind in ein Bad und reibt die Muttermale ordentlich mit dem Niederschlag ab [Sextus Placitus].

Römische Frauen benutzten einen kleinen Stein, den man im Kote einer Hirschkuh gefunden, »als Vorbeugemittel gegen Fehlgeburten; sie trugen den Stein am Leibe«.

»Eine Mischung aus Affenkot und Chamäleonkot schmierte man seinem Feinde an die Tür. Er sollte durch deren Kraft der Gegenstand allgemeinen Hasses werden. Die Exkremente der Hyäne, die das Tier in dem Augenblicke, wo man es tötet, ausstößt, sieht man als ein Gegenmittel gegen Zaubersprüche an« [Plinius].

Es ist nicht möglich, ein Werk zu schreiben, das man als die Heiligungsgeschichte des Tierlebens, wie es den alten Völkern bekannt war, bezeichnen könnte. Unsere Kenntnisse sind dafür zu lückenhaft und zu wenig übersichtlich, weil man die Ansichten der verschiedenen Völker und Kulte hierüber unentwirrbar durcheinanderwarf, als eine Folge der Eroberungen des Römischen Reiches und seines späteren Untergangs, als Sieger und Besiegte gegenseitig ihre Götter austauschten oder den Eigenschaften der siegreichen Gottheiten diejenigen der unterlegenen hinzufügten.

In den letzten Jahren des Römischen Reiches war die Religion ein buntes Durcheinander von Glaubensansichten und Gebrauchtum vieler Völker, die ohne Rücksicht auf volles Verständnis alles das annahmen, was in der Religion der Nachbarn ihrer Einbildungskraft besonders aufgefallen war.

Daher ist es auch ganz unmöglich, das zu beweisen, was auf den ersten Blick eine so leichte Aufgabe schien, daß man nämlich die Ausscheidungen irgendeines besonderen

Tieres zur Behandlung derjenigen Krankheiten wählte, über die der Gott wachte, dem das jeweilige Tier zugewiesen war. Ganz ohne Lichtblick ist die Sache wohl nicht für uns; wir sehen gerade genug, um herausfinden zu können, daß man kein Tier für so unbedeutend hielt, um ihm nicht wenigstens etwas Verehrung zukommen zu lassen, aber wir sehen nicht genug, um genau feststellen zu können, welche Tätigkeit man jedem vierfüßigen oder vogelgestaltigen Gott zugeschrieben.

Der Pfau war der Juno heilig, deren Wagen diese Vögel zogen. Plinius sagt, man erzähle vom Pfau, er verschlinge seinen eigenen Kot, gerade als ob er den Menschen um den Besitz eines so kostbaren Stoffes beneidete. Verordnete man Pfauenkot bei Fallsucht, Schwindelanfällen und ähnlichen Krankheiten, so war diese Arznei bei Vollmond oder Neumond zu nehmen. Juno war eine Mondgöttin.

Pfauenkot war eine der beliebtesten Arzneien für die Beseitigung der fallenden Sucht, also derjenigen Krankheit, die man so besonders auf göttliche Urheberschaft zurückführte, daß die Römer sie geradezu *»Morbus sacer«,* die »heilige Krankheit«, nannten.

Beckherius [1660] sagt, Menschenblut habe bei der Behandlung der fallenden Sucht Verwendung gefunden. Faustina, die Gemahlin des kaiserlichen Philosophen Marcus Aurelius, die gerne ein Kind haben wollte, trank das warme Blut eines sterbenden Gladiators und teilte darauf mit ihrem Gatten das Bett; sie wurde unmittelbar schwanger und gebar den grausamen Commodus. Menschenblut diente auch dazu, um »sympathetische Kuren« zu bewirken.

Plinius berichtet, man könne Ziegenmist bei Geschwüren an den Geschlechtsorganen mit Erfolg anwenden. Und deshalb werfen wir die Frage auf: War die Ziege nicht Pan geheiligt, d.h. war Pan selber nicht in der Urzeit die vergötterte Ziege? Und war Pan nicht der Gott, dessen Fürsorge man unter gewissen Umständen die Geschlechtsteile anvertraute?

Kaiser Nero, der skrofulös veranlagt war, trank die Asche von Wildschweinkot in Wasser, um sich zu erfrischen.

Bekamen Reisende Blasen an den Füßen, dann badeten sie sie mit Eselharn. Daraus können wir vermuten, daß man den Esel, das Lasttier, zu irgendeiner Zeit oder an irgendeinem Platze während der Herrschaft der Römer als den Gott der Reisenden ansah. Fosbroke sagt: »Bei den Zeremonien des Kybelekultes trug ein Esel die Gerätschaften und die Standbilder der Göttin und auch bei der Geburt des Bacchus, wenn man das Fest des neugeborenen Gottes feierte, aber man opferte ihn nur Mars oder Priapus.«

Plinius gibt auch Vorschriften über die Behandlung von Gebärmutterleiden mit Eselmist, worin doch wohl ein klarer Hinweis auf die priapische Beziehung des Tieres liegt.

Galen billigt die Anwendung des menschlichen Kotes als Arzneimittel deshalb nicht, weil er einen so abscheulichen Geruch verbreite, aber mit der Verwendung des Kotes von Haustieren, Ziegen, Krokodilen und Hunden war er einverstanden; er teilt auch mit, daß trotzdem viele Leute Menschenkot innerlich als Medizin einnähmen.

Manche Leute glaubten, daß der Kot des Hausgeflügels wirksamer wäre, wenn er von Geflügel herrührte, das man mit Pilzen auffüttert. Bei dieser Gelegenheit sieht sich Galen zu der Bemerkung veranlaßt, daß sich alle Tiere in der Art ihres Kotes so verschieden verhalten müssen, wie ihre Nahrung verschieden ist; bei dem gleichen Tier muß also bei einem Wechsel des Aufenthaltsortes und daraus sich ergebendem Wechsel der Nahrung notwendigerweise auch eine wahrnehmbare Änderung in den Eigenschaften des Kotes eintreten. Galen bringt es rundweg zum Ausdruck, daß er an den Heilwert des Kotes der Gans, des Storches, des Adlers und des Habichts nicht glaubt, obgleich er zugibt, daß ihn innerlich bei Unpäßlichkeiten der Atmungsorgane viele angesehene Praktiker anwenden; aber er sagt doch, daß dieselben maßgebenden Leute gewohnheitsmäßig bei der Behandlung solcher Krankheiten die Verdienstlichkeit dieser einfältigen Heilmittel wie Nachteulenblut, Menschenharn usw. übertreiben.

Besichtigte man den Kot und den Harn eines Kranken, um daraus seinen gegenwärtigen Gesundheitszustand zu erkennen und, wenn möglich, eine Voraussage über sein zukünftiges Befinden zu machen, so war das nach der Meinung der unwissenden und halbgebildeten Menschen lediglich der erste Schritt auf dem Wege, um die Zukunft des Gemeinwesens durch eine Besichtigung der Eingeweide und des Kotes der Opfer zu bestimmen, deren Blut auf seinen Altären rauchte. Die Römer waren dieser Art der Weissagung verfallen, die Schurig [1725] unrichtig als Anthropomantie, Wahrsagung aus menschlichen Eingeweiden, bezeichnet. Er erzählt, daß Heliogabalus ganz besonders dafür eingenommen war; er schreibt sogar diesem Lüstling ihre Einführung zu und drückt seine Genugtuung darüber aus, daß er seinen Lohn dafür erhielt, als man ihn in einem Abtritt tötete und ihn im Kot sterben ließ. Die Sachsen kannten gleichfalls diese Art, die Zukunft zu befragen.

Plinius sagt: »Der Harn ist nicht allein bei zahlreichen Schriftstellern ein Gegenstand für alle möglichen Theorien gewesen, sondern man verwandte ihn auch bei mehreren religiösen Gebräuchen, und von seinen Eigenschaften handelt man ab, indem man sie nach ganz bestimmten Gesichtspunkten ordnet. So behaupten sie z.B., daß der Harn von Verschnittenen als ein Beförderer der Fruchtbarkeit bei Frauen ganz besonders wirksam sei.« Er erwähnt auch den Kinderharn als bestes Mittel gegen die giftige Absonderung der ägyptischen Brillenschlange, die »ihr Gift in die Augen der Menschen spritzt«. Bei Augenkrankheiten wandte man menschlichen Harn an, namentlich bei Häutchen und weißen Flecken auf der Hornhaut oder bei Krankheiten der Augenlider. Man benutzte ihn ferner zur Heilung von Brandwunden, von laufenden Ohren, als monatsflußbeförderndes Mittel, gegen Sonnenbrand und um Tintenflecke zu entfernen. »Männerharn heilt Podagra.« Harn heilt »Hautausschläge bei Kindern, fressende Geschwüre, Eiterbeulen, aufgesprungene Haut, Schlangenbisse, Kopfgeschwüre und krebsartige Wunden an den Geschlechtsteilen. Für jeden Menschen ist der eigene Harn der beste.«

»Die Zauberer sagen uns, daß ein Kranker, der die Asche der Geschlechtsteile eines Wildschweins in Harn eingenommen hat, in eine Hundehütte pissen und dabei die Worte sprechen muß: ›Dies tue ich, damit ich nicht mein Bett naß mache, wie es die Hunde tun.‹«

»Wenn ein Mann sein Wasser auf den Harn eines Hundes läßt, wird er gegen den Beischlaf abgeneigt werden, wie man sagt.« Als Zauberabwehrmittel galt auch der Brauch, in den Harn in demselben Augenblicke zu spucken, wo man ihn abschlug.

Die Zauberkundigen verbieten es ausdrücklich, daß jemand, der Wasser lassen will, seinen Körper im Angesicht der Sonne oder des Mondes entblöße oder mit seinem Harn den Schatten irgendeines ganz beliebigen Gegenstandes benetze. Hesiod bringt eine Vorschrift, in der er empfiehlt, daß jemand, der bei einem Gegenstand Wasser lassen will, sich dicht davor stelle, damit keine Gottheit durch den Anblick des entblößten Körpers beleidigt werde. Osthanes behauptet, daß jeder Mensch, der morgens früh einige Tropfen Harn auf seinen Fuß fallen läßt, gegen alle schädlichen Arzneien gesichert sei.

Die der Zauberkunst Beflissenen glaubten auch, »es sei nicht angebracht, in das Meer zu spucken oder dieses Element mit irgendeiner der anderen Entleerungen zu entweihen, die mit der Schwachheit der menschlichen Natur unzertrennlich verbunden sind«. Plinius spricht an dieser Stelle von der Abneigung des armenischen Zauberers Tiridates, dem Kaiser Nero auf dem Seewege einen Besuch abzustatten.

Der Geschichtsschreiber Suetonius berichtet, man habe den unglücklichen römischen Kaiser Vitellius mit Kot beworfen, bevor man ihn umbrachte.

Marcus Cicero klagte den Lucius Catilina an, er wolle in der Stadt Rom einen Brand verursachen. »Ich glaube es«, sagte Cicero, »und wenn ich ihn nicht mit Wasser löschen kann, werde ich es mit Harn tun« [Harington, 1596].

Die Pferdepisse tranken die Bewohner von Crotta, als sie Metellus belagerte.

Horaz »hat dem Vorwurf, der uns hier beschäftigt, mehrere Verse gewidmet. Namentlich kann man in bezug hierauf die achte Satire des ersten Buches nachlesen, die folgende Stelle enthält:

›Mentior at siquid, merdis caput inquiner albis
Corvorum atque in me vaniat mictum atque cacatum
Julius et fragilis Pediatia furque Voranus‹«
[Bibliotheca Scatologica].

(»Rede ich im mindesten falsch, so werde das Haupt von den Raben weiß betüncht, so komme, mich gröber denn grob zu besudeln usw.«)

»Pedere te vellem: namque hoc nec inutile dicit
Symmachus et risum res movet ista simul«
[Martial].

(»Ich wollte lieber, Du fürztest: denn Symmachus sagt, das wäre sehr nützlich, und zugleich regt dieses Ding auch zum Lachen an.«)

Russen. Bei den russischen Bauern gibt es noch gewisse sonderbare Gebräuche, die mit der Hochzeit in Verbindung stehen, ebenso auch bei der bäuerlichen Bevölkerung in England solche, die für die Forscher von Interesse sein könnten. Im ersten Falle findet sich ein »Besprengen« mit Wasser, das die Braut früher anwendete, um ihre eigene Person zu baden; im anderen Falle wird der »Verkauf« einer Flüssigkeit durch die Braut erwähnt, wobei es sich um ein berauschendes Mittel handelt.

Über Hochzeitsgebräuche bei den Bauern in Samogitien findet man in Maltebrun [1832] folgendes: »Die Braut führt man am Hochzeitstage dreimal um die Feuerstelle ihres zukünftigen Gatten; dabei ist es Sitte, ihre Füße zu waschen, und mit dem Wasser, das zu diesem Zwecke gedient hat, besprengt man das Brautbett, die Wohnungseinrichtung und sämtliche Gäste.«

Das Besprengen mit dem Wasser ist vielleicht das Überlebsel einer älteren Sitte, bei der man die Besprengung mit dem Harn der Braut ausführte.

»Es ist gewiß nicht zuviel gesagt, ein für allemal, daß bedeutungslose Sitten Überlebsel sein müssen; daß sie früher einmal einen tatsächlichen oder wenigstens gebrauchtümlichen Zweck hatten, als und wo sie zuerst entstanden; sie mußten aber heutzutage der Lächerlichkeit anheimfallen, weil man sie in einen neuen Zustand der menschlichen Gesellschaft mit hinübernahm und ihre ursprüngliche Bedeutung verlorenging« [Tylor, 1871].

Sachsen. In *Saxon Leechdoms* ist die Heilwissenschaft der Gelehrten bei den Sachsen in den ersten Jahrhunderten nach der Eroberung Englands zusammengestellt.

»Alexander von Tralles (um das Jahr 550) leistet Gewähr dafür, daß der Kot eines Wolfes, der Knochensplitter enthält, gegen Bauchschmerzen hilft, nach seiner eigenen Erfahrung und unter Zustimmung fast aller angesehenen Ärzte.«

Schweinemist gebrauchte man gegen Hautauswüchse.

Gegen Wassersucht »laß ihn Ziegenharn trinken. Dieser Harn ist der beste. Gegen böse Ohren bringe Ziegenharn an das Ohr. Gegen Hautausschläge mische Ziegenmist mit Honig und schmiere es darauf.«

»Gegen Schmerzen in den Schenkeln, gegen kranke Gelenke, gegen Krebsgeschwüre, gegen Geschwülste, gegen Sehnenzerrungen und Karbunkel« soll man Ziegenmist aufschmieren.

»Gegen alle Schmerzen läßt man Stierharn in heißem Wasser trinken; das heilt bald. Gegen Knochenbruch legt man Stiermist warm auf die gebrochene Stelle. Gegen Verbrennungen mit heißem Wasser oder mit Feuer verbrenne man Stiermist zu Asche und streue ihn auf.«

»Gegen geschwollene Mandeln oder Halsbräune gebrauchten die Sachsen äußerlich Umschläge aus dem weißen Kot eines Hundes, der vorher Knochen gefressen hatte.«

»Gegen Schulterschmerzen lege den Kot eines alten Schweines auf.«

»Wenn eine Sehne einschrumpft, nimm den Kot einer Ziege.«

»Für Aussätzige koche Hainbuche, Flieder und andere Rinden und Wurzeln in Harn.«

»Eine Wundensalbe für Lungenkrankheiten« — Gänsekot war ein wichtiger Bestandteil dieses Mittels.

»Eine Salbe für allerlei Wunden. Sammle Kuhmist, Kuhpisse, schlage es ein einem großen geheizten Kessel durcheinander, wie ein Mann Seife macht, dazu nimm Rinde vom Apfelbaum« und noch andere Rinden, die auch angeführt werden, »und mache einen Umschlag damit«. Gegen Nagelgeschwüre, offene Beine und Rotlauf wandte man Kälbermist und Ochsenmist als Aufschläge an.

»Gegen die Tollwut nehmen einige warmen, dünnen Menschenkot und legen ihn während einer Nacht als Umschlag auf die gebissene Stelle auf.«

»Gegen Brandwunden macht man eine Salbe, wozu man Ziegenmist nimmt«, usw.

»Gegen den Aussatz des Pferdes nimmt man Harn, den man mit Steinen erhitzt, und mit dem heißen Harn wäscht man die Pferde ab.«

»Hat man Nebel vor den Augen, so nimmt man den Harn eines Kindes und Jungfernhonig, mischt es untereinander und schmiert die Augen auf der Innenseite damit ein.«

»Gegen Gelenkschmerzen nimmt man Taubenkot und Ziegenmist« äußerlich.

»Gegen Hautauswüchse nimmt man Hundedreck und Mäuseblut« äußerlich.

»Gegen Krebs nimmt man Menschenkot, trocknet ihn vollständig, zerreibt ihn zu Staub und legt ihn auf. Wenn es Dir nicht gelingt, den Krebs damit zu heilen, kannst Du es auch mit keinem anderen Mittel tun.«

»Wenn der Monatsfluß zu reichlich ist, nimmt man einen frischen Pferdehaufen, legt ihn auf heißgemachte Steine, so daß er unter den Kleidern ordentlich zwischen die Beine räuchert und die Frau tüchtig schwitzen muß.«

»Eine Salbe zum Einschmieren gegen in das Fleisch eingedrungene Würmer« machte man neben anderen Bestandteilen aus »zwei Eimern Ochsenmist«.

»Gegen den Fingerwurm schmiere Deinen Speichel auf und bade mit heißem Kuhharn.«

»Wenn sich jemand einen Dorn oder ein Stückchen Holz in den Fuß gestoßen hat und es will nicht von selbst herauskommen, so nehme man frischen Gänsedreck und grüne Schafgarbe und schmiere es auf die Wunde.«

»Gegen eine warzenartige Hauterhöhung lege den warmgemachten Mist eines Kalbes oder eines alten Ochsen auf.«

»Eselmist empfahl man zum Auflegen auf schwache Augen.«

»Der Hexenmeister, die Hexe, der Zauberer, der Drogenhändler, der Arzt oder der Medizinmann — sie alle spielten die Rolle eines abscheulichen Liebesgottes. Anstelle von Lächeln und leuchtenden Augen gab er sich mit einem ekelhaften Stoffe ab, den man in Bier tat oder heimlich auf Brot spritzte. Im Beichtbuche des Erzbischofs Egbert von York wird eine Art ihres Vorgehens gerügt, und die ist so unanständig, daß ich es in dem Dunkel des ursprünglichen Altenglisch stehen lassen muß.«

Eine Salbe aus der Galle von Ziegen, Weihrauch, Ziegenmist und Brennesselsamen legte man vor dem Beischlaf auf die Geschlechtsteile, um die Verliebtheit der Frauen zu steigern.

»Ein Mann, den Geistererscheinungen heimsuchen, macht sich am besten ein Getränk zurecht, das aus dem Kot eines weißen Hundes in bitterer Lauge besteht; das wird ihn wunderbar heilen.« Denselben Kot empfahl man auch als Behandlung für die Nisse (Eier der Kopflaus, die das Weibchen an die Haare anklebt) und anderes Ungeziefer an Kindern, gegen Wassersucht (innerlich) und ferner, um die »Zwerge« zu vertreiben, die, wie man annahm, von den an Krämpfen leidenden Kindern Besitz ergriffen hatten.

Es hat den Anschein, als ob die Sachsen in England zur Zeit der Eroberung durch die Normannen mit den tödlichen Wirkungen, die man mit Hilfe der Pilze hervorbringen konnte, sehr wohl bekannt gewesen seien. »Ich habe das alles und noch mehr herausgefunden. Ich weiß, wo man scharlachrote Pilze finden kann, und ich tat ihren Saft in das Bier seiner Männer. Jetzt lachen und brüllen sie, jeder einzelne ist lustig-toll« [C. Kingsley, 1866].

Die Wirkungen des Trankes werden folgendermaßen beschrieben: »Seine Leute standen gruppenweise außerhalb des Tores und schwatzten wie Affen; der Türhüter und die Mönche suchten vergebens, sie zu überreden, daß sie ins Haus kommen und ruhig zu Bett gehen sollten. Aber das wollten sie nicht. Sie schworen hoch und teuer, daß sich am ganzen Weg entlang ein großer Abgrund aufgetan habe und daß sie kopfüber hineinstürzen würden, wenn sie noch einen Schritt weiter machten. Vergebens wütete Hereward; vergebens versicherte er ihnen, daß der angebliche Abgrund nichts weiter als die Gosse wäre, und er bewies ihnen diese Tatsache dadurch, daß er Martin durch einen Fußtritt hinüberbeförderte. Die Männer waren aber entschlossen, ihren eigenen Augen mehr zu glauben, und nach einer Weile schliefen sie haufenweise auf der Seite des Weges ein und lagen dort bis zum Morgen; als sie erwachten, behaupteten sie, wie es schon die Mönche getan, man habe sie verhext. Sie wußten eben nicht — und glücklicherweise wissen es die niederen Stände sowohl in England als auch auf dem Festlande heute noch nicht —, daß jener seltsame Pilz ganz besondere Eigenschaften hat, durch die von den Lappländern und Samojeden, wie man sagt, schon seit Jahrhunderten Wunder getan wurden.«

Samariter. Von einer der Belagerungen Samarias wird berichtet, »daß man den vierten Teil eines *Cab* voll Taubenmistes mit fünf Silberlingen bezahlte« [2. Buch der Könige 6, 25]. Es gibt noch eine andere Erklärung der Bedeutung dieses Ausdrucks, die nicht so wörtlich ist; sie verdient es aber doch, daß wir sie hier anführen. »Als man Samaria belagerte, war die Stadt allen Schrecken der Hungersnot preisgegeben; die Not war so groß, daß man einen Preis von fünf Silberlingen für ein kleines Maß (den vierten Teil eines *Cab*) Taubenmist bezahlte. Auf den ersten Blick scheint dies lächerlich zu sein. Aber Bochart vertritt die ganz glaubhafte Ansicht, daß diesen Namen damals und auch heute noch die Araber einer Art von Wicken (*pois chiches,* Kichererbse) gaben« [Salverte, 1862].

»Die Hülsenfrüchte, die man ›*garbansos*‹ nannte, sollen nach der Ansicht einiger Schriftsteller der Taubenmist sein, der bei der Belagerung von Samaria erwähnt wird. Und da die Kichererbse in der Tat an dem einen Ende spitz ist und beim Eintrocknen eine aschgraue Farbe annimmt, mithin der eine Umstand der Form, der andere der gewöhnlichen Farbe von Taubenmist entspricht, ist die oben angeführte Annahme durchaus nicht ohne weiteres zu verwerfen« [Shaw, 1757].

Sambianer. Livingstone [1865] erzählt uns, daß die Afrikaner, die an den Ufern des Sambesi wohnen, sorgfältig darauf bedacht sind, nur Wasser von Quellen oder aus Brunnen zu trinken, die sie in den Sand graben. »Fast neun Monate lang in jedem Jahr wird um alle Dörfer herum, die zahllos an dem Tausende von Meilen langen Sambesi stehen, aller Unrat aufgestapelt. Wenn dann die heftigen Regengüsse herunterströmen und diese ungeheure stinkende Anhäufung in die Fluten des Stromes schwemmen, ist das Wasser durch den Schmutz vollständig verunreinigt.«

»Der Estrich wird am Sambesi aus weichem Tuffstein und Kuhmist hergestellt.«

Samoaner. »Hier ist es am Platze, an einen Sprachgebrauch der Bewohner von Samoa in Polynesien zu erinnern. Wenn dort eine Frau unmittelbar vor ihrer Niederkunft steht, richtet man Gebete an den Gott oder den Schutzgeist der Familie des Vaters und an denjenigen der Familie der Mutter. Wenn das Kind geboren ist, fragt die Mutter an, zu welchem Gott man gerade in diesem Augenblicke das Gebet gerichtet habe. Dies beachtet man sorgfältig, und dieser Gott wird in gewisser Weise der Schutzgeist des Kindes zeit seines Lebens.

Aus Achtung für diesen Gott nennt man das Kind seinen ›Kot‹, und während des Heranwachsens nennt man es wirklich, wie mit einem Beinamen, ›Kot des Tongo‹ oder ›Kot des Satia‹ oder irgendeines anderen Gottes, je nach dem besonderen Falle. Diese Bezeichnung ist wohl roh, aber die Absicht geht jedenfalls unter einem ganz materiellen Bild von der Achtung und der Frömmigkeit gegen die Gottheit aus« [Turner, 1884].

In den Mythen der Samoaner ist davon die Rede, daß man das Wasser trinkt, in dem ein neugeborenes Kind gebadet worden. Als das erste Kind zur Welt kam, »schaffte Salevao Wasser herbei, um das Kind zu baden, und er machte es *Saor,* dem Moa heilig. Die Felsen und die Erde sagten dann, sie hätten den Wunsch, von diesem Wasser etwas zum Trinken zu bekommen. Salevao erwiderte, sie möchten ein Bambusrohr nehmen, dann würde er ihnen durch dieses einen Wasserstrahl zuschicken, und dies ist der Ursprung der Quellen.«

Obwohl es aus dem Wortlaut nicht hervorgeht, so können wir doch aus der Ähnlichkeit mit anderen Weltentstehungssagen den Verdacht aussprechen, auf welche Weise der Gott das Wasser herbeigeschafft haben mag, es war nämlich Wasser seiner eigenen Person.

Die Samoaner haben eine Sage, in der von der Trennung berichtet wird, die zwischen den Eingeborenen verschiedener Inseln entstand, weil die Männer und Frauen, die auf Tutuaila lebten, »anfingen, aus ihrer schwimmenden Insel einen Düngerhaufen zu machen«.

Alle Absätze des Vorherstehenden sind dem Werke des Missionars Turner entnommen, der siebzehn Jahre lang auf den polynesischen Inseln lebte.

Bei der Schilderung der Heilkunde der Samoaner sagt Turner überdies: »Bei manchen Gelegenheiten mischte man Schmutz und selbst hier nicht zu erwähnenden Dreck zusammen und nahm es als Brechmittel ein«.

Samyasis. Und weiterhin weist Dubois [1817] auf die Gymnosophisten hin, »oder die nackten Samyasis von Indien, die menschlichen Kot essen, ohne das geringste Zeichen von Abscheu von sich zu geben«.

San-Blas-Indianer. Herr E. W. P. Smith, Sekretär der Gesandtschaft der Vereinigten Staaten in der Republik Kolumbien in Süd-Amerika, berichtet, daß in diesem Lande die San-Blas-Indianer und die niederen Volksschichten den Harn des Kranken warm zu Umschlägen für seine entzündeten Augen benutzen.

Schakouni. »Eine Abzweigung der Khlysti (die ›Schakouni‹ oder ›Springer‹) bekannte sich öffentlich zu Ausschweifungen und Zügellosigkeiten im Übermaß. Andere von ihren Gebräuchen sind abscheulich und ekelhaft; ihr Oberhaupt ist der lebendige Christus, und ihre Kommunion besteht darin, daß man seinen Leib umarmt; die gewöhnlicheren Jünger können seine Hand oder seinen Fuß küssen, aber denjenigen mit einer glühenderen Frömmigkeit bietet er seine Zunge dar« [Heard, 1887].

Schilluk-Afrikaner. Bei den Schilluks »gehören Asche, Mist und der Harn von Kühen zu den unentbehrlichen Bestandteilen der Verschönerungskunst. Der zuletzt erwähnte Stoff berührt die Nase eines Fremden ziemlich unangenehm, nimmt er irgendeines ihrer Milchgefäße in Gebrauch; denn diese sind nach einer regelrechten afrikanischen Sitte damit gewaschen, wahrscheinlich, um auf diese Weise den Mangel an Kochsalz auszugleichen« [Schweinfurth, 1878].

Schotten. In Schottland muß es Latrinen gegeben haben, denn der König Jakob der Erste wurde im Kloster der Dominikanermönche zu Perth im Jahre 1437 in einer Latrine ermordet; indessen konnte man sich noch viele Jahre später in Edinburgh nach Einbruch der Nacht nur mit großer Gefahr zu Fuß bewegen, weil die Hausmädchen die schöne Gewohnheit hatten, Ströme von Schmutz wie eine wahre Sintflut aus den Fenstern der hohen Häuser herabzugießen.

»Wie im heutigen Edinburgh so war auch im alten Rom die Nacht die geeignete Zeit für den sorgsamen Haushalter, allen Unrat aus den oberen Fenstern in die offenen Abflußgräben zu werfen, die unten durch die Straßen liefen« [Walford, 1872].

»Und siehe, es gibt nirgends *goaks* im ganzen Königreiche (Schottland) noch sonst irgend etwas für arme Dienstboten, außer einem Fasse mit einer quer darüber gelegten Feuerzange, und dahinein werden noch die ganzen Leibstühle der Familie jeden Tag einmal ausgeleert; und um zehn Uhr abends schleudert man dann die ganze Ladung zu einem hinteren Fenster hinaus, das auf irgendeine Straße oder ein Gäßchen Aussicht hat, und das Dienstmädchen schreit dann den Vorübergehenden zu: ›*Gardy loo!*‹ (›Nehmt Euch in acht!‹), und das bedeutet soviel wie: ›Herrgott, sei uns gnädig!‹, und so etwas geschieht zu Edinburgh in jeder Nacht in jedem Hause« [Smollett, 1872].

Der oben angeführte Ausdruck *»Gardy loo!«* scheint aus dem Französischen zu stammen und *»Gare de l'eau«* zu bedeuten.

In Schottland wurde die Brust einer jungen Mutter mit Salzwasser gewaschen, um ein reichliches Fließen der Milch zu veranlassen. Auf diesen Brauch spielt der Vers eines Liedes aus *The Fortunate Shepherdess* von Alexander Ross [1788] an:

»Jean's pap wi' sa't and water washen clean,
Reed that her milk get wrang, fen it was green.«

(»Johannas Brüste wurden mit Salzwasser rein gewaschen, das verhinderte, daß ihre Milch, die frisch war, schlecht wurde.«)

Wir werden noch Gelegenheit haben, darauf hinzuweisen, daß Salzwasser, heiliges Wasser, d.h. Weihwasser und andere Flüssigkeiten in verschiedenen Gegenden, darunter auch in Schottland, als Ersatz für menschlichen Harn anzusehen sind.

»Einen Sud von Schafsmist mit Wasser wandte man noch in der jüngsten Zeit in Schottland gegen Keuchhusten und Gelbsucht an« [Black, 1883].

»In Devonshire und ebenso in Schottland nimmt man einem Kinde, das den Keuchhusten hat, ein Haar vom Kopfe, legt es in ein Butterbrot und gibt es einem Hunde zu fressen, und wenn der Hund es frißt und dabei hustet, was er natürlicherweise ganz von selbst tun wird, dann ist der Keuchhusten auf das Tier übertragen und das Kind wird davon befreit sein. Dieselbe Behandlungsweise ist auch in Irland gebräuchlich, aber man wählt dort an Stelle des Hundes einen Esel.«

»In North Hants hüllt man oft einen einer Leiche aus dem Munde genommenen Zahn in ein kleines Säckchen ein und trägt ihn um den Hals, damit er seinen Träger gegen Kopfschmerzen schütze. Im Nordosten von Schottland war es erforderlich, daß der Leidende mit seinen eigenen Zähnen einen Zahn aus einem Schädel der Leiche zog.«

Reginald Scot [1651] berichtet uns von einem Kurpfuscher, der die Angst von Kranken, die an Blähsucht (Tympanites) litten, in der Weise ausnutzte, daß er ihnen aufband, sie hätten Giftschlangen in ihrem Leibe, und er würde versuchen, diese Giftschlangen in den Kot des Kranken hineinzuschmuggeln, wenn dieser seine Purgiermittel einnähme.

In Stirling in Schottland »stopft man einem Kalbe, unmittelbar nachdem es zur Welt gekommen ist, eine gewisse Menge Kuhmist in das Maul, oder wenigstens, solange es noch keine Nahrung zu sich genommen hat; nach dem Volksglauben soll dies bewirken, daß die Hexen und Feen nachher niemals die Macht haben werden, dem Kalb etwas anzutun« [Brand, 1872].

Für Schottland wird der Fall erwähnt, daß »von seiten des weiblichen Teils Abneigung hervorgerufen wurde« [Dalyell, 1834]. Um diese zu beheben, erhielt der Mann einen Kuchen, dessen Bestandteile jedoch nicht näher angegeben werden, »den er unter den linken Arm legen mußte, zwischen sein Hemd und seine Haut, wobei er Stillschweigen beobachten sollte, bis die eheliche Lagerstätte mit Wasser besprengt und der mystische Kuchen weggetan worden war«.

Man kann ruhig eins gegen hundert wetten, daß in dem eben geschilderten Beispiel der geheimnisvolle Kuchen der rechtmäßige Nachkomme eines solchen gewesen sein wird, der früher aus nicht sehr wohlriechenden Bestandteilen zusammengesetzt war, und daß das Wasser, mit dem man die eheliche Lagerstätte besprengte, an die Stelle einer Flüssigkeit getreten ist, die mit der von den Hottentotten bei solchen Gelegenheiten verwendeten sehr nahe verwandt gewesen sein dürfte.

»Um die Vernichtung einer durch Hexerei oder Zwang hervorgerufenen Liebe herbeizuführen, muß der behexte Teil den Schuh des Liebenden als Abtritt benutzen. Und um einen Mann, mag er auch noch so anständig sein, dazu zu bringen, eine alte Hexe zu lieben, gibt sie ihm (unter anderer Speise) ihren eigenen Kot zu essen« [Scot].

In der Provinz Moray in Schottland »schneidet man bei hektischem Fieber und auszehrenden Krankheiten dem

Kranken die Nägel an den Fingern und den Zehen und legt die Schnitzel in ein Säckchen, das aus einem Lappen von den Kleidern des Kranken gemacht ist. Dann schwingt man die Hand mit dem Säckchen dreimal über seinem Kopf und ruft dabei *›Deas Soil‹*, worauf man das Säckchen an irgendeinem unbekannten Platze vergräbt« [Brand]. In seiner Naturgeschichte erwähnt Plinius diesen Brauch auch bei den Zauberern oder Druiden seiner Zeit.

Schweizer. In der Schweiz harnen alte Frauen im Stehen, namentlich bei kaltem Wetter [Chatelain].

»Auf gewissen Gütern in der Schweiz benutzt man, wie mir versichert worden ist, den Harn, um die Gärung gewisser Käsesorten, die man hineintaucht, anzuregen« [Bernard, 1888].

Mag der Gebrauch des menschlichen Harns, um Käse reif zu machen, nun in dem alten Verfahren seinen Ursprung haben, daß man solche Auswurfstoffe benutzte, um die Erzeugnisse der Milchwirtschaft vor dem bösen Einfluß der Hexen zu schützen, oder mag er nicht darin begründet sein; eine Untersuchung darüber würde kaum einen Wert haben; ebenso ist es andererseits gleichgültig, ob eine solche Verwendung als ein Mittel, um die Bemühungen der Hexen unschädlich zu machen, auf die Tatsache zurückzuführen ist, daß der abgestandene Harn ursprünglich der wirksame Gärungsstoff war, um das Gerinnen der Milch zu beschleunigen, oder ob dies nicht der Fall war.

Senegalesen. »Die Hütten in Senegal bewarf man mit Kuhmist, der einen abscheulichen Gestank verbreitete« [Adanson, 1757].

Siamesen. »In Siam herrschte früher die Sitte, daß man an einem bestimmten Tage eine durch Ausschweifungen heruntergekommene Frau aussuchte und auf einer Tragbahre durch alle Straßen trug, wobei man mit Trommeln und Klarinetten Musik machte. Die Volksmenge beschimpfte sie und bewarf sie mit Dreck; und nachdem man sie in der ganzen Stadt herumgetragen hatte, warf man sie auf einen Misthaufen. Die Leute glaubten, daß die Frau auf diese Weise alle bösen Einflüsse der Luft und der bösen Geister auf sich zöge« [J.G. Frazer, 1890].

Die Bewohner von Rangun in Siam beachten beim Beginn ihres neuen Jahres einen ganz sonderbaren Brauch. Jeder, sei es Mann oder Frau, Knabe oder Mädchen, ist mit einer »Spritzbüchse«, dem bekannten Kinderspielzeug, bewaffnet und macht sich ein Vergnügen daraus, alle Leute auf der Straße naß zu machen [*Washington Evening Star,* 1890].

Sibirier. Der Oberingenieur der Marine der Vereinigten Staaten, George W. Melville, der Verfasser des Buches *In the Lena Delta* [1885], hat unter den Eingeborenen im nördlichen Sibirien, wohin er durch ein Schiffsunglück verschlagen wurde, viele Erfahrungen gesammelt. In einem Briefe an Captain Bourke gibt er an, daß er mehrfach Beispiele davon erlebt habe, daß sibirische Weiber ihren eigenen oder ihrer Nachbarn frisch abgeschlagenen Harn tranken. Einmal, in Sutke Harbor, Saint Lawrence Bay, in der Nähe des Ostkaps, schienen sie sehr belustigt, als er über ihr schmutziges und unanständiges Treiben sein Mißfallen ausdrückte und »nach einem kurzen Gespräche ließ eine von ihnen ihren Harn und eine andere trank ihn sofort aus, dabei zeigten beide die größte Heiterkeit über meinen Abscheu«. Er erzählt ferner, daß seine »Eingeborenen« sich eine Mischung aus Alkohol und ihrem eigenen Harn zu gleichen Teilen machten und hinuntergossen, wenn sie aus seinen beschränkten Vorräten nicht soviel Alkohol bekamen, wie sie bedurften.

Melville teilte dem Verfasser überdies mit, daß die Eingeborenen im östlichen Sibirien Harn »zur Reinigung ihrer Küchengerätschaften« anwenden: »Diese Eingeborenen bewahren stets den Harn der ganzen Familie zum Gebrauche in ihrer Häuslichkeit auf; er ist in einem großen Kübel oder Halbfasse untergebracht, den man sich von den Walfischfängerschiffen verschafft oder unter den von der Meeresströmung an der Küste angetriebenen Gegenständen findet. Wenn das Wasser warm aus dem Leib kommt, benutzen sie es zum Reinigen der Hände; den Ansatz von Harnsalzen, der sich am oberen Rande ihrer Senkgrube ansammelt, verwenden sie zum Einreiben des Leibes, um das Ungeziefer zu töten. Die Gewohnheiten dieses Volkes sind im höchsten Grade schweinisch. Sie schienen gegen eine nahe Berührung mit menschlichem oder tierischem Kot nicht die geringste Abneigung zu hegen.«

Sierra Leone-Afrikaner. In Sierra Leone haben die Eingeborenen einen sonderbaren Brauch, dem sich alle Stammesangehörigen unterwerfen müssen, die im Verdacht stehen, Giftmorde zu begehen. Man läßt den Angeschuldigten ein gewisses »rotes Wasser trinken; hiernach darf er sich die nächsten 24 Stunden nicht durch irgendeine Ausleerung erleichtern; falls es ihm nicht gelingt, alles bei sich zu behalten, so würde man dies als einen ebenso starken Beweis für seine Schuld halten, als wenn er dem ersten Schluck zum Opfer gefallen wäre« [J. Matthews, 1791].

Singhalesen. An der Westküste des Stillen Ozeans, abseits von den Orgien der sibirischen Schamanen, begegnen wir nirgends in der Neuzeit einer Erwähnung, daß eßbare oder andere Pilze bei religiösen Gebräuchen Verwendung fanden.

Einen früheren Gebrauch erwähnen jedoch singhalesische Mythen. Die Überlieferung lautet: »Der Zufall brachte eine Art Pilz hervor, den man *›mattika‹* oder *›jessathon‹* nennt, von dem sie 65000 Jahre lang lebten; da sie sich aber entschlossen hatten, damit eine gleiche Teilung vorzunehmen, verloren sie ihn auch. Zu ihrem Glücke wuchs eine andere kriechende Pflanze auf, die man *›badrilata‹* (Mistel?) nennt, von welcher sie (die Brahmanen) sich 35000 Jahre lang ernährten, die sie aber aus demselben Grunde verloren wie die früheren« [Asiatic Society, 1807].

Sioux. Der Verfasser beobachtete bei den Sioux, den Apachen und anderen Indianerstämmen eine Menge von Beispielen dafür, daß man Blasen als Zierat in die Haare einband, lange bevor Händler Glasperlen, Federn und andere Sachen zum Schmücken herbeischafften.

Eine einigermaßen mit diesem Punkte in Zusammenhang stehende Notiz befindet sich unter den Aufzeichnungen des Verfassers. Einer der Zauberer (Medizinmänner) der Sioux versicherte seinen Bewunderern, daß alles an ihm »Medizin« sei, sogar sein Kot, der in Kupferpatronen verwandelt werden könne.

»Die heiligen Pfeifen, die beim Sonnentanz der Sioux Verwendung finden, stellt man so auf, daß der Pfeifenkopf auf einem Büffelkothaufen ruht« [A. Fletcher, 1882].

Frau Eastman [1849] beschreibt den »Hundetanz der Sioux«, bei dem die Hunde Chippewas vorstellten und die Sioux die Tierherzen roh aufaßen.

Der Geistliche J. Owen Dorsey [1891], der über die Sitten und Sagen der Stämme des Sioux-Volkes lange und sorgfältige Forschungen angestellt hat, ist mein Gewährsmann für die Angabe, daß die schwerste Beleidigung, die ein Ponka-Indianer einem anderen antun kann, darin besteht, daß er zu ihm sagt: »Du bist ein Hundedreckfresser«, und es ist beachtenswert, daß man diesen Ausdruck in der Sprache des täglichen Lebens nur selten gebraucht.

Skythen. Die Soldaten glaubten, daß sie sich gegen die Waffen der Feinde sicherten, wenn sie unmittelbar vor der Schlacht aus einem Schädel tränken. Dieser Glaube kam unzweifelhaft mit den Skythen nach Europa. Ettmüller [1690], von dem diese Angabe stammt, zeigt auch, daß man solche Schädel gemahlen und den fallsüchtigen Kranken eingegeben habe; hierüber bringt er viele Zubereitungsarten und Verordnungen.

»Die Skythen ziehen für kriegerische Zwecke Hengste vor, weil die ihren Harn lassen können, ohne im Laufen haltzumachen« [Plinius].

Spanier. Als ein Beispiel, wie der Kot in der Literatur eine Rolle spielt, mag man den Traum des Zador von Vera Cruz lesen, der seine Seele dem Teufel verkaufen wollte [Le Sage, 1736].

Nach dieser Erzählung schließt Zador einen Vertrag mit seiner satanischen Majestät, worin der Teufel als Entgelt für die Seele Zadors einen Goldschatz auf einem Kirchhofe zugänglich macht. Der arme Betrogene nimmt sich davon, soviel er gerade braucht, und bezeichnet dann den Ort des Schatzes in einer sehr schlauen Weise, um durch seine wütende Gattin aus dem Schlafe geweckt zu werden, wobei er zu der betrübenden Erkenntnis kommt, daß er sein eigenes Bett beschmutzt hat. Die beste Erklärung für diese Geschichte ist die, daß sie die landläufige Meinung der Spanier zur Zeit des Le Sage darstellt, wonach sich die Geschenke, die man vom Bösen erhält, in gewisser Weise umwandeln. Man vergleiche hiermit die Erzählung vom Gott Kutka [s. Kamtschadalen].

»Im Jahre 1784 war ich in Madrid. Ein Bettler, der gewöhnlich an dem Tor einer Kirche seinen Standort hatte, benutzte seine Mußestunden, um eine Art Pulver, dem er wunderbare Wirkungen zuschrieb, herzustellen und zu verkaufen. Es bestand aus Stoffen, deren Erwähnung dem Leser die Schamröte ins Gesicht triebe. Der Bettler hatte einige sonderbare Formeln aufgezeichnet, die man zu der Zeit hersagen mußte, wenn man das Pulver einnahm, außerdem verlangte er, um die richtige Wirkung hervorzubringen, beim Einnehmen gewisse Körperstellungen, die man sich viel eher denken, als sie beschreiben kann. Sein Gemisch war eines jener liebeserzeugenden Tränklein, zu welchen unsere unwissenden Vorfahren so viel Vertrauen hatten; seines, behauptete er, hatte die Kraft, einen widerwilligen Liebhaber zu besänftigen und das Herz eines grausamen, hübschen jungen Mannes zu erweichen« [Bourgoanne, 1809].

Stercoranisten. Daß die Streitigkeiten der christlichen Theologen nicht ganz frei von solchen Begriffen gewesen sind, läßt sich leicht beweisen, wenn man sich die Mühe macht, die verschiedenen Stufen der Erörterungen über das Abendmahl zu untersuchen.

Das Wort *Stercoranisten* oder *Sterkorarier* ist in der letzten Ausgabe der *Encyclopaedia Britannica* nicht zu finden; aber in der Ausgabe von 1841 ist das Wort folgendermaßen erklärt: »Stercorarianer oder Stercoranisten, gebildet aus *stercus* (lat. Kot), ein Name, den die Anhänger der römischen Kirche ursprünglich solchen Leuten gaben, die annahmen, daß die Hostie der Verdauung und allen weiteren Folgen unterworfen wäre, gerade wie andere Nahrung.« Diese Erklärung ist in Rees' *Cyclopaedia of Arts, Sciences and Literature* [1802] wörtlich übergegangen.

Der Streit über den *Stercoranismus* begann im Jahre 831 infolge des Erscheinens einer theologischen Abhandlung eines Mönches namens Paschasius Radbertus.

»Die grob-sinnliche Auffassung von der Gegenwart des Leibes Christi im Sakrament, nach der dieser Leib gegessen, verdaut und wie jede andere Nahrung entleert wird, ist schon alt, wenn man sie auch nicht bei Origenes und vielleicht auch nicht bei Rhabanus Maurus findet. Sie entstand sicherlich bei einer Klasse von ketzerischen Lehrern aus der Zeit oder früher als Rhabanus Maurus, den Paschasius Radbertus verdammt« [von Mosheim, 1832]. »Es ist daher gottlos, bei diesem Mysterium anzunehmen, daß es bei der Verdauung der anderen Speisen in Kot verwandeln würde« [Radbertus].

Er wendet indessen auf seine Gegner den Ausdruck »Stercoranisten« noch nicht an. Der erste, der das Wort gebraucht, ist der Kardinal Humbert, und zwar tut er es in einer Streitschrift gegen Nicetas Pectoratus, die zur Verteidigung des Azytimismus geschrieben ist, usw. Aus dieser Quelle ging das Wort in den allgemeinen Gebrauch über [Schroeckh, 1772; McClintock und Strong, 1880; Schaff-Herzog, 1881].

»Diesen Namen haben einige Schriftsteller denjenigen gegeben, die dachten, daß die Symbole des Abendmahles der Verdauung und allen ihren Folgen ebenso unterworfen wären wie die anderen körperlichen Nahrungsmittel. Das Wort ist vom lateinischen *stercus* (Kot) abgeleitet. Ob diese Ketzerei überhaupt vorhanden war, ist nicht allgemein anerkannt. Der Präsident Manguin schreibt sie einem Schriftsteller des 9. Jahrhunderts, namens Amalaire zu; und der Kardinal Humbert bezeichnet in seiner

Antwort an Nicetas Pectoratus diesen klar und deutlich als Stercoranisten, weil dieser behauptete, die Empfangnahme der Hostie breche das Fasten. Schließlich schreibt Alger den Griechen dieselbe Irrlehre zu. Aber diese Anklagen scheinen grundlos zu sein, denn Amalaire stellt in Wirklichkeit die Frage, ob die Bestandteile des Abendmahles wie gewöhnliche Nahrungsmittel aufgezehrt werden, aber er trifft keine Entscheidung. Nicetas behauptet gleichfalls, das Empfangen des Abendmahles breche das Fasten; sei es nun, daß in den Bestandteilen etwas Nährkraft enthalten ist, sei es, weil man nach dem Empfang des Abendmahles auch andere Nahrungsmittel zu sich nehmen kann; aber die Folgerungen, die ihm Kardinal Humbert andichtet, scheint er nicht gezogen zu haben. Und weiter erscheint es gleichfalls nicht richtig, daß die anderen Griechen in dieselbe Irrlehre verfallen sind. Sankt Johannes von Damaskus spricht sie von dieser Anschuldigung frei. Aber die Stercoranisten mögen nun vorhanden gewesen sein oder nicht — die Protestanten können daraus gegen die wirkliche Gegenwart des Leibes Christi keinen Vorteil ziehen, denn jene Irrlehre stützt diesen Glaubenssatz mehr, als sie ihn erschüttert« [Wuitass, 1765].

»Wenn es überhaupt solche gegeben hat, so lebten im 9. Jahrhundert einige, die den Leib Christi, wie er im Abendmahl enthalten ist, dem Abgange und dem Verfall unterworfen glaubten, so daß, wie die anderen Nahrungsmittel zersetzt würden, auch der Leib Christi der Zersetzung anheimfiele« [J.H. Blunt, 1874].

»Der Name ›Stercoranisten‹ bezeichnete keine Sekte, sondern er war ein Schimpfname« [Baronius, 1758].

»Im 9. Jahrhundert hat man mit dem Namen ›Stercoranisten‹ diejenigen Theologen bezeichnet, die da leugneten, daß die Substanz des Brotes und des Weines im Abendmahl in den Leib und das Blut Christi verwandelt würde« [Wuitass].

»Sie behaupteten, daß, wenn der Leib und das Blut Christi anstelle der Substanz des Brotes und des Weines getreten seien, sie denselben Vorgängen unterworfen würden, die diese Substanz hätte durchmachen müssen, wenn sie von den Kommunikanten in Empfang genommen worden wäre« [Larousse, 1875].

Brands *Encyclopaedia* sagt: »Es ist ein Schimpfname, der im 5. und 6. Jahrhundert in den westlichen Kirchen auf diejenigen angewendet worden zu sein scheint, die der Ansicht waren, daß in den konsekrierten Stoffen eine Veränderung einträte, derart, daß der göttliche Leib dem Verdauungsvorgange unterworfen würde.« Für einen ausführlicheren Bericht weist er auf von Mosheims *Kirchengeschichte* hin.

Alles, was in den Mund eintritt, geht in dem Leib hinunter und kommt in den Abtritt.

Süd-Afrikaner. »Moffat ist über die süd-afrikanische Auffassung erstaunt, daß das Meer zufällig von einem Mädchen geschaffen wurde« [Lang, 1887]. Dieses Märchen gehört vielleicht auch zu unserer Aufzählung von Sagen.

Sudanesen. Gelegentlich der Beschreibung des Palastes des Königs Kamresi am oberen Nil sagt Speke [1863]: »Nichts konnte schmutziger sein als der Zustand des Palastes und aller Wege, die zu ihm hinaufführten. Es war vielleicht gut, daß man von uns nicht erwartete, wir kämen hin, denn ohne Stelzen und Atemfilter vor dem Mund würde es gar nicht durchführbar gewesen sein, so groß ist die Veranlagung dieses Volkes für den Schmutz. Die Kühe des Königs hält man innerhalb der Umzäunung des Palastes, und die Kälber betreten wirklich die Hütte, in der Kamresi, wie ein echter Bauer, mitten unter ihnen herumspaziert und sie, bis über die Knöchel im Schmutz stehend, aufmerksam betrachtet und seine Anordnungen trifft.«

Sybariten. »Und sie (nämlich die Sybariten) waren das erste Volk, das die Sitte einführte, bei Lustbarkeiten Nachttöpfe hereinzubringen« [Athenäus].

Syrer. Knabenharn tranken in Syrien Kranke, die an der Pest litten; das Jahr dieser Seuche wird jedoch nicht angegeben [Galen].

Tahitianer. »Auf Tahiti verlassen sie sich indessen in den Latrinen auf die freundschaftliche Mithilfe der Ratten, die gierig diese wohlriechenden Leckerbissen verschlingen; sie scheinen sogar der festen Überzeugung zu sein, daß ihre Sitte die anständigste in der ganzen Welt ist, denn ihr witziger Landsmann Tupaya bekrittelte es, als er zu Batavia in jedem Hause jenes kleine Gebäude sah, das für die Ausübung des Kultes der Cloacina besonders geeignet ist« [Forster, 1778].

Forster spricht von den Handelsgeschäften zwischen den englischen Matrosen und den Weibern von Tahiti, bei denen die letzteren als Gegenleistung für ihre persönlichen Gunstbezeugungen rote Federn und frisches Schweinefleisch erhielten. Die Damen taten sich aber an dieser schwer verdaulichen Nahrung etwas zu sehr gütlich und litten daher an Verdauungsstörungen. »Ihre ganz vortreffliche Eßlust und rasche Verarbeitung setzte sie indessen der Unannehmlichkeit einer gewissen Ruhelosigkeit aus, wodurch sich öfters diejenigen gestört sahen, die nach den Anstrengungen des Tages schlafen wollten. Bei gewissen dringenden Gelegenheiten verlangten sie immer die Dienstleistung ihrer Liebhaber, und da man ihnen diese sehr häufig abschlug, so gaben sie dem Verdeck des Schiffes ein den Pfaden auf den Inseln ähnliches Aussehen.«

Der Geistliche W. Ellis [1832] erzählt bei seiner Schilderung der Bewohner von Tahiti: Fingernägelschnitzel, Haarlocken, Mundspeichel oder andere Leibabsonderungen oder auch etwas von der Nahrung, die jemand essen sollte — dies alles hielt man für Mittel, durch die der böse Geist in den Betreffenden gelangen konnte, den man später für besessen ansah. Der Zauberer nahm das Haar, den Speichel oder irgendeinen anderen Stoff, der seinem Opfer gehörte, mit zu seinem Hause, sprach seine Beschwörungsformeln darüber aus und betete dann; daraufhin trat der böse Geist, wie man annahm, in den »Stoff«, den man *»Tubu«* nannte, ein und gelangte von diesem in den hinein, dem die Zauberei galt.

Tansanianer. Cameron [1877] ließ in der Nähe des Tanganjika-Sees einen seiner Leute, der sich das Auge verletzt hatte, von einem einheimischen Medizinmann behandeln. »Seine Behandlung bestand in einem Pflaster aus Schmutz und Dreck, und sein Honorar bestand aus vierzig Perlenschnüren.« Mit dem Worte »Dreck« meint Cameron im vorstehenden Satze offenbar »Kot«.

Bei den Beschwörungen, die die Medizinmänner vornahmen, um Unglücksfälle beim Umgehen mit dem Feuer fernzuhalten oder seine Expedition vor Schaden zu bewahren, sah Cameron unter anderem auch »eine Kugel, die aus Rindenstückchen, Dreck und Unrat hergestellt war«. Der Ausdruck »Dreck« kann hier nur in einer bestimmten Bedeutung gebraucht worden sein.

Die Anwohner am See Ubidjwi, der in der Nähe des Tanganjika-Sees liegt, beschreibt man so: »In allen Klassen der Bevölkerung tragen beide Geschlechter kleine geschnitzte Bilder um den Hals gehängt oder an den oberen Teil der Arme angebunden, als Zaubermittel gegen böse Geister. Sie sind gewöhnlich hohl, und die Medizinmänner füllen sie mit Unrat an.«

Tarenter. Wer sich mit der Geschichte des Altertums beschäftigt hat, wird sich an die Beschimpfung des römischen Gesandten Posthumus durch den Pöbel von Tarent im Jahre 282 v.u.Z. erinnern. Ein Possenreißer warf ihm auf der Straße Dreck auf die Toga. Der Gesandte ließ sich nicht besänftigen, sondern rief seinen Angreifern kurz und bündig zu, daß mancher Tropfen tarentischen Blutes erforderlich sein würde, um die Flecken auszuwaschen, worauf er abreiste. Ein grauenhafter Krieg begann dann, und die Tarenter wurden nach der Besiegung zu einer eroberten Provinz erniedrigt, d.h. sie hatten nicht das volle römische Bürgerrecht [Duruy, 1887].

Tataren. »Die Tataren halten es nicht für gut, wenn man lange an einem Platze bleibt, denn wenn sie eines von ihren Kindern schimpfen wollen, so sagen sie zu ihm: ›Ich wünschte nur, du müßtest so lange an einem Platz bleiben, daß du deinen eigenen Kot riechen könntest, wie es die Christen auch machen‹; dies ist die größte Schimpfrede, die sie kennen« [Willoughby, 1808].

»Wenn sie zu irgendeiner beliebigen Zeit die Lust ergriff, sich zu erleichtern, so hatten diese schmutzigen Lausekerle nicht einmal so viel Anstand, daß sie sich weiter von uns zurückzogen, wie man mit einer Bohne werfen kann. Ja, wie richtige Schmutzfinken, entblößten sie ihren Hintern in unserer Gegenwart, während sie noch mit uns sprachen«, erzählt der Frater William de Rubruquis, ein Franziskanermönch, den der heilige Ludwig von Frankreich (Ludwig IX.) im Jahre 1235 als Gesandten zum Großchan der Tatarei schickte [Purchas, 1625].

Das Schnarchen und die Blähungen scheinen bei den Tataren als in gleicher Weise anstößig angesehen worden zu sein, wie man aus dem Berichte schließen kann, den Marco Polo von der Art und Weise gibt, wie man für den Großchan Frauen ausgesucht hat. Er sagt nämlich, daß der Großchan diejenigen Frauen, die für die Auswahl in Betracht kommen, »der Obhut der Frauen seiner Barone anvertraut, damit diese beobachten können, ob jene nicht im Schlafe schnarchen oder ob ihr Geruch oder ihr Betragen nicht anstößig sind«.

Wir haben von Marco Polo erfahren, daß in der Provinz Kasachstan Leute aus niederen Volksschichten Gift mit sich herumtrugen, so daß sie jederzeit Selbstmord begehen konnten, falls sie in Gefangenschaft der Tataren gerieten; »aus diesem Grunde halten die großen Herren (der Tataren) Hundekot bereit, den man die Gefangenen zu verschlingen zwingt, und das bringt sie dazu, das Gift auszubrechen«, und ebenso haben wir aus vielen Quellen — Ettmüller, Schurig, Levinus Lemnius, Flemming, Paullini, Beckherius, Lentilius — die Wirkung der Kotstoffe als Gegengift kennengelernt. Auch bei den Ureinwohnern Amerikas hat man denselben Glauben angetroffen.

»In Algier mischt man Gazellenmist unter Schnupftabak und Rauchtabak; die mongolischen Tataren setzen ihrem Schnupftabak die Asche vom Miste des Yakochsen zu« [Rockhill].

Oliver Goldsmith [1762] spricht von einer »sonderbaren Sitte bei den Tataren von Koraki. Die Russen, die mit ihnen Handel treiben, bringen eine Art Pilz zu ihnen.

Diese Pilze speichern die reichen Tataren in großen Mengen für den Winter auf; und wenn ein Edelmann ein Pilzfest gibt, lädt man alle Nachbarn in der Runde ein. Die Pilze bereitet man durch Kochen zu, wodurch das Wasser eine berauschende Eigenschaft erhält und dann eine Art von Getränk gibt, das die Tataren vor allen anderen hochschätzen. Wenn sich die Edelleute mit ihren Damen versammelt haben und die unter Leuten von hohem Rang gebräuchlichen umständlichen Zeremonien vorüber sind, reicht man die Pilzbrühe zwanglos herum. Und dann lachen sie, unterhalten sich mit zweideutigen Redensarten, werden schließlich betrunken, kurz — es gibt eine vorzügliche Gesellschaft. Die ärmeren Leute, die für ihre Belustigung von der Pilzbrühe gerade so eingenommen sind wie die Reichen, die sich aber das Vergnügen nicht aus erster Hand leisten können, stellen sich bei solchen Gelegenheiten rund um die Hütten der Reichen auf und warten die Gelegenheit ab, bis Damen und Herren herauskommen, um ihre Flüssigkeiten abzugeben; dann halten sie eine hölzerne Schale unter und fangen das kostbare Fluidum auf, das seine Eigenschaften durch diese Filtrierung nur wenig verändert und immer noch stark berauschend wirkt. Davon trinken sie nun mit dem größten Wohlbehagen und werden ebenso betrunken und lustig wie ihre ›oberen Zehntausend‹.

›Diese glücklichen Edelleute!‹ rief mein Begleiter aus, ›die nicht zu befürchten brauchen, daß sich die Achtung vor ihnen vermindert, wenn sie an Harnzwang leiden, und die am nützlichsten werden, wenn sie betrunken sind. Obgleich wir diese Sitte bei uns nicht haben, so glaube ich doch bestimmt, daß wir, wenn sie eingeführt werden sollte, in England manchen Schmarotzer bekämen, der bereit wäre, bei solchen Gelegenheiten aus der hölzernen Schale zu trinken und den Wohlgeschmack von Seiner Gnaden Flüssigkeit zu loben. Da wir nun verschiedene Klassen von Edelleuten haben, wer weiß, ob wir nicht einen Lord sehen könnten, wie er die Schale dem Minister, einen Ritter, der sie Seiner Lordschaft hinhält, und einen einfachen Landedelmann, der das Doppel-Destillat aus den Lenden des Herrn Ritters tränke?‹«

Teufelsanbeter. Menschlichen und tierischen Kot erwähnt fast jede Abhandlung über Hexerei, und zwar in dreifacher Hinsicht — erstens: als Mittel, mit deren Hilfe man die Zauberei ausführt; zweitens: als Gegenmittel, durch die man solche Machenschaften unschädlich macht; drittens: als das Mittel, durch das man die Persönlichkeit der Hexe herausfinden kann.

Es gibt nur einen Weg, auf dem man zu einem richtigen Verständnis dessen kommt, was das Hexenwesen war, wie es in gesitteten Gemeinschaften bekannt ist, indem man es nämlich unter der Linse der Untersuchung als verstümmeltes und verzerrtes Überlebsel einer verdrängten Religion betrachtet.

»Es gibt eine Abart der Magie, die ihrem Charakter nach völlig teuflisch ist und sich auch ganz offen als solche bekennt. Diese Art trägt, indem sie immer noch an die Macht der alten Götter glaubt und sie in lichtscheue Handlungen umsetzt, dazu bei, die Gebräuche ihrer Verehrung zu erhalten; die alten Götter sieht man nach dem Sieg der neuen Religion als böse Geister an, weil der exklusive Geist der neuen Religion jede Beziehung zu den Überbleibseln des alten Kultes von sich weist. Der Zauberer ist in diesem Falle weit davon entfernt, sich für eine erleuchtete und göttliche Persönlichkeit zu halten; er ist vielmehr völlig damit einverstanden, lediglich als das Werkzeug böser und unterirdischer Mächte zu gelten, vorausgesetzt, daß er alle Vorteile seiner magischen Tätigkeit einheimsen kann. Er sieht selber nur Teufel in den alten Göttern, die er mit seinen Zaubersprüchen herbeiruft, aber nichtsdestoweniger bleibt ihm das Vertrauen auf ihren Schutz; er verpflichtet sich mit Verträgen zu ihrem Dienste und glaubt selber daran, daß er in ihrer Gesellschaft zu einem Hexentanze gehe. Der größere Teil der Zauberei des Mittelalters trägt diese Züge und pflanzt die volkstümlichen und abergläubischen Gebräuche des Heidentums in den geheimnisvollen und teuflischen Vornahmen der Zauberei fort« [Lenormant, 1878].

Wright [1851] macht auf die Tatsache aufmerksam, daß Hexen bei ihren Versammlungen »zuweilen jeder erdenkliche Luxus zur Verfügung gestellt wurde und sie ihre Feste in der üppigsten Weise feierten. Oft bestanden aber auch die Speisen, die man auftischte, aus Kröten und Ratten und anderen ebenso widerwärtigen Dingen. Im allgemeinen hatten sie kein Salz und nur selten Brot.« Nach diesen Festgelagen kamen »wilde und lärmende Tänze und ausgelassene Lustigkeit. Sie tanzten den Reigen mit dem Rücken nach innen und dem Gesicht nach außen. Als merkwürdigen Umstand mag darauf hingewiesen sein, daß man den heutigen Walzer auf die Versammlungen der Hexen und ihrer Kobolde zurückführen zu können glaubt. Die Lieder, die gesungen wurden, waren durchweg unzüchtig, gemein oder lächerlich.« Auch Reginald Scot [1651] berichtet, daß man den Walzer von den Tänzen der Hexen herleite.

Diejenigen, die in die Hexenkunst eingeweiht werden sollten, hat man vielleicht gezwungen, ekelerregende Speisen als Beweis für die Aufrichtigkeit ihrer Absicht zu sich zu nehmen, oder sie mögen sie auch zu sich genommen haben, um eine Berauschung zu erzeugen, wie sie die Zuñi-Indianer in Neu-Mexiko und die wilden Stämme in Sibirien kennen. Es ist aber noch eine andere Annahme denkbar, die wir hier erwähnen müssen, ehe wir diesen Gegenstand verlassen. Wir wissen, daß man die besten Speisen immer den Göttern des herrschenden Glaubens darbrachte, und die Verwendung irgendeines Zubehörs der Gebräuche der herrschenden Religion im Gebrauchtum eines unterdrückten Kultes sah man als schwersten Frevel und Gotteslästerung an. So betrachtete man beispielsweise die Verwendung von Weihwasser beim Hexensabbath als ein viel schlimmeres Verbrechen als dasjenige, eine Hexe zu sein. Daraus können wir nun den Schluß ziehen, daß es die Anhänger des unterdrückten Glaubens nicht wagten, die besten Dinge zu verwenden, und daher gezwungen waren, auf minderwertige Stoffe zurückzugreifen, aus denen sie ihre dargebrachten Gaben herstellten. Und da sie sich gewöhnlich in abgelegenen Gebirgsgegenden, in Höhlen usw. versammelten, wo man nichts Besseres auftreiben konnte, so brachten sie sich eben selbst als Opfergabe dar — das heißt, sie griffen auf die alte Sitte des Menschenopfers zurück, wenn sie überhaupt jemals davon abgelassen hatten, und gaben als Gelübde ihr Haar, ihren Speichel, Harn und Kot.

»Pure prayer ascends to Him that High doth sit,
Down falls the filth for fiends of Hell more fit.«

(»Reine Gebete steigen zu dem empor, der droben in der Höhe thront; und zur Erde fällt der Schmutz, der für höllische Unholde geeigneter ist.«)

Und ein ehrbarer Mönch gab dem Vater der Lüge folgende deutliche Antwort.

»A godly father sitting on a draught,
To do as need and nature hath us taught.«

(»Ein frommer Pater setzt sich über ein Tau, um das zu tun, was Bedürfnis und Natur uns gelehrt.«)

Der Teufel hatte ihm nämlich Vorwürfe gemacht, daß er gerade in einem solchen Augenblicke seine Gebete hersagte [Harington, 1596].

»Die Darstellung des Teufels in der Gestalt eines Ziegenbocks geht bis in ferne Zeiten zurück. Was mag aber die Veranlassung gewesen sein, daß sich sein Ansehen bei abtrünnigen Gläubigen und Hexen so kräftig entwickelte? Alle Hexen stellen sich ihren Herrn und Meister als einen schwarzen Ziegenbock vor, dem sie bei ihren festlichen Versammlungen göttliche Ehren bezeugen, während umgekehrt der weiße Bock als Sühne für teuflische Beeinflussung galt und sie zunichte machte. In Eiden und Verfluchungen des 15. und 16. Jahrhunderts äfft der Ziegenbock den wahren Gott nach« [Grimm, 1844].

In Bordeaux ist eine Niederschrift des Geständnisses einer jungen französischen Hexe namens Jeanne Bosdean aus dem Jahre 1594 vorhanden. Darin wird eine Hexenmesse beschrieben, bei der der Teufel in der Verkleidung eines schwarzen Bockes erschien, mit einem Wachslicht zwischen den Hörnern. Als man Weihwasser verlangte, pißte der Bock in eine Höhlung im Erdboden, und die das Priesteramt versehende Hexe besprengte damit die Versammlung mit einem schwarzen Weihwedel. Jeanne Bosdean hielt an ihrer Erzählung selbst dann noch fest, als sie schon auf dem brennenden Scheiterhaufen stand. [Thiers, 1741].

Eine der feierlichen Handlungen bei der Aufnahme von Neulingen in den Hexenbund bestand in dem »Küssen der nackten Hinterbacken des Teufels« [Scot]. Papst Gregor IX. beschreibt in einem Briefe, den er im Jahre 1234 an mehrere deutsche Bischöfe richtete, die Einführung von Hexenmeistern folgendermaßen: »Die Neulinge sahen, als man sie in die Versammlung einführte, eine Kröte von ungeheurer Größe. Einige küßten sie auf den Mund, die anderen auf das Hinterteil« [Dupouy, 1888]. Darauf brachte man eine schwarze Katze herbei, der Neuling küßte die Katze auf das anatomische Hinterteil und begrüßte nachher auf ähnliche Weise die Vorsitzenden bei dem Feste und auch noch andere, die dieser Ehre würdig waren. Und weiter heißt es: »Bei den Zusammenkünften der Hexen küßten die Besessenen das Hinterteil des Teufels, indem sie nach Art der Ziegen dagegen stießen.« »Den Huldigungskuß gibt man dem Teufel auf den Hintern, weil nach dem zweiten Buch Mose dem Moses erlaubt war, nur das Hinterteil Gottes zu sehen [Tuchmann, 1890].

König James von England [1616] belehrt uns ganz ernstlich darüber, daß »Hexen oftmals beichten, daß bei ihrer Verehrung des Teufels eine Art der Anbetung darin bestand, daß sie ihm den Hintern küßten«. Dieses Buch erschien mit einer empfehlenden Vorrede von Hinton, einem Bischofe der englischen Kirche.

»Hexen bezeigten dem anwesenden Teufel ihre Verehrung; er hatte gewöhnlich die Gestalt einer Ziege, eines Hundes oder eines Affen angenommen. Sie boten sich ihm an, sowohl den Körper als auch die Seele, und küßten ihn unter den Schwanz, wobei sie eine brennende Kerze in der Hand hielten« [Lea, 1888].

Einige Schriftsteller haben auch die Behauptung aufgestellt, der Name des *Belzebul* sei gleichbedeutend mit *Beelzebub* und bedeute »Herr des Mistes«, aber diese Auslegung bestreitet Schaff-Herzog [1881].

In seiner wertvollen Zusammenstellung der von den Konzilen der römisch-katholischen Kirche verbotenen abergläubischen Gebräuche spricht Thiers auch von den Leuten die morgens ihre Hände im Harn baden, um Behexungen fernzuhalten oder deren Wirkungen zunichte zu machen. Er sagt auch, daß die heilige Lucia in dem Rufe stand, eine Hexe zu sein, aus welchem Grunde sie der römische Richter Paschasius bei ihrem Verhör mit Harn besprengte.

Reginald Scot erzählt uns von einem »Meßpriester«, den ein Inkubus quälte; nachdem alle anderen Mittel versagt hatten, gab ihm eine schlaue Hexe den Rat, »er solle am folgenden Tage bei Tagesanbruch pissen und sofort den Nachttopf zudecken oder mit seinem Unterzeug verstopfen«.

Unter den verschiedenen Arten, wie man in England eine Hexe herausfinden konnte, war auch eine, »bei der man jedes Haar vom Leib der Beschuldigten entfernen mußte. Man konnte sie fernerhin auch dadurch entdekken, daß man Haare, Schnitzel von den Fingernägeln und Harn einer verhexten Person in ein steinernes Gefäß tat und dies im Rauchfang aufhing« [Cotta, 1612]. Cotta spricht auch davon, daß man den Kot oder den Harn von solchen, die behext waren, verbrannte.

Unter anderen Vorschriften, wie man Hexen hintergehen und ihre bösen Taten auf sie selbst zurückwerfen kann, finden wir auch die: »Nimm etwas von dem Dachstroh über der Tür oder einen Ziegelstein, wenn das Haus mit Ziegeln gedeckt ist, besprenge es mit dem Wasser des Kranken oder bringe Salz in das Wasser des Kranken und schütte es auf den rotglühend gemachten Ziegelstein« [Brand, 1872]. Eine andere Vorschrift lautet: »Mache ein Hufeisen rotglühend und lösche es in dem Harn des Kranken ab, dann nimm den Harn des Kranken und setze ihn auf das Feuer, legte drei Hufnägel und etwas Salz hinein, oder mache ein Hufeisen rotglühend und tauche es mehrmals in den Harn.«

»Um sicher festzustellen, ob jemand behext ist, nimmt man seinen Harn und kocht ihn in einem neuen, noch nicht benutzten Topf; wenn der Harn aufschäumt, liegt keine Behexung vor; schäumt er nicht auf, dann ist es ungewiß. Oder man nimmt gereinigte Asche, bringt sie in einen neuen Topf und läßt den Kranken darauf pissen. Dann bindet man den Topf zu und stellt ihn in die Sonne; dann lege die Asche beiseite; wenn die Person behext ist, wird man Haare darin finden« [Paullini, 1696].

Dem Teufel kann man keinen schlechteren Streich spielen, als wenn man auf seine Werke menschlichen Kot legt oder menschlichen Kot in den Rauch des Schornsteins hängt.

»Ein gewisser Mensch behexte einen neun Jahre alten Knaben dadurch, daß er den Kot des Knaben in eine Schweineblase tat und diese Wurst in einem Schornstein aufhing.«

Um die Wirkungen der Hexerei zunichte zu machen, empfiehlt Dr. Rosinus Lentilius [1694], daß der Kranke ein haselnußgroßes Stück seines eigenen Kotes in Öl einnehmen soll. Nach Paullini gebrauchte man als Gegenmittel menschlichen Kot sowohl innerlich als auch äußerlich und menschlichen Harn äußerlich. Zu demselben Zwecke empfahl Schurig [1725] menschlichen Harn und Kot, aber nach seiner Ansicht sollte man beide innerlich nehmen, und zwar mit Bilsenkraut *(Hyoscyamus)* gemischt.

Schurig verordnete Hennendreck und Taubendreck zur Heilung der Behexten. Beckherius [1660] lobt die Anwendung des Menschenkotes zu diesem Zwecke über alle Maßen.

»Als angebliches Mittel gegen Behexung galt folgendes: Man brachte etwas vom Wasser der behexten Person zusammen mit einer Menge Stecknadeln, Nähnadeln und Nägeln in eine Flasche, verkorkte diese gut und stellte sie an das Feuer, um den Geist zusammenzuhalten; aber manchmal zeigte sich, daß dies nicht ausreichend war, da er oftmals den Korkpfropfen mit lautem Knall wie von einer Pistole heraustrieb und den Inhalt hoch in die Luft hinauf schleuderte« [Brand].

»Ein gutes Mittel oder ein Versuch für besessene Menschen: Der besessene Mann oder die besessene Frau müssen auf ihren Knien zur Kirche gehen, und zwar müssen sie so auf der gewöhnlichen Straße hinkriechen, ohne davon abzuweichen; dieser besagte Weg mag noch so unsauber und schmutzig sein, oder es mag im Wege liegen, was da will, nicht das Geringste darf er vermeiden, bis er zur Kirche kommt, wo er die Messe andächtig anhören muß« [Scot].

Die Geschenke, die der Teufel den Hexen machte, hatten sich am nächsten Morgen alle in Dreck verwandelt [Grimm].

Tibeter. W. W. Rockhill [1888] berichtet, die Lamas in Tibet gebrauchten bei ihren religiösen Zeremonien Schädel, aber wiesen diejenigen Schädel zurück, die nach menschlichem Harn röchen. »Es gibt ein Weissagegefäß — ein unheimlicher Gegenstand, der aus dem umgedrehten Schädeldache eines buddhistischen Priesters besteht.«

Unter den Dingen die ihren *Bhikshuni,* d.h. den Mönchen und Nonnen verboten sind, zählt man auch folgende auf: »Man soll sich nicht in das Wasser erleichtern, wenn man nicht krank ist; man soll nicht hineinspucken, die Nase putzen oder sich übergeben, noch irgend etwas Schmutziges hineinwerfen. Wenn eine *Bhikshuni* Exkremente auf wachsendes Gras wirft, so ist das ein *Pacittiya.* Diese *Bhikshuni* sind die Nonnen in Tibet, und das Wort *Pacittiya* bedeutet soviel wie Sünde. Den tibetischen Nonnen ist es verboten, gewisse Haltungen einzunehmen, ebenso den Mönchen: Du sollst nicht stehend ein Bedürfnis befriedigen, außer wenn Du krank bist; das ist eine Regel, die man lernen muß« [Rockhill, 1884].

Rosinus Lentilius [1694] berichtet: »Den König von Boutan und den Oberpriester des tangathanischen Reiches, den Großlama, halten sie in so großer Verehrung, daß sie deren Kot eifrig sammeln und zu Pulver verreiben, das die Brahmanen um vieles Geld den Einfältigen verkaufen. Jene Boutanesen gebrauchen ihn auch als Nasenpulver und als etwas so Köstliches sehen sie ihn an, daß sie die Speisen damit würzen. Die Tangathaner halten ihn für das beste Heilmittel bei verschiedenen, und zwar den schlimmsten, Krankheiten und mischen ihn anderen Arzneien bei, wie es bei Tavernier [1681] erwähnt ist, und bei Erasmus Franciscus [1690].«

Daß man dieselbe ekelhafte Verehrung der Person des Dalai-Lama von Tibet zuteil werden ließe, nahm man früher allgemein an. Maltebrun [1832] behauptet es in ganz bestimmter Form: »Es ist eine sichere Tatsache, daß man den Auswurf, den sein Leib ausscheidet, mit frommer Sorgfalt sammelt, um ihn als Amulett und unfehlbare Arznei bei allen Krankheiten zu verwenden.«

Und Maltebrun fügt nach einer Anführung von Pallas [1771] hinzu: »Die festen Teile seines Nachtstuhles verteilt man als Amulette, die man am Halse trägt; die Flüssigkeit nimmt man innerlich als unfehlbare Medizin ein.«

Abbé Huc [1850] widerspricht diesen Angaben: »Den Dalai-Lama verehren die Tibeter und die Mongolen wie eine Gottheit. Der Einfluß, den er auf die buddhistische Bevölkerung ausübt, ist wirklich erstaunlich; aber dennoch geht man zu weit, wenn man behauptet, sein Kot werde sorgfältig gesammelt und zu Amuletten verarbeitet, die von den Frommen in Beutelchen eingeschlossen und um den Hals getragen werden.«

Huc war ein eifriger und scharfer Beobachter; er war mit der Sprache und den Sitten der Mongolen aufs eingehendste vertraut; seine Reise nach Tibet war überreich an Zwischenfällen, und seine Erzählung entbehrt niemals des Interesses. Dennoch war er in Tibet lediglich ein Reisender; die höheren Klassen der buddhistischen Priesterschaft beobachteten ihn argwöhnisch, während ihn die niederen Schichten der Priesterschaft und das Volk als einen Lama aus dem fernen Osten anzusehen schienen. Aber es gelang ihm nicht, sich das Vertrauen der Tibeter in dem Maße zu erwerben, wie es Dubois unter den brahmanischen Sekten besaß.

Solange man sich damit begnügt, nur die älteren Schriftsteller heranzuziehen, kann man diese Streitfrage als in bejahendem Sinne entschieden ansehen. Die ersten Europäer, von denen bekannt geworden ist, daß sie bis nach Tibet (oder Barantola, wie sie es nannten) gekommen sind, waren die Jesuiten Grüber und Dorville, die auf der Rückreise von China nach Europa durch Tibet marschierten und durch Indien zur Meeresküste wanderten. Dies war im Jahre 1661. Als Grüber und Dorville ihre Reise ausführten oder nur wenige Jahre später, hatte der Pater Gerbillon, gleichfalls ein Jesuit, seinen Aufenthalt unter den herumziehenden Tataren genommen und einen Einfluß bei ihnen erlangt, dessen sich sogar der Kaiser von China in schwierigen Lagen gern bediente. Keiner von diesen Reisenden erhob aber Anspruch darauf, den Großlama in eigener Person gesehen zu haben.

»Grüber versichert uns, die Vornehmen des Königreichs seien ängstlich darauf bedacht, sich den Kot dieser Gottheit (nämlich des Großlamas) zu verschaffen; sie trügen ihn gewöhnlich als Reliquie um den Hals gehängt. An einer anderen Stelle sagt er, die Lamas zögen einen großen Vorteil aus den reichen Geschenken, die sie dafür erhalten, daß sie den Vornehmen zu einem bißchen von diesem Kot oder Urin verhelfen; denn wenn jene den Kot um den Hals gehängt tragen und den Urin unter ihre Speisen mischen, bilden sie sich ein, gegen jeden körperlichen Schaden gesichert zu sein. Als Bestätigung dazu teilt uns Gerbillon mit, die Mongolen trügen nämlich als kostbare Reliquien den gepulverten Kot des Großlama in Säckchen um den Hals gehängt, die imstande seien, sie vor jedem Mißgeschick zu bewahren und jede Art von Unpäßlichkeit zu heilen. Als dieser Jesuit seine zweite Reise nach der westlichen Tatarei ausführte, brachte ein Abgesandter von einem der Hauptlamas dem Onkel des Kaisers ein gewisses Pulver, das in einem kleinen Paketchen von weißem Papier verpackt und in ein Tüchelchen von weißem Taffet hübsch eingewickelt war; aber jener Fürst sagte ihm, daß es bei den Mandschus nicht Sitte sei, von solchen Dingen Gebrauch zu machen, er dürfe es daher nicht annehmen. Der Berichterstatter hielt dieses Pulver entweder für Kot des Großlamas oder für Asche von irgend etwas, das er im Gebrauch gehabt hatte« [Green, 1745].

Die Bezeichnung als »König von Boutan«, die Tavernier gebraucht, bedeutet den Großlama von Tibet. Taverniers Angaben haben ganz gewissenhafte Schriftsteller übernommen. »Daß einige von den Indern, nämlich die Bewohner des Königreiches Boutan, die *Homerda,* das heißt »der getrocknete und gepulverte Kot ihres Königs«, ihren Freunden und Tischgenossen in die Speisen zu geben pflegen, berichtet Jean Baptiste Taverniers *Reisebeschreibung*« [Schurig, 1725].

Das Folgende stammt aus einer Handschrift des Orientalisten und Tibet-Forschers W.W. Rockhill, die den Titel führt: »Die lamaistische Zeremonie, die das Anfertigen der *Mani*-Pillen genannt wird«:

»Gewisse unzerstörbare Teilchen aus den Leibern der Buddhas und der Heiligen und auch gewiß andere leibliche Überbleibsel sahen von jeher die Buddhisten als mit gewissen Eigenschaften begabt an, zum Beispiel sollten sie Licht ausstrahlen und ganz besondere heilende Kräfte besitzen. Die Reisebeschreibungen von Huein-Tsang und von Fa-lisien sind angefüllt mit den Berichten über die Entdeckung solcher Schätze und die übernatürlichen Eigenschaften, die sie besaßen. Bei den Tibetern ist die erste Klasse dieser Reliquien als *Pedung* (oder *Upelgedung*), die zweite als *Dung-rus* (oder *Gdung-rus*) bekannt. Sie sagen, die *Pedung* seien ganz kleine Kügelchen, die man in den Knochen der Buddhas und der Heiligen finde, sie besäßen einen wunderbaren Glanz; manchmal könne man sie auch an dem Äußeren einer heiligen Person sehen, sie hätten dann das Aussehen von glänzenden Schweißtropfen. Da diesen *Pedung* ganz besonders kräftige Heilwirkungen innewohnen, so werden sie auch zum Schutzgeist eines Ortes, der so glücklich ist, etwas von ihnen zu haben. Durch eine ganz natürliche Erweiterung der Ansichten über die Macht der *Pedung* sind die Tibeter auf den Gedanken gekommen, es sei gut, wenn man von einem solchen Heiligen, von dem man weiß, daß er *Pedung* hat, auch nur ein wenig aufbewahrt und bei sich trägt, z.B. von seinen Absonderungen, seinen Haaren oder von seinen abgeschnittenen Nägeln. Dies schützt gegen Schuß- und Hiebwunden, gegen Krankheit usw.; daher die ganz ungewöhnlichen Dinge, die man so oft in tibetischen Zauberbüchschen *(Ka-Wo)* findet. Zu diesen Heiligen zählte auch der Dalai-Lama oder der Panchan-Rimpoche.

Die Eigenschaften der *Pedung* haben noch einen anderen Glauben hervorgebracht, mit dem sich die vorliegende

Abhandlung näher befassen soll, — nämlich die Herstellung von Pillen, denen der Gott Schourizog, auf die Bitten der den Gottesdienst abhaltenden Lamas, die Eigenschaften seines göttlichen Körpers mitteilt und ihnen damit die heilenden und schützenden Kräfte der richtigen *Pedung* weitergibt. Diese Pillen sind als *mani-rilbu* oder ›köstliche Pillen‹ bekannt und werden fortwährend als Arznei unter den Bewohnern von Tibet und der Mongolei gebraucht. Große Mengen davon schickt man auch mit allen tributbringenden Gesandtschaften an den Kaiser von China. Im Chinesischen heißen sie *›Tsu-mu-yas‹* oder *›thi-ma-yao‹*; man darf sie aber nicht mit einer lilienartigen Pflanze verwechseln, die denselben Namen führt und deren Wurzeln in der Heilkunde Verwendung finden und die gleichfalls ein Erzeugnis Tibets ist, nämlich Hanburys *Anemarhena asphodeloides.*«

Herr Rockhill gab die Erklärung, das in vorstehender Beschreibung gebrauchte Wort *»Pedung«* bedeute soviel wie »Überreste«. Zieht man die Tatsache in Betracht, daß diese Völkerschaften, wenn auch sehr entfernt, mit dem arischen Stamme verwandt sind, der als Urahne der Engländer, Deutschen, Iren, Lateiner und anderer gilt, von denen wir abstammen, so ist die Bedeutung, auf die hier hingewiesen wird, gewiß von Wichtigkeit. »Dung« bedeutet im Englischen und Deutschen nicht mehr und nicht weniger als Überreste oder Reliquien einer gewissen Art.

W. W. Rockhill, der sechs Jahre lang Sekretär der amerikanischen Gesandtschaft in Peking war, ist Mitglied der Oriental Society und ein Gelehrter mit sehr bedeutenden Kenntnissen, und zwar gerade in allem, was sich auf die Sprachen, die Sitten und die Religionen Chinas und Tibets bezieht, in welchen Ländern er große Reisen gemacht hat.

Die heiligen Pillen, die er dem Verfasser zum Geschenk gemacht hat, waren in ein silbernes Reliquienkästchen eingeschlossen, das sehr reich ziseliert und verziert ist; sie waren ungefähr so groß wie gewöhnliche Schrotkörner; die Farbe war beinahe Orange, oder zwischen Orange und ockerartigem Rot.

Dank der Freundlichkeit des Generalarztes der Armee der Vereinigten Staaten, John Moore, hat die Pillen der Militärarzt Dr. Mew mit folgendem Ergebnis analysiert:

»18. April 1889

Endlich habe ich Zeit gefunden, um den Kot des Großlama zu untersuchen, und will Ihnen mitteilen, daß ich gar nichts besonders Auffälliges daran gefunden habe. Er hat sich hauptsächlich mit mehlhaltigen Speisen ernährt, denn ich fand bei der mikroskopischen Untersuchung eine große Menge von unverdautem Stärkemehl im Gesichtsfeld; ich wies das Vorhandensein durch die bekannte Jodprobe nach, die eine reichliche Reaktion ergab.

Es war auch ziemlich viel Zellulose vorhanden oder was wie Zellulose aussah, und ich schließe daraus, daß das verwendete Mehl (es handelt sich um Weizenmehl) von sehr grober Qualität war und gewiß nicht aus Minnesota stammte.

Eine leichte Reaktion auf gallenartigen Stoff schien zu beweisen, daß keine Verstopfung der Gallengänge vorlag. Bei den angestellten Versuchen sind die vier sehr kleinen Pillen aus dem Kote des Lama fast aufgebraucht worden.

Ihr aufrichtig ergebener

W. M. Mew.«

»Homo est medicus et ex homine medicina paratur«, der Mensch ist der Arzt, und aus dem Menschen stellt man die Arznei her, sagt Flemming in seinem Buche *De Remediis ex corpore humano desumtis* [1738]; was man so verstehen kann, daß aus dem Menschen die Arznei genommen wird, weil der Mensch Arzt ist.

Trotz aller seiner Angst vor dem Ungewissen und Unerklärlichen hatte der Wilde doch einen als wunderbar zu bezeichnenden Glauben an sich selbst als das höchste Werk der Natur; alle seine großen Götter schuf er nach seinem eigenen Bilde; er ging sogar noch weiter und legte den Priestern oder Stellvertretern der Götter dieselbe Hochachtung und Verehrung bei, die, wie man annahm, den Göttern selbst zukamen; hieraus entstand dann die

Menschenverehrung, wie sie heute noch in Tibet in ihrer ausgesprochensten Form besteht und wie sie in Europa fast bis in unsere Zeit hinein in der abgeänderten Form vorkam, die man als *»touching for the king's evil«* (»Berührung wegen der Königskrankheit«) bezeichnete. Die Wirksamkeit dieser Berührung beruhte auf dem zweifachen Glauben, daß alle Krankheiten aus irgendeiner übernatürlichen und im allgemeinen auch bösartigen Quelle stammten und deshalb auch am besten mit dem Händeauflegen eines Menschen geheilt werden konnten, der durch die Salbung mit ein wenig heiligem Fett zu dem Allmächtigen in etwas näherer Fühlung war. Und dieses Salben der Könige ist ein Überlebsel von uralten heidnischen Gebräuchen. Auch in den heiligen Büchern von Tibet ist die Rede vom gesalbten Herrscher [Rockhill, 1884].

Da Tiere, Gewächse und Steine Gegenstände des Kultes waren, so griff man in ganz natürlicher Weise auf sie zurück, und sie mußten Heilmittel für alle Krankheiten und Vorbeugemittel für jede Art von Mißgeschick liefern. Und das höchste aller lebenden Wesen, den Menschen, konnte man nicht gut aus dem Arzneischatz *(Materia medica)* weglassen; alles, was zu einem der beiden Geschlechter gehörte, entweder in leiblicher Beziehung oder hinsichtlich leiblicher Verrichtungen, mußte den ungebildeten Geist mit einem Gefühl der Ehrfurcht erfüllen; alle festen oder flüssigen Leibausscheidungen bedachte man mit geheimnisvollen Eigenschaften und verwandte sie bei besonders wichtigen Gelegenheiten.

Speichel, Kot, Harn, Monatsblut, Galle, Nieren- und Gallensteine, Knochen, Schädel, — sie alle hatten etwas Geheimnisvolles an sich und waren daher »Medizin«, namentlich wenn sie von einem Heiligen oder einem Lama herrührten.

Dieser Glaube erhielt sich bei Stämmen und Gemeinwesen, lange nachdem sie eine Gesittung höherer Art erreicht hatten, und wahrscheinlich spielt der Evangelist Markus 7, 15 darauf an, wenn er in einer nicht ganz klaren Stelle sagt: »Nicht das, was in des Menschen Leib eingeht, sondern das, was aus ihm herauskommt, verunreinigt ihn.«

Aber nicht allein aus dem Leib des lebenden Menschen, sondern auch aus Leichnamen stellte man heilkräftige Zubereitungen her, aber im letzteren Falle drängt sich in die Untersuchung ein anderer Gedankengang ein, den man bei dem Primitiven aller Länder und aller Zeiten vorfindet, daß nämlich der Teil immer der Vertreter des Ganzen ist und daß dieser Teil, wenn man das Ganze nicht bekommen kann, ebenso wirksam ist. Hieraus erklärt sich die ungemeine Sorgfalt, mit der man bei allen Gemeinwesen auf einer niedrigen Kulturstufe Knochen, Zähne, Kleiderfetzen und andere Überreste des heiligen Toten aufbewahrte.

Tlinkit-Indianer. »Die Schamanen der Tlinkit in Alaska bewahren ihren Harn so lange auf, bis der Geruch so stark geworden ist, daß ihn die Geister nicht mehr ertragen können« [Boas, 1888 (a)].

Die Tlinkit an der Nordwestküste von Nord-Amerika glauben, man könne einen Ertrunkenen in das Leben zurückrufen, wenn man ihm Einschnitte in die Haut mache und eine Arznei auflege, die aus gewissen Wurzeln bestehe, die man mit drei Monate lang aufbewahrtem Harn eines Kindes ausgezogen habe. Ertrunkene Menschen verwandeln sich nach der Ansicht ihrer Medizinmänner zu Fischottern.

Tonga-Insulaner. Auf den Tonga-Inseln gibt es zwei hervorragende Persönlichkeiten, Tooi-Tonga und Veachi, die man für die lebenden Vertreter mächtiger Götter hält. Beim Tode des Tooi-Tonga finden gewisse Zeremonien statt, darunter auch folgende: »Wenn es dunkel ist, nähern sich dann die Männer dem Berge, d.h. dem Grabhügel und, man möge mir den Ausdruck gestatten, verrichten ihre Andacht an Cloacina, worauf sie sich zurückziehen. Sobald am anderen Morgen der Tag anbricht, versammeln sich die Frauen von höchstem Range, die Weiber und Töchter der größten Häuptlinge mit ihrem Gefolge, bringen Körbe herbei, die sie zu zweien tragen, und räumen mit großen Muscheln die Ablagen der vergangenen Nacht weg. An dieser sinnbildlichen Handlung der Demütigung weigert sich keine Frau von noch so hoher Stellung teilzunehmen. Von den Leidtragenden in der *fytoca* kommen gewöhnlich einige und helfen, so daß der Platz in ganz kurzer Zeit wieder rein ist. Dieser Vorgang wiederholt sich die vierzehn folgenden Nächte, und ebenso pünktlich ist jeden Tag bei Sonnenaufgang alles wieder rein gemacht. Außer den Mitwirkenden wird niemandem gestattet, Zeuge dieser außergewöhnlichen Zeremonien zu sein; man sah es wenigstens als äußerst schamlos und unreligiös an, wollte jemand dabeisein.

Am sechzehnten Tage versammeln sich dieselben Frauen wieder am frühen Morgen; jetzt sind sie aber mit den feinsten *gnatoo* und den hübschesten *Hamao*-Matten bekleidet, mit Bändern geschmückt, und tragen Blumengewinde um den Hals; sie bringen auch neue Körbe mit, die mit Blumen verziert und kleine Kehrbesen, die sehr geschmackvoll hergestellt sind. Mit dieser Ausrüstung kommen sie herbei und tun gerade so, als ob sie dieselbe Arbeit zu erledigen hätten wie vorher, sie räumen anscheinend den Schmutz weg und nehmen ihn in ihren Decken fort. Die Eingeborenen bedauern gewöhnlich, daß der schmutzige Teil der Zeremonien unbedingt stattfinden muß und daß es gerade die Pflicht der vornehmsten Adligen und sogar der zartesten Frauen von hohem Range ist, dieses niedrige und ekelhafte Amt zu übernehmen, lieber als daß der geheiligte Boden, auf dem das Begräbnis stattfand, verunreinigt bleiben dürfe.« Dillon [1829] bemerkt noch dazu, daß man »den ganzen Vorgang als eine heilige Handlung ansehen müsse, die auf einer uralten Sitte beruhe«.

Tornit. Die Eskimos erzählen Sagen von einem Volke, das vor ihnen in den Polargegenden lebte und das sie die Tornit nennen. Von diesen Vorgängern berichten sie: »Ihr Verfahren, das Fleisch zuzubereiten, war ekelhaft, denn sie ließen es stinkig werden und brachten es dann zwischen den Oberschenkeln und dem Leib unter, um es warm zu machen« [Boas, 1888].

Dies erinnert uns an das ähnliche Verfahren der Tataren, die sich mit dem Fleische unter sich auf ihre Pferde zu setzen pflegten.

Torresstraßen-Insulaner. »Um den Knaben Mut einzuflößen, pflegte ein Krieger unter den Eingeborenen der Torresstraßen-Inseln, ›*Kerketegerkai*‹ genannt, Auge und Zunge eines toten Menschen zu nehmen (wahrscheinlich eines erschlagenen Feindes), diese in kleine Stücke zu schneiden und mit seinem Harn zu vermischen. Dieses Gemengsel verwendete er dann in folgender Weise: Er sagte dem Knaben, daß er die Augen schließen und nicht hinsehen solle, wobei er hinzufügte: ›Ich gebe Dir richtiges *Kalkai*‹.« (*Kalkai* ist ein entliehenes Wort, das im englischen Kauderwelsch soviel wie Speise bedeutet.) Der Krieger stand dabei aufrecht hinter dem sitzenden Knaben und fütterte ihn, wobei er des Knaben Hände zwischen seine Beine klemmte. Nach einer solchen Gabe »ist das Herz stark, und der Knabe hat keine Furcht mehr« [Haddon, 1890].

Trojaner. Die Trojaner verrichteten ihre leiblichen Bedürfnisse im vollen Licht des Tages, wenn wir den Feststellungen vertrauen dürfen, die sich hierüber in der *Bibliotheca Scatologica* [1850] vorfinden. Dort wird nämlich darauf hingewiesen, daß ein französischer Schriftsteller, dessen Name ungenannt bleibt, eine zwar lustig zu lesende, aber dabei sehr gelehrte Abhandlung über diesen Gegenstand geschrieben habe.

Tschuktschen. »Kapitän Healey vom Zollkutter ›Bear‹ brachte im letzten Herbst einen schiffbrüchigen Seemann hierher, den sibirische Tschuktschen gerettet und der sich über zwei Jahre bei ihnen aufgehalten hatte. Er beschrieb die Art und Weise, wie sie eine berauschende Flüssigkeit herstellen, folgendermaßen: »In der Sommerzeit sammelte man große und kleine Pilze in großer Menge, und es aß sie ein Mann, der sich, wie unsere Indianer, mit Fasten für dieses Fest vorbereitete. Nachdem er eine ungeheure Masse des Pilzes gegessen, brach er sie in ein Gefäß wieder aus, nahm dann die Ladung wieder zu sich und entlud die Masse nach einer Pause abermals in halb-gegorenem oder halb-verdautem Zustande. Das Gemisch schluckten diejenigen, die auf das Getränk warteten, hinunter, und sie tranken auch seinen Urin, und dies führte eine Ausschweifung herbei, die in einer tollen Betrunkenheit endigte« [Irwin, 1888].

»Der Seeman J.B. Vincent, den ich im letzten Sommer bei den Tschuktschen auffand, erzählte, sie sammelten in ihren Zelten eine Pilzart, und während ihrer Karnevalszeit, die ungefähr mit unseren Weihnachtsfeiertagen übereinstimmt, wählten sie einen Mann aus, der eine Menge davon kaut und eine ungeheure Masse Wasser dazu trinkt; man setzt ihn dann in sein Hirschgespann und fährt ihn von einem Lager zum anderen, und in jedem Lager wiederholt er das Kauen und das Wassertrinken, und überall trinken die Leute seinen Harn, mit der Wirkung, daß sie alle berauscht werden. Die Ankunft dieses Mannes feiern die Leute mit vielem Gepränge und besonderen Gebräuchen. Der Seemann Vincent war Augenzeuge bei verschiedenen dieser Gebräuche, und man redete ihm zu, an den Orgien teilzunehmen; und als er sich weigerte, seine Rolle dabei bis zu Ende zu spielen, nannte man ihn einen ›Knaben‹« [Healey, 1888].

Harn verwendeten die Tschuktschen in Sibirien »um Häute haltbar zu machen oder zu gerben« [Melville, 1885].

Bei den Tschuktschen ist der Harn »ein sehr nützlicher Gegenstand im Haushalt; man bewahrt ihn in einem besonderen Gefäß auf und verwendet ihn als Seife oder Lauge zum Reinigen des Leibes und der Kleider«.

»Aber sie waschen sich selbst sowohl als auch ihre Kleider damit, und sogar in den heißen Bädern, die bei Männern und Frauen in gleicher Weise beliebt sind, weil sie sehr gern schwitzen, machen sie ihre Abwaschungen manchmal mit dieser Flüssigkeit« [Lisiansky, 1814].

»Nachts liegt der Hausherr mit seiner ganzen Familie, seiner Frau und den Kindern, in einem einzigen Raum beisammen. Sie alle lassen ihr Wasser in einen einzigen Nachttopf, mit dessen Inhalt sie sich morgens das Gesicht, den Mund, die Zähne und die Hände waschen. Sie behaupten, dafür manche Gründe zu haben, nämlich es mache das Gesicht schön, erhalte die Kraft, festige die Sehnen in der Hand und bewahre die Zähne vor dem Faulwerden« [Bleekens, 1565].

Nachdem W.H. Gilder, der Verfasser von *Schwatka's Search* [1881], das doppelte Zelt aus Häuten beschrieben hat, das die Tschuktschen benutzen, berichtet er, daß man alle Nahrungsmittel in dem *Yoronger* oder dem inneren Zelt aufbewahrt, in dem Männer und Frauen vollkommen nackt sitzen; sie haben nur einen schmalen Streifen von Seehundfell um die Hüften geschlungen.

Nach Beendigung der Mahlzeit überreicht man »einen kleinen flachen Eimer oder eine hölzerne Pfanne jedem, der ein Bedürfnis dafür empfindet, den warmen Harn zu liefern, mit dem die Hausfrau die Tischplatte und die Messer wäscht. Es ist ganz gleichgültig, wer die Flüssigkeit liefert, ob es die Männer, die Frauen oder die Kinder sind; und ich selbst habe häufig die Wirtin mit dem Abwaschwasser versehen. Fast in jedem Zelte bewahrt man einen kleinen Vorrat von getrocknetem Gras von der Sommerzeit her auf. Ein kleines Bündel davon taucht man in den warmen Harn und es dient als Aufwaschlumpen und als Tellertuch. Diese Leute sind im allgemeinen entgegenkommend und gastfreundlich und sorgten aufmerksam für die Bedürfnisse, die ich als Fremder hatte, den sie als hilfloser als einen Eingeborenen ansahen. Die Frauen pflegten deshalb oft zu mir zu kommen, nachdem sie Tischplatte und Messer abgewaschen hatten, um mir die Finger zu waschen, sowie das Fett von meinem Munde mit dem angefeuchteten Gras abzuwischen. Auch irgendein Mann oder Frau im Zelte, die Verlangen danach hatten, ließen sich das nasse Gras geben und wandten es auf dieselbe Weise an.

Es geschah dies nicht etwa als Förmlichkeit, sondern als eine natürliche und notwendige Sache. Ich glaube nicht, daß sie den Harn zu solchen Zwecken verwendeten, wenn sie soviel Wasser und besonders soviel warmes Wasser bekommen könnten, wie sie brauchen. Aber das ganze Wasser, das sie im Winter haben, beschafft man dadurch, daß sie Schnee oder Eis über einer Tranlampe schmelzen, was sehr langsam vor sich geht; und der Vorrat ist daher sehr beschränkt, denn es ist kaum mehr da, als sie zum Trinken nötig haben, oder um frisches Fleisch zu kochen, wenn sie gerade welches haben.

Der Boden des *Yoronger* ist meist mit gegerbten Seehundfellen belegt, und auch die wäscht man häufig mit dem fettlösenden Harn ab. Die Folge davon ist, daß die Luft in einem wohlhabenden und glücklichen Tschuktschenheim immer nach einem Gemisch von Ammoniak und verdorbenem Walroßfleisch riecht« [Gilder, 1889].

Wo Harn für Leibabwaschungen Verwendung findet, ist der Zweck, der damit erreicht werden soll, offenbar der, daß man durch die Zersetzung Ammoniak erzeugen will, und in keinem derartigen Falle wird man die Absicht haben, religiöse Gedanken damit in Verbindung zu bringen. Wo aber diese Abwaschungen von gottesdienstlichen Gebräuchen begleitet werden oder wo man sie einem Ritual einverleibt hat oder wo sie in Räumen stattfinden, die gottesdienstlichen Zwecken vorbehalten sind, ist es wohl angebracht, die Vermutung auszusprechen, daß alles, was dort gebraucht wird, einschließlich des Harns, eine geheiligte oder wenigstens halbwegs geheiligte Bedeutung hat.

»Eine sonderbare Äußerung der Gastfreundlichkeit ist bei den Tschuktschen in Sibirien beobachtet worden: Die Tschuktschen bieten ihre Frauen den Reisenden an; aber diese müssen sich einer ekelhaften Probe unterziehen, um sich ihrer würdig zu zeigen. Die Tochter oder die Frau, die die Nacht mit dem neuen Gast zubringen soll, stellt ihm eine mit ihrem Harn vollgefüllte Schale hin; er muß sich damit den Mund ausspülen. Wenn er so mutig ist, so sieht man ihn als ehrlichen Freund an, wenn nicht, so behandelt man ihn als einen Feind der Familie« [Dulaure, 1825].

Bei den Tschuktschen »ist es eine allbekannte Sitte, bei einer heiligen Handlung den Harn beider Teile als Trankopfer zu verwenden; und in gleicher Weise zwischen Verbündeten und Verbrüderten, um sich gegenseitig zu verpflichten und ewige Freundschaft zu schwören« [Melville].

Die Rentier-Tschuktschen stellen sich so, als ob sie ihren Harn lassen wollten, um ihre Tiere zu fangen, wenn sie sie zum Schlittenziehen brauchen. Das Rentier, die Pferde und das Vieh der sibirischen Stämme lieben den

Harn sehr, wahrscheinlich wegen seines Salzgehaltes, und wenn sie sehen, daß ein Mann aus der Hütte herauskommt, wohl in der Absicht, seine Blase zu erleichtern, so laufen sie ihm nach und kommen so dicht an ihn heran, daß ihm seine Beschäftigung alles eher als angenehm vorkommt.

Die Bewohner Sibiriens geben menschlichen Harn ihren Rentieren zu trinken. »Nichts ist einem Rentier willkommener als menschlicher Harn, und ich habe sie sogar rasch laufen sehen, wenn sich ihnen die Gelegenheit bot, ihn zu bekommen« [Cochrane, 1824].

Melville berichtet ebenfalls, er habe im Lenadelta gesehen, wie die Treiber ihren Rentieren in das Maul pißten.

Die Absicht ist in diesem Falle ganz klar: Die Tiere brauchten Salz, und während der Wintermonate läßt sich eben die Herbeischaffung auf keine andere Weise ermöglichen. Cochrane spricht zwar oben von den Tschuktschen, er war aber auch bei den Jakuten und anderen Stämmen. Er wanderte von St. Petersburg nach Kamtschatka und von einem Punkt zum anderen in Sibirien über eine Strecke von etwa zehntausend Kilometern. Auf jeder Seite seines Werkes findet man abfällige Urteile über die schmutzigen und ekelhaften Gewohnheiten der primitiven Wandervölker. So sagt er von den Jakuten: »Ihr Gestank und Schmutz ist geradezu unfaßbar. Die großen Zelte (der Tschuktschen) waren ekelhaft schmutzig und widerlich, jede Art von Gemeinheit und Roheit war vertreten.« Im Innern der Zelte waren Männer, Frauen und Mädchen vollständig nackt. »Während des Winters trinken sie nur Schneewasser, und um es zu schmelzen, greifen sie zu ganz ekelhaften und schmutzigen Mitteln, wenn sie kein Holz erlangen können«, usw. Er spricht aber nirgends davon, daß man den menschlichen Harn trank, was jedoch, wie wir aus anderen Quellen erfahren haben, bei ihnen vorkommt.

»Es würde, wenn man den Anstand wahren will, unmöglich sein, ihre Sitten zu beschreiben und darzulegen, wie ihre Bemühungen um Reinlichkeit sie noch ekelhafter machen. Es gehört eine ziemliche Gewöhnung oder die ungeheuerlichsten Erfahrungen in frischer Luft dazu, um irgendeine Spur von Bequemlichkeit in einer solchen Unterkunft zu finden. Die Augias-Ställe oder die Ställe der Stumpfschwanzkühe kämen uns im Vergleich hierzu wie Paradiese vor« [Gilder, 1883].

Türken. »Bei den Türken gilt es als eine Ketzerei, im Stehen zu pissen« [Harington, 1596].

»Die für die natürlichen Entleerungen bestimmten Örtlichkeiten sind immer reinlich. Die Türken setzen sich nicht wie wir, wenn sie an diesen Örtlichkeiten sind, sondern sie hocken sich nieder über dem Loch, das nur einen halben Fuß oder etwas mehr über dem Boden erhöht ist. Die Türken und überhaupt alle Moslime bedienen sich für gewisse Zwecke niemals des Papiers; und wenn sie einen gewissen Ort aufsuchen, nehmen sie jedesmal einen Topf voll Wasser mit, um sich abzuwaschen« [Tavernier, 1681].

»Die Türken benutzen niemals Papier, um sich den Hintern abzuwischen, denn dies gilt bei ihnen als ein großes Verbrechen, und zwar deshalb, weil vielleicht der Name Gottes darauf geschrieben ist oder darauf hätte geschrieben werden können, wie Thévenot berichtet in seinem *Itinerarium Orient* [1665]. Und nach A. Bubeqvius *Epistel* leeren sich die Türken niemals aus, ohne daß sie Wasser mitnehmen, um die betreffenden Teile abzuwaschen« [Schurig, 1725].

»Es ist eine weit verbreitete Verleumdung, daß die Türken, die sich in bezug auf ihren Kot noch an die Vorschriften des fünften Mosesbuches halten, den Christen vorhalten, daß die letzteren mit ihrem eigenen Kot vergiftet sind« [Harington].

Kuhmist gebrauchen nach Angaben George Smiths [1876] die Bewohner des Tigristales bei Mosul in der kleinasiatischen Türkei als Brennmaterial.

Tierischen Kot gebrauchen die Bewohner der kleinasiatischen Türkei im Tigristale als Mörtel.

Tungusen. Die Tungusen in Sibirien erzählten Sauer [1802], daß sie »keinen größeren Fluch kennen als denjenigen, daß man an einem und demselben Platze wohnen müsse, wie ein Russe oder ein Jakute, denn an einem solchen Platze häuft sich der Schmutz an, und dieser macht die Menschen stinkend und krank«.

»Sie essen alles von den Tieren, die sie schlachten und werfen nicht einmal das schmutzige Zeug in den Eingeweiden fort, sondern machen eine Art schwarzer Wurst daraus, indem sie Blut und Fett darunter mischen« [Sarytchew, 1805].

Turkomanen. Vambéry [1865] erwähnt das Beispiel eines heiligen Mannes bei den Turkomanen, der nach dem Hersagen einer Reihe von heiligen Versen »vor sich hin eine Schale mit Wasser zu stellen pflegte, in das er am Schlusse eines jeden Gedichtes — hineinspuckte. Und diese Mischung verkaufte man als wunderwirkende Arznei an den Meistbietenden.«

Ugander. Die Mutter des Königs von Uganda lud Speke [1863] ein, sie zu besuchen und mit ihr *Pombé,* den einheimischen Bananenwein, zu trinken. Wenn sie zufällig davon etwas verschüttete, »gerieten die Sklaven hierüber sofort ins Handgemenge, tippten mit der Nase auf den Boden oder packten diesen mit raschem Griff, damit ja kein Stäubchen von der Gunst der Königin verloren ging; denn alles mußte angebetet werden, was vom Königstume kommt, sei es nun durch Absicht oder durch Zufall.« Wir haben hier also wieder die Geschichte vom Großlama und nichts anderes.

Ungarn. In der Wallachei »gilt keine Hinrichtungsart als schmachvoller als der Galgen. Als Grund hierfür gibt man an, die Seele eines Menschen, dem man einen Strick um den Hals geschlungen hat, könne nicht aus seinem Munde entweichen« [Maltebrun, 1832].

Vatikaner. »›*Chaire stercoraire*‹ (›Kotstuhl‹), nach dem Berichte von L'Enfant bezeichnete man in Rom mit diesem Namen einen Stuhl, der früher vor dem Säulengang der Basilika stand und auf den sich der Papst am

Tage seiner Weihe setzen mußte. Der Sängerchor sang ihm alsdann die folgenden Worte aus dem Psalm 113, Vers 7f. vor: ›Der Herr richtet den Geringen auf aus dem Staube und erhöhet den Armen aus dem Kot, daß er ihn setze neben die Fürsten, neben die Fürsten seines Volkes.‹ Auf diese Weise sollte man, wie Kardinal Raspon sagt, dem Papste zu Gemüt führen, daß die Tugend der Demut die Begleiterin seiner großen Macht sein müsse. Diesen Brauch schaffte Leo X. ab, der kein Freund von solchen nebensächlichen Dingen war« [*Encyclopédie,* 1765].

»Stercoraria sedes, in qua creati pontifices ad frangendos elatos spiritus considerent, unde dicta« [Baronius, 1758]. (»Kotstuhl, auf den sich die Päpste nach ihrer Wahl setzen mußten, um ihren stolzen Übermut zu demütigen, daher der Name.«)

Man lese auch bei Ducange [1840] unter *»Stercoraria sedes«* nach, woselbst angegeben ist, daß man den Gebrauch dieses Stuhles bis ins 10. Jahrhundert zurückverfolgen kann.

Man vergleiche auch die Bemerkungen über Untertauchstühle. Die *Sella stercoraria* scheint von diesen abgeleitet zu sein. »Der Tauchstuhl war eine gesetzlich bestimmte Strafe. Man unterwarf ihm auch spitzbübische Bierbrauer und Bäcker, und man tauchte sie in dem Schlamm des Stadtgrabens unter« [Southey, 1849].

»Um in den Därmen einen Abfluß herbeizuführen, war es nur nötig, den Kot eines Kranken in einen menschlichen Knochen einzufüllen und ihn in einen Wasserlauf zu werfen.« Diese Angabe steht in den medizinischen Schriften »Peters von Spanien, der Erzbischof war und später unter dem Namen Johannes XXI. Papst wurde« [Dupouy, 1888].

Harington erwähnt in seinem Werke *Ajax* [1596] den Fall des päpstlichen Legaten, »den das letzte Jubiläum nach Frankreich brachte; aus Furcht vor seinen Dienern, die sich aus Gewohnheit lärmend um ihn herumtreiben, weil sie am Tragen des Thronhimmels teilhaben wollten, und weil er Angst vor Verrätereien hatte, legte er wahrhaftig ganz plötzlich etwas in seine Hosen«.

In den ersten Zeiten der Reformation stellte man bei den Maifestspielen in Deutschland den Papst dar, »wie er in seinen Pontifikal-Gewändern auf einer großen Sau ritt und ihr eine Wurst aus Dreck vor den Rüssel hielt«.

Venezuelaner. Die Leichen der indianischen Häuptlinge in Venezuela wurden verbrannt, die Asche in einheimischem Branntwein getrunken. »Und das ist eine große Ehre für sie« [Gómara, 1552].

Vereinigte Staatsbürger. Dr. V. T. McGillicuddy in Rapid City (Dakota) machte die Angabe, daß irische, deutsche und skandinavische Waschfrauen, die in die Vereinigten Staaten eingewandert sind, an der Gewohnheit festhalten, dem Wasser, das zum Reinigen von wollenen Decken gebraucht werden soll, menschlichen Harn zuzusetzen.

»Wasche das Gesicht mit der Leinwand ab, auf die ein neugeborenes Kind zum ersten Male gepißt hat — das wird die Sommersprossen vertreiben.« Am Cape Breton gebräuchlich [Bergen]. Dieser Glaube an die verschönernde Kraft der ersten Absonderung der Nieren eines Kindes ist in den Vereinigten Staaten von Nord-Amerika allgemein verbreitet.

»Man hielt ein neugeborenes Kind so lange für nicht genügend vorbereitet für die Lebensreise, solange sein Magen nicht mit einem Trank gefüllt und davon wieder entleert war, der aus Zuckersirup und den Blasenabsonderungen des ersten jungen Mannes bestand, dessen man zu diesem Zweck habhaft werden konnte« [Cutting, 1888].

»Ich neige meinerseits sehr zu der Ansicht, daß alle diese Gebräuche weiter nichts sind als Überlebsel oder verdorbene Anklänge an die als Blutbund bezeichnete Sitte, bei der zwei Personen gewissermaßen zu einer einzigen verschmolzen werden, indem sie bei dieser Art des Vertragschließens irgendeinen Teil ihres eigenen Ichs, ganz gleich welcher Art, gemeinschaftlich genießen. Ist Ihnen die Tatsache bekannt, daß sich die Sitte, einem neugeborenen Säugling den Harn eines gesunden Kindes zu trinken zu geben, bei den Kinderfrauen vom Lande bis auf den heutigen Tag in Neu-England und vielleicht auch noch anderswo in Amerika erhalten hat? Ich kann persönlich für diese Tatsache Zeugnis ablegen, da sie mir aus eigener Erfahrung bekannt wurde. Es ist ganz besonders beachtenswert, daß das hebräische Wort *chaneek,* das man mit ›eingeübt‹ oder ›eingeweiht‹ übersetzt und das in dem Sprichwort verwendet wird: ›Übe ein Kind‹ usw., wie aus dem entsprechenden arabischen Wort hervorgeht, als Wurzelbegriff die Bedeutung hat, ›einem neugeborenen Kind den Schlund öffnen‹, d.h. den Eintritt des Kindes in sein neues Dasein darstellt. Bei einigen primitiven Völkern gibt man daher dem neugeborenen Kinde frisches Blut zu trinken, gewissermaßen als konzentriertes Leben, und in anderen Fällen nimmt man Harn dazu« [Trumbell, 1888].

Unter den Kindern findet man in den Vereinigten Staaten Amerikas, in England und wahrscheinlich auch auf dem europäischen Festlande den Glauben, daß jemand, der den Löwenzahn pflückt, sich angewöhnt, während des Schlafes in das Bett zu pissen. Dem Verfasser ist es nicht gelungen, den Ursprung dieser sonderbaren Ansicht zu ermitteln oder irgendeine Erklärung dafür zu erhalten.

»Leontodon-Dandelion. Kinder, die den Löwenzahn abends essen, lernen seine harntreibenden Wirkungen nachts kennen; und dies ist der Grund, daß die Pflanze sowohl bei den Briten als auch bei anderen europäischen Völkern im Volksmunde *›piss-a-bed‹* (›Bettpisserblume‹ oder ›Pißblume‹) genannt wird« [*Encyclopaedia,* 1797].

In den Vereinigten Staaten von Nord-Amerika pflegten Knaben noch in der vorigen Generation oder noch später *criss-cross,* d.h. über Kreuz zu pissen, als gute Vorbedeutung, und dabei sorgfältig darauf zu achten, daß auch keine Spur des Harns auf ihren eigenen Schatten fiel [Seelye].

Man konnte in Philadelphia von einer Sitte hören, die man als derben Jungenstreich ansah. Sobald es geschah, daß sich ein Knabe eine laute Blähung zuschulden kommen ließ, schrie die ganze Bande der Schüler: *»Touch wood!«* (»Berührt Holz!«); und dann liefen sie davon, um den nächsten Baumstamm zu berühren; diejenigen, die sich dabei als langsam erwiesen, wurden von den Flinkeren durchgeprügelt.

Frau Fanny D. Bergen in Cambridge (Massachusetts) hat mehrere Jahre lang eifrige Nachforschungen angestellt, um Stoff über abergläubische Vorstellungen und Gebräuche zu sammeln, die sich auf den menschlichen Speichel beziehen. Während ihrer wichtigen und seltsamen Sammeltätigkeit hat sie zufälligerweise vieles aufgestöbert, was sich auf verwandte abergläubische Anschauungen bezieht. Die Angaben über die Anwendung von menschlichen und tierischen Auswurfstoffen, die sich in ihren Notizen befanden, hat sie dem Verfasser dieses Buches freundlichst zur Verfügung gestellt:

Harn als Heilmittel für aufgesprungene Hände, auf der Elchinsel im Gebrauch.

Pisse in Deinen Schuh, wenn Du das Knarren vermeiden willst; ebenfalls auf der Elchinsel.

Tee aus Schafsmist wird ebendort in ausgedehntester Weise als Heilmittel gegen die Masern gebraucht.

Knaben pissen auf ihre Beine, um Krämpfe fernzuhalten. Dieses Verfahren war im östlichen Maine vor vierzig bis fünfzig Jahren allgemein verbreitet.

Das Wasser, das in den Vertiefungen der Kuhmisthaufen stand, empfand man früher in New York als sicheres Heilmittel der Lungenschwindsucht.

Das mit Spiritus aus dem männlichen Geschlechtsteil der Schweine ausgezogene Öl rieb man einem Kinde, das schwache Nieren oder eine schwache Blase hatte, auf die Lenden; gebräuchlich in den nördlichen Teilen der Vereinigten Staaten und in Teilen von Neu-Schottland.

In Brunswick, im Staate New York heilte man um das Jahr 1825 herum die Masern dadurch, daß man dem Kranken eine Abkochung von Lämmerkot gab; letzteren nannte man dort »Ziegenperlen« *(»nanny-beads«)*.

In St. Albans, im Staate Vermont gab man den neugeborenen Kindern um das Jahr 1814 als Abführmittel einen Löffel voll Frauenharn ein.

Den weißen, lehmigen Teil des Hennenkotes wandte man in Abingdon, im Staate Illinois gegen Krebsgeschwüre im Munde an.

Tee aus Schafskot galt im ganzen Neu-England, Ohio und Cape Breton als Mittel gegen Masern. Kuhmist, so frisch wie möglich auf entzündete Brüste aufgelegt, war noch vor 45 Jahren am Cape Breton gebräuchlich.

Wasser, das in den Höhlungen von Kuhdüngerhaufen steht, genießt in Walden (Massachusetts), den Angaben der Frau Bergen zufolge, den Ruf, für eine reine Gesichtshaut zu sorgen, so daß hierdurch die Übertragung eines Glaubens nachgewiesen wäre, der seit den ältesten Zeiten in Europa verbreitet war.

Gänsekot genießt im Staate Indiana einen guten Ruf wegen der Entfernung von Pusteln.

In New-Hampshire trank eine gebärende Frau den Harn ihres Mannes als harntreibendes Mittel noch um die Mitte des vorigen Jahrhunderts.

Spuckt man in frisch gelassenen Harn, so verhindert dies, daß man die sogenannten Gerstenkörner auf die Augenlider bekommt. Dieses Mittel läßt sich auf Plinius zurückführen.

Herr Sylvester Baxter wußte, daß in Massachusetts junge Frauen, noch bis in die jüngste Zeit herein, menschlichen Harn als Waschmittel für die Erhaltung einer guten Gesichtshaut benutzten.

Herr Baxter berichtete außerdem, er habe gelegentlich einer kürzlich stattgefundenen Unterhaltung mit Herrn Frank H. Cushing in der Nähe von Tempe im Staate Arizona erfahren, daß in der Jugendzeit Cushings die Leute im mittleren und westlichen Teile des Staates New York noch Abwehrmittel gegen Hexerei hatten und daß Herr Cushing eine Familie persönlich kannte, die sich eine Abkochung hergestellt, zu deren Bestandteilen auch menschlicher Harn gehörte; dieser galt als ein Vorbeugemittel gegen Behexung. Die in Betracht kommende Örtlichkeit lag etwa 18 englische Meilen von der Stadt Rochester entfernt.

Lye-tea (Laugentee), der aus menschlichem Harn und *limewater* (Kalkwasser) hergestellt war, gebrauchten in den ländlichen Teilen im Herzen des Staates New York »alte Leute« bei Erkältungen [Pierce, Pangborn und Elliott].

»Ich will Ihnen von einer Sitte berichten, die im Staate Iowa unter dem Volke ziemlich verbreitet war: nämlich die Anwendung von Schafsmist bei den Masern. Den Mist machte man zu einem ›Tee‹ zurecht, wie die alten Weiber das Zeug nannten; man bezeichnete ihn allgemein als *›Sheep-nanny-tea‹*. Man hielt ihn für ganz besonders wirksam, um den Hautausschlag herauszutreiben. Man versüßte diese Mixtur mit Zucker und gab sie in dieser Verkleidung den Kindern zu trinken ein. Dieses Verfahren hat sich bis vor etwa zwanzig Jahren in gewissen Volksschichten erhalten; in den letzten Jahren habe ich nichts mehr davon gehört. Den Ursprung dieser Sitte in Indiana und Nord-Carolina kann ich durch die Familien verfolgen, die sie hier ausübten« [S. B. Evans, 1888].

Herr Chrisfield, Beamter der Kongreß-Bibliothek in Washington, erzählte, daß man an der östlichen Küste von Maryland und Virginia Harn als Heilmittel gegen Ohrenschmerzen gebrauche, während man in Neu-England bei Gelbsucht »Spinnen und ein noch viel ekelhafteres Mittel in einem Löffel voll Zuckersirup verordnet« [Black, 1883].

Herr Chrisfield teilte überdies folgende Tatsache mit: Er habe in seiner Jugend, die er an der östlichen Küste von Maryland verbrachte, erfahren, daß unter der unwissenderen Bevölkerung jener Gegend es die Regel war, daß ein Vater, sobald er merkte, daß sein Sohn für irgendein junges Mädchen eine wachsende Zuneigung zeigte, sich etwas von ihrem Kot zu verschaffen suchte und ihn den jungen Mann unter der linken Achselhöhle tragen ließ. Wenn er dann, nachdem man ihn dieser Prüfung unterworfen, in seiner Anhänglichkeit verharrte, so ersah der Vater daraus, es würde nutzlos sein, gegen die eheliche Verbindung der beiden Einspruch zu erheben.

Vor ungefähr zwanzig Jahren erzählte man sich ganz allgemein in Kalifornien, daß die Einwanderer, die in den Goldgräberzeiten aus Missouri und Arkansas in jenen Staat kamen, die Gewohnheit hatten, ihre Ausleerungen, bevor sie zu ihrem Tagesmarsche ausrückten, in die Lagerfeuer der vergangenen Nacht zu werfen. Es ließ sich nichts darüber in Erfahrung bringen, was diese Sitte für eine Bedeutung hatte, wenn überhaupt eine Bedeutung dahinter zu suchen ist.

In ihrem Roman *Virginia of Virginia* berichtet Amelie Rives [1888], daß die Glieder einer gewissen Familie in

Virginia an typhösem Fieber erkrankten, weil sie »Dünger in ihrem Keller gemacht hatten«. Wir dürfen daraus den Schluß ziehen, daß dieses »Düngemittel« zum großen Teil aus Mist bestand. Die Unterhaltung zwischen Herrn Scott und Fräulein Virginia Herrick lautet: »›Das abscheuliche Fieber wütet bis nach Annesville herauf‹, sagte er jetzt. Virginia wandte sich ihm zum ersten Male zu. ›Wirklich?‹ fragte sie, ›Wer liegt daran darnieder?‹ ›Fast alle Glieder der Familie Davis. Der Arzt sagt, es käme daher, daß sie Dünger in ihrem Keller machten.‹«

Im Jahre 1877 verirrte sich der Captain Nicholas Nolan vom 10. Kavallerie-Regiment, während er mit seinen Leuten feindlichen Indianern in den »Staked Plains« von Texas nachspürte; die Abteilung sah sich gezwungen, als die Vorräte erschöpft waren, mehrere Tage lang vom Blut ihrer Pferde und ihrem eigenen Harn zu leben, da sie in dieser Gegend kein Wasser fanden [Hammersley].

Voodooanbeter. Menschliche Zähne, Knochen und andere Leichenteile sind bei den Negern in den südlichen Staaten der Vereinigten Staaten von Nord-Amerika heute noch bei ihren Voodoo-Zeremonien und als Zaubermittel in Gebrauch, nach dem Glauben längst entschwundener Zeiten, daß ihr Besitz einem Menschen Unsichtbarkeit verschaffe [*Washington Evening Star,* 1889].

»In der Mitte der Halle stand ein Gefäß, dessen Inhalt mindestens so verschiedenartig war wie Macbeths Hexenkessel; eine Mischung, die zum Teil aus nicht wiederzugebenden Bestandteilen zusammengesetzt war« [Newell, 1889].

Wangumbo- und **Wangwana-Afrikaner.** »Die Wangwana und Wangumbo teilen mir mit, daß der Elephant, wenn er den Kot des Rhinozeros nicht zerstreut findet, wütend wird und sich sofort auf die Suche nach dem Verbrecher begibt. Diesem geht es schlecht, wenn er ihn findet, denn er ist mürrisch und geneigt für das stolze Vorrecht zu kämpfen, daß er seinen Kot so liegen lassen kann, wie er hinfällt. In einem solchen Falle bricht der Elephant einen starken Ast von einem Baum ab oder entwurzelt einen kräftigen jungen Baum, wie ein Schiffmast groß, und bearbeitet damit das unglückliche Tier, das froh ist, wenn es sich in eiliger Flucht retten kann. Aus diesem Grunde, behaupten die Eingeborenen, dreht sich das Rhinozeros jedesmal um und zerstreut sorgfältig, was es hat fallen lassen« [Stanley, 1878].

West-Afrikaner. »In einigen Teilen des westlichen Afrika muß ein Mann, der nach langer Abwesenheit nach Hause zurückkehrt, seinen Leib mit einer besonderen Flüssigkeit abwaschen, ehe es ihm gestattet ist, seine Frau zu besuchen. Außerdem macht ihm der Zauberer ein besonderes Zeichen auf die Stirn, um allen Zaubereien entgegenzuwirken, die ihm vielleicht eine fremde Frau während seiner Abwesenheit angetan haben kann und die durch ihn auf die Frauen des Dorfes übergingen« [J. G. Frazer, 1890].

Wir sind zwar nicht unterrichtet, was diese »besondere Flüssigkeit« eigentlich war; aber wir haben schon so viel vom afrikanischen Glauben an die Macht des Harns in ähnlichen Fällen erfahren, daß eine Vermutung über diesen Punkt nicht unangebracht sein wird.

Yaguaces. Die ältesten Berichte von Indianern Floridas und von Texas erwähnen die Verwendung von Kot in Speisen und den Genuß derartiger Nahrungsmittel. Cabeza de Vaca [1542], einer der Überlebenden des unglücklichen Kriegszuges Panfilo de Narvaezs, war viele Jahre lang Gefangener bei verschiedenen Stämmen, bis es ihm schließlich gelang, in Gesellschaft von ebenso unglücklichen Kameraden wie er selbst, das Festland zu durchqueren und im Jahre 1536 bei Culiacan die Küste des Stillen Ozeans zu erreichen. In seinem Berichte schildert er, wie die Bewohner von Florida »Wurzeln ausgruben, um sie als Nahrung zu gebrauchen; wie sie Spinnen, Ameiseneier, Würmer, Eidechsen, Salamander, Schlangen, Erde, Holz, Hirschkot und noch viele andere Dinge aßen«. Diese Bemerkungen sind so zu verstehen, daß sie sich auf alle Stämme beziehen, die dieser alte Forscher östlich der Rocky Mountains kennengelernt hat.

Gómara [1552] stellte diese ekelhafte Ernährungsweise bei einem besonderen Stamme, den Yaguaces in Florida, fest. »Sie verzehrten Kot von allen Arten von wilden Tieren.« Er entnimmt seine Angaben dem Berichte Vacas. Das Wort *cagajon* bedeutet den Kot von Pferden, Maultieren und Eseln, das Wort *cagarruta* den Kot von Schafen, Ziegen und Mäusen.

Ygarroten. »Die Ygarroten auf den Philippinen schütten über ihr rohes Fleisch als Brühe den flüssigen Kot eines frisch geschlachteten Büffels« [Réclus, 1885].

Yogis. »Waltherius Schulzius berichtet in seiner *Ostindischen Reise,* eine gewisse Sekte der Inder, die man ›Gioghi‹ (›Yogin‹) nenne, solle keinerlei Speise zu sich nehmen, die nicht mit dem Kote der Kuh gekocht ist. Die Haare und das Gesicht beschmieren sie sich mit *Crocus* und Kuhmist; auch wird keiner in dieser Gesellschaft zugelassen, der nicht vorher während eines längeren Zeitraums seinen Körper mit Kuhkot ernährt hat usw.« [Schurig, 1725].

Zentral-Afrikaner. Chaille Long [1877] gibt an, daß in Zentral-Afrika er und seine Leute sich gezwungen sahen, Wasser zu trinken, in das der Kot von dem Rhinozeros und dem Elephanten geraten war.

»Am Morgen des 8. Mai, während ich mit einem Fieberanfall kämpfte, erhielt ich einen Besuch von Gilmoro, der mir einen Flaschenkürbis voll Milch brachte, als ein Zeichen seiner Dankbarkeit, daß ich ihm einmal bei einer besonderen Gelegenheit seine Stellung gerettet hatte. Im brennenden Fieberdurste stürzte ich auf einmal einen Becher der schäumenden Flüssigkeit hinunter, ehe mein Geschmacksinn die ekelhafte Beimischung zu erkennen vermochte; mein Magen lehnte sich indessen rasch dagegen auf und warf unter heftigem Würgen den widerlichen Trank wieder aus; sieben Achtel davon waren einfach Kuhpisse! — eine Sitte, die nebenbei bemerkt bei allen Zentral-Afrikanern gang und gäbe ist, denn diese trinken niemals Milch ohne diesen Zusatz.

Dieser Fetisch und abergläubische Brauch bringt der Kuh sowohl hier als auch am Bahr-el-Abiad Schutz, eine geheimnisvolle Beziehung zum Unbekannten — vielleicht ein Schatten des alten ägyptischen Kultes.«

Im Inneren Afrikas verwendet man Kot beim Rauchen. »Man füllt ein großes Gefäß mit Tabak und Lehm und manchmal auch mit einer sehr fragwürdigen Mischung an; den Rauch davon atmet man so lange ein, bis die Raucher betäubt oder mit ausgesprochener Übelkeit zu Boden fallen — und das ist gerade die Wirkung, die sie erreichen wollen.«

Zuñi-Indianer. Es gibt drei geheime Orden bei den Zuñis — »Zuñi«, *»Messer«* und *»Nehue-Cue«*. Der zuletzt genannte Orden soll den Zweck haben, seinen Mitgliedern die Tapferkeit zu lehren, sie dabei aber auch mit Mitteln gegen Magenverstimmungen usw. bekannt zu machen. Bei ihren Tänzen üben sie die scheußliche Sitte, menschlichen Urin zu trinken, menschlichen Kot, tierischen Kot und anderen Unrat zu essen; man muß es selber gesehen haben, um es glauben zu können.

Während meines Aufenthaltes in dem Dorfe Zuñi in Neu-Mexiko, schickten am Abend des 17. Novembers 1881 die *Nehue-Cue,* einer der geheimen Orden der Zuñis, eine Mitteilung an Herrn Frank H. Cushing, dessen Gast ich war; sie wollten uns die ganz außergewöhnliche Ehre antun, zu unserem Wohnhause zu kommen, um einen ihrer sonderbaren Tänze aufzuführen. Cushing sagte mir, dies sei bis jetzt noch nicht vorgekommen.

Die Frauen aus der Familie des Gouverneurs brachten das große Wohnzimmer in Ordnung, indem sie den Boden aufwuschen und ihn mit Wasser besprengten, um den Staub festzuhalten. Als es dunkel geworden war, traten die Tänzer, ihrer zwölf an der Zahl, ein; zwei davon waren Knaben. Die Männer in der Mitte waren nackt, abgesehen von einem schwarzen Schurze (*breech-clouts,* wörtlich: Lappen vor dem Hintern) von altertümlichem Aussehen. Das Haar trugen sie offen; über der Stirn hatten sie ein Bündel wilder Truthahnfedern und über jedem Ohr ein Bündel von leeren Kornähren. Quer über die Augen und über den Mund waren weiße Streifen gemalt. Jeder trug einen Kragen oder ein Halstuch aus schwarzem Wollstoff. Einen Zoll breite weiße Streifen waren in der Nabelgegend um den Körper herum gemalt, ebenso um die Arme, um die Mitte der Oberschenkel und um die Knie herum. Rasseln aus Schildkrötenschalen hingen vom rechten Knie herab. Sie trugen blauwollene fußlose Gamaschen mit niedrigen Mokassins, und in der rechten Hand schwang jeder einen Stab, der aus einer Kornähre bestand, die mit Federn vom wilden Truthahn und vom Papagei aufgeputzt war. Die anderen waren mit alten, ausrangierten amerikanischen Uniformen bekleidet, und jeder trug eine weiße baumwollene Nachtmütze, während Kornähren oben auf den Kopf und hinter die Ohren gesteckt waren. Einige trugen noch neben den Schildkrötenschalenrasseln Schnüre mit Metallglöckchen an den Knien. Einer von ihnen war noch viel wunderlicher verkleidet als die anderen; er trug einen langen Überrock aus dünnem Gummistoff und über den Augen ein paar weiß bemalte Scheuleder. Seine allgemeine »Aufmachung« sollte eine ulkige Nachahmung eines mexikanischen Priesters vorstellen. Ein anderer konnte als gut gelungene Karikatur einer jungen Frau gelten.

Unter der Begleitung einer langen Trommel und der erwähnten Rasseln und Glöckchen schoben sie sich in das große Zimmer herein, das mit Zuschauern beiderlei Geschlechts in jeder Größe und jedem Alter vollgepfropft war. Ihr Gesang nahm anscheinend in drolliger Weise auf alles und jeden im Umkreis Bezug, wobei sie Cushing, Mindeleff und mir besondere Aufmerksamkeit zu schenken schienen, und zwar zur unbändigen Heiterkeit der rothäutigen Zuhörer. Ich hatte meinen Platz auf der einen Seite des Zimmers eingenommen und saß auf einem Schemel, während vor mir auf einer Art Bank oder Tisch eine kleine Petroleumlampe stand. Ich vermute, daß ich in dem Scheine, den das schwache Licht verbreitete, und bei meiner steifen Haltung eine gewisse Ähnlichkeit mit den Heiligenbildern gehabt haben muß, wie sie an den Mauern der alten mexikanischen Kirchen hängen; einer solchen eingebildeten Ähnlichkeit schreibe ich wenigstens die Vorstellung zu, die nun folgte.

Die Tänzer schwenkten plötzlich in eine Linie ein, warfen sich vor meinem Tisch auf die Knie und fingen an, eine eigenartig aussehende, aber dennoch getreue Nachäffung einer Gemeinde mexikanischer Katholiken beim Abendgottesdienst darzustellen, wobei sie sich in übertriebener Weise auf die Brust schlugen. Einer brüllte eine Parodie auf das Vater-Unser heraus, ein anderer murmelte vor sich hin nach Art eines alten Mannes, der den Rosenkranz betet, während der Kerl mit dem Gummimantel aufsprang und eine leidenschaftliche Ermahnung oder Predigt begann, die in bezug auf die Treue der Nachahmung unvergleichlich war. Eine Zeitlang krümmten sich die Zuhörer vor Lachen, bis auf ein Zeichen des Anführers die Tänzer plötzlich in einer Reihe, wie sie hereingekommen waren, wieder aus dem Zimmer hinausmarschierten.

Eine Pause von zehn Minuten folgte, während welcher den staubigen Fußboden Männer besprengten, die das Wasser kräftig aus dem Munde spien. Dann traten die *Nehue-Cue* wieder ein; diesmal waren zwei davon vollständig nackt. Ihr Singen war ganz sonderbar, es hörte sich an wie ein Chor von Kaminfegern; und ihr Tanz war ein steifbeiniges Hüpfen, wobei sie die Fersen etwa 12 Zoll (etwa 30 cm) voneinander entfernt hielten. Nachdem sie einige Male in dem Zimmer in dieser Weise die Runde gemacht, kündigte Cushing in der Zuñi-Sprache an, daß ein »Schmaus« für sie bereit sei, worüber sie laut brüllend ihre Freude bezeugten; sie kamen dann auf uns zu, um den freigebigen *»Americanos«* die Hände zu schütteln, wobei sie uns in einem lustigen Mischmasch von spanischen, englischen und Zuñi-Brocken anredeten. Sie hockten sich dann auf den Fußboden und verzehrten hastig große Schalen voll Tee und Teller voll harten Gebäcks und Zuckers. Als sie beinahe fertig waren, trat eine Frau ein, die eine Schale *(olla)* voll Harn brachte, von dem die vertierten Schmutzfinken herzhaft tranken.

Ich wollte meinen Augen nicht trauen und fragte Cushing, ob das wirklich Menschenharn sei. »Ei freilich«, antwortete er, »und da kommt noch mehr davon!« Diesmal war es aber ein großer zinnerner Eimer, der nicht weniger als zwei Gallonen faßte (etwa 7,5 Liter). Ich stand neben der Frau, als sie diese sonderbare und abscheuliche Erfrischung anbot. Sie machte mit der Hand eine Bewegung, um mir anzudeuten, daß es Urin sei, und einer von den alten Männern wiederholte mir das spanische Wort *mear* (pissen), während mein Geruchssinn mir die Wahrheit dieser Angaben bestätigte.

Die Tänzer tranken in großen Zügen, schmatzten mit den Lippen und bemerkten unter brüllenden Heiterkeitsausbrüchen der Zuschauer, daß das sehr, sehr gut sei. Die Clowns waren jetzt ganz in ihrem Element; jeder suchte seine Nachbarn an Unflätigkeit zu übertreffen. Der eine verschlang ein Stück einer ausgedroschenen Kornähre und behauptete dann, das sei sehr gut und besser als Brot; sein Gegenüber kaute an einem schmutzigen Lumpen herum und versuchte ihn hinunterzuschlukken. Ein anderer drückte sein Bedauern aus, daß der Tanz nicht außerhalb des Hauses auf einem der freien Plätze abgehalten worden sei; dort hätten sie uns erst ihr ganzes Können gezeigt. Dort setzten sie eine Ehre darein, Kot von Menschen und Hunden zu essen.

Für meinen Teil war ich ganz zufrieden, daß dies unterblieb, namentlich weil das Zimmer, mit etwa hundert Zuñis vollgepfropft, so voll Gestank und Schmutz war, daß es fast unerträglich wurde. Der Tanz selbst dauerte glücklicherweise nur einige Minuten, so daß es uns bald vergönnt war, in die erfrischende Nachtluft hinauszueilen.

Dieser flüchtigen Schilderung eines ekelhaften Brauches habe ich nur noch wenig hinzuzufügen. Um ihn zu erklären, erzählten die Zuñis, daß die *Nehue-Cue* ein medizinischer Orden sei, der diese Tänze von Zeit zu Zeit abhalte, um den Magen seiner Mitglieder gegen jede Art von Nahrung, so abstoßend diese immer sei, unempfindlich zu machen. Diese Erklärung klingt ganz annehmbar, wenn wir dabei im Auge behalten, daß Religion und Heilkunde bei primitiven Völkern fast immer dasselbe sind oder wenigstens so eng miteinander verbunden erscheinen, daß es sehr schwierig ist, zu entscheiden, wo die eine beginnt und die andere aufhört.

Die Religion bewahrt in ihren dramatischen Gebräuchen bis zu einem gewissen Grade die Geschichte des besonderen Volkes, unter dem sie heimisch ist. Bei hoch entwickelten Völkern haben die geistlichen Schauspiele (sogenannte Mirakel, Moralitäten und Passionsspiele) bis in unsere Zeit hinein als eine Art leichtfaßlichen Unterrichts die Zuschauer die heiligen Geschichten gelehrt, an die sie glaubten. Einen ähnlichen Zweck mögen auch die ersten Veranstalter des Urintanzes im Auge gehabt haben. In ihrer frühesten Geschichte hatten die Zuñis und andere Pueblo-Indianer unter fortwährenden Kämpfen mit wilden Gegnern und untereinander viel zu leiden. Bei der Lage ihrer Dörfer mußten diese notgedrungen langdauernde Belagerungen aushalten, wobei zweifellos Hunger und Krankheiten die Verbündeten waren, mit denen die Angreifer von vornherein rechneten. Wir könnten mithin in diesem abscheulichen Tanz eine Überlieferung von dem grenzenlosen Elend haben, dem die Zuñis in irgendeinem weit zurückliegenden Abschnitt ihrer Geschichte, von dem wir nichts wissen, preisgegeben waren.

Eine ähnliche Katastrophe in der Geschichte der Juden wird im 2. Buch der Könige 18, 27 und nochmals bei Jesajah 36, 12 angedeutet: »Aber Rab-Schakeh sagte zu ihnen: Hat mein Herr mich zu deinem Herrn geschickt und zu dir, um diese Worte zu sprechen? Hat er mich nicht zu den Männern geschickt, die auf der Mauer sitzen, damit sie mit Euch *ihren eigenen Kot essen und ihren eigenen Harn trinken?*« Im weiteren Verlauf meiner Studien stieß ich auf die Erwähnung eines ganz ähnlichen Tanzes, der unter einer der fanatischen Sekten der arabischen Beduinen vorkommt; aber die Zeitung, in der der Bericht stand, ich glaube, es war *London Lancet,* habe ich unglücklicherweise verlegt.

Die folgende Beschreibung des Vereinshauses der *Nehue-Cue* wird von Wert sein: »Es war 21 Schritte lang und 9 Schritte breit; ringsherum war auf drei Seiten eine fortlaufende Bank angebracht; vor dem Altar standen heilige Gefäße aus Ton, die mit Kaulquappen bemalt waren, um das Wasser des Sommers, mit Fröschen, um das ganze Jahr über vorhandenes Wasser und mit der Seeschlange, um das Meerwasser darzustellen. (Sie beschreiben diese Seeschlange *(vibora del mar)* als sehr groß, mit Federn (Schaum?) auf dem Kopfe; sie fresse Menschen, die ins Wasser gingen, und wenn man sie mit großen Messern aufschneide, gebe sie eine große Menge Öl her.) In der ersten der heiligen Schüsseln befand sich eine Muschelschale aus der See, die mit Stäben aus Kornähren, mit Herzen aus *Chalchihuitl* und außen mit dem Gefieder von Papagei und Truthahn verziert war. Schalen mit heiligem Mehl *(Kunque)* standen auf dem Boden; dieses heilige Mehl, das man in Nischen in dem Hause eines jeden Zuñi finden kann oder vielmehr fast in jedem Dorfe in ganz Neu-Mexiko und Arizona, stellt man gewöhnlich aus einer Mischung von blauem Kornmehl, Muschelschalen und *Chalchihuitl* her; aber bei ganz feierlichen Gelegenheiten fügt man noch Meeressand hinzu, wie mir der alte Indianer Pedro Pino versicherte. Ringsherum waren im Zimmer in Zwischenräumen Bilder von Vögeln — Enten und anderen — angebracht, und zwar neun auf einer Seite und neun Bilder von Clown-Göttern auf der anderen Seite. Diese Malereien waren in Schwarz und in rotem und gelbem Ocker ganz hübsch ausgeführt. Der Gott des ›Geflügelten Messers‹ war hinter dem Altar in Schwarz dargestellt. In diesem Zimmer bewahrte man auch einige von den bemalten länglichen Holztrommeln auf, wie man sie bei jedem heiligen Tanze sehen kann« [*Tagebuch,* 17. November 1881].

Daniel W. Lord [1890], der eine Zeitlang Genosse des Frank H. Cushing bei seinen Forschungen unter den Zuñis von Neu-Mexiko war, berichtete mir folgendes: »Im Juni 1888 war ich Zuschauer bei einer Orgie im Zuñi-Dorfe in Neu-Mexiko. Der feierliche Tanz war an diesem Nachmittage auf dem kleinen Platze im nordwestlichen Teil des Dorfes, der gewöhnlich hierzu diente, eben zu Ende, als man noch folgenden Brauch als Ergänzung hinzufügte: Einer der Indianer brachte auf den Platz den Kot, der Verwendung finden sollte; er ging von Hand zu Hand, und man aß ihn auf. An dieser feierlichen Handlung nahmen nur wenige teil, sicher nicht mehr als ihrer acht oder zehn. Sie tranken Harn aus einer großen flachen Schale und führten dabei unter sich eine fortlaufende Unterhaltung in Bemerkungen und Ausrufen, gerade als wenn sie einander anfeuern wollten, recht herzhaft zu trinken, was sie denn auch wirklich taten. Schließlich wurde einem von den Teilnehmern übel, und er mußte sich übergeben, als die heilige Handlung vorbei war. Die Bewohner des Dorfes standen auf den Dächern der Häuser, von denen aus man den Platz überschauen konnte, und nahmen an dem Vorgang lebhaften Anteil. Einige von den lustigen Einfällen der Handelnden nahm man mit schallendem Gelächter auf, andere mit Anzeichen von Ekel und Abscheu, aber von einer Mißbilligung war nichts zu sehen. Soviel ich weiß, wiederholte man die Zeremonie nicht mehr während meines Aufenthaltes in dem Dorfe, der bis zum Juli 1889 dauerte.«

Der Harntanz der Zuñis kann eine Überlieferung aus der Zeit bewahren, als noch geringwertige Nahrung gebräuchlich war.

Den Zuñitanz kann man danach vielleicht nicht mit Unrecht von ganz anderen Gesichtspunkten aus betrachten, nämlich als eine Erinnerung an das frühere Leben dieses Volkes, als geringwertige Nahrungsmittel jeder Art infolge der Notlage noch gebräuchlich waren. Eine Prüfung der Zeugnisse wird ergeben, daß Nahrungsmittel, die man jetzt mit Recht als schädlich betrachtet, in früheren Zeiten selbst solchen Völkern nicht unbekannt waren, die auf einer viel höheren Entwicklungsstufe standen und wie sie die Dörfer am Rio Grande heute noch nicht erreicht haben. Notlage war auch nicht immer der treibende Beweggrund; häufig ist auch religiöse Raserei als verantwortlich für solche Orgien anzusehen, von denen uns nur oberflächliche Beschreibungen und noch oberflächlichere Erklärungen übermittelt sind.

In dem Werke *Physiological Memoirs of Surgeon General Hammond, U. S. Army* [1863] behandelt ein besonderer Abschnitt die Uraemie, d. h. die Blutvergiftung durch Harn, die durch Eintritt des Harns in das Blut entweder durch künstliche Einspritzung oder durch krankhafte

Aufnahme erzeugt wird und eine sonderbare Heiterkeit zur Folge hat. Medizinische Sachverständige sollten diesem Teil des Gegenstandes ein sorgfältiges Studium widmen, so daß man feststellen könnte, ob man die ausgelassene Trunkenheit der Zuñi-Tänzer diesem unnatürlichen Getränk allein zuschreiben darf oder ob man in Verbindung damit noch andere Berauschungsmittel gebraucht.

Es würde den Umfang dieses Abschnittes zu sehr vergrößern, wollte ich zeigen, daß man den Hund beim Opfer fast immer als Ersatz für den Menschen gebrauchte. Andere Tiere haben wohl auch diese Stellvertretung übernehmen müssen, aber keins in dieser Ausdehnung, namentlich unter den primitiven Völkerschaften. Für die amerikanischen Indianer und andere Gruppen auf derselben Entwicklungsstufe bietet ein solcher Ersatz dem Denken keine Schwierigkeiten dar. Ihre religiösen Begriffe sind so stark mit Tierverehrung vermischt, daß es die natürlichste Sache in der Welt ist, wenn man Tieren die Rolle von Gottheiten oder von Opfern zuweist; aber ihr Glauben beschränkt sich nicht auf die Auffassung, daß das Tier heilig ist; er umfaßt obendrein die ganz bestimmte Anerkennung der Tatsache, daß die Verwandlung in einen Wolf (Lykanthropie) möglich sei und daß die Medizinmänner die Macht haben, Menschen in Tiere und Tiere in Menschen zu verwandeln. Ein solcher Glaube kam in Gegenwart des Verfassers im Jahre 1881 im Dorfe der Zuñis in geradezu zwingender Weise zum Ausdruck. Die Indianer waren mit einem ihrer zahllosen Tänze und Gebräuche beschäftigt — es war möglicherweise nicht sehr weit von der Zeit ab, in der man den Harntanz aufzuführen pflegte —, als die Tänzer einen kleinen Hund ergriffen und ihn stückweise zerrissen, wobei sie sich an allen jenen Quälereien ergötzten, die die Bosheit und Gehässigkeit des Primitiven ersinnen können. Man gab mir die Erklärung, der unglückselige Köter wäre ein »Navaho«, also ein Angehöriger jenes Stammes, mit dem die Zuñis seit Menschengedenken in bitterster Feindschaft leben und aus deren Reihen sie durch Kriegszufälle wohl einen Gefangenen in die Hände bekommen hatten, um ihn dann zu martern und zu opfern.

Es ist einigermaßen sonderbar, daß man in den Sagen der Zuñis — gerade dem Volke, bei dem man die ekelhafte Sitte, den Harn zu trinken, entdeckt hat — eine Anspielung darauf findet, wonach es als eine Beleidigung der schwersten Art galt, wenn man auf Leute Harn schüttete oder in der Nähe der Wohnungen sein Bedürfnis verrichtete. Im Frühwinter des Jahres 1881 befand sich der Verfasser im Dorfe der Zuñis in Neu-Mexiko zu der Zeit, als Frank H. Cushing mit den Forschungen beschäftigt war, die ihn heute als das Haupt der amerikanischen Anthropologen erscheinen lassen. Damals hörte ich die umfangreiche Sage vortragen von dem Jungen, der ins Geisterland ging, um seinen Vater zu suchen. Einer der Umstände, auf den die Märchenerzähler besonderes Gewicht legten, war die unwürdige und schimpfliche Lage, in der sich der Junge und seine Mutter in ihrem heimatlichen Dorfe befanden. Dies zeigte sich namentlich darin, daß die Nachbarn die Gewohnheit hatten, ihre Harngefäße auf das Dach oder vor der Haustür der Mutter auszuleeren.

APPENDIX
Deutsche Dreck-Apotheke

Michael Ernst Ettmüller. Die gewichtigen Bände Michael Ettmüllers enthalten alles, was zur Zeit ihrer Veröffentlichung über unseren Gegenstand bekannt war oder geglaubt wurde; sie erschienen im Jahre 1690. Der Leipziger Arzt gibt auch Gründe für die Anwendung jedes Kotes an, mag er fest oder flüssig, menschlich oder tierisch sein; Einzelheiten können an dieser Stelle nicht erläutert werden.

In Ettmüllers Werk werden wir sodann mit einem Aufgebot an großen Worten mit einer Erklärung für die Wirksamkeit des Harns beehrt. Wir erfahren, daß sein »Salpetergehalt« und seine »Flüchtigkeit« ihn als zerteilendes und durchdringendes Mittel geeignet machen, während der Alkaligehalt dazu beitrage, daß er »gärende Säuren« neutralisiere. Deshalb sei er verwendbar bei Magenkrämpfen, Appetitlosigkeit, Gicht, Zahnschmerzen, Kolik, Gelbsucht, Wechselfieber — und zwar entweder der Harn »des Kranken selbst oder der eines weintrinkenden Knaben«.

Außerdem gab es noch einen *»spiritus urinae per putrefactionem«*. »Harngeist«, durch Fauligwerden hergestellt. Um ihn zu erzeugen, brachte man den Harn eines zwölfjährigen, weintrinkenden Knaben in ein Gefäß, das man vierzig Tage lang mit Pferdemist umgab, und so ließ man den Harn faulig werden; dann mußte er über Menschenkot abklären, und man destillierte ihn schließlich in einem Kolben usw. Es gab noch andere Herstellungsweisen, aber die Beschreibung dieser einen wird genügen. Die sich zuletzt ergebende Flüssigkeit sah man als das »große Heilmittel« für alle möglichen Schmerzen an und verordnete sie sowohl innerlich als auch äußerlich bei Skorbut, Schwermut, schlechtem Blut, Gelbsucht, Gallenfieber, Nierensteinen und Blasensteinen, fallender Sucht und Wahnsinn.

Aus diesem Harngeist stellte man das »trinkbare Gold« her. »Besonders gut gereinigter *Spiritus urinae* wird in

Regenwasser aufgelöst und mit Weingeist destilliert; diese Flüssigkeit vereinigt sich chemisch mit dem Gold und löst es auf, deshalb nennt man trinkbares Gold.«

Harnbäder waren gut für Gicht in den Füßen. Das Trinken des eigenen Harns rühmte man sehr als Vorbeugemittel gegen die Pest. Dasselbe Getränk benutzten auch Frauen beim Gebären. Klistiere mit Harn wandte man bei Blähsucht oder Unterleibswassersucht an. Ebenso gebrauchte man Harn bei Ohrengeschwüren.

»Menschlicher Kot (bei Paracelsus *›Carbon humanum‹*, menschlicher Kohlenstoff, bei anderen *›Sulphur occidentale‹*, westlicher Schwefel genannt) erweicht, macht reif und ist ein schmerzstillendes Mittel. Deshalb ist er von großem Werte, um Schmerzen zu lindern, die durch Behexung hervorgerufen werden; (man legt ihn auf), um die schwarze Pest zu heilen, bei Blutgeschwülsten, bei Halsschmerzen (getrocknet, gepulvert und mit Honig eingerieben), und um Entzündungen von Wunden fernzuhalten. Auch innerlich gebrauchen ihn so manche bei Halsentzündung (zu Asche gebrannt und als Trank eingegeben), bei Fiebern, die zu stärkeren Anfällen neigen (in derselben Weise verordnet, 32 Dosen), bei fallender Sucht, die durch den getrockneten und gepulverten ersten Kot eines neugeborenen Kindes vollständig vertrieben werden soll.«

Ettmüller weist auch auf *aqua* und *oleum ex stercore distillatum* hin, die beide bei Augenkrankheiten Verwendung finden; ebenso als Schönheitsmittel, um eine gesunde Gesichtsfarbe hervorzubringen, um Haarwuchs wieder herzustellen und zu erzeugen, um Geschwülste und Fisteln zu heilen und Narben zu beseitigen, ferner zur Heilung der fallenden Sucht. »Innerlich soll es gegen die fallende Sucht und die Wassersucht, gegen Nierensteine und Blasensteine, gegen die Bisse tollwütiger Hunde und giftiger Tiere helfen.« Das Öl aus Kot mußte man aus dem Kot eines jungen Mannes, nicht aus demjenigen eines Knaben herstellen. Wasser, das aus Kot destilliert war, galt als Heilmittel für kranke Augen, namentlich wenn sich der Mann, dessen Kot man dazu benutzte, lediglich von Brot und Wein ernährt hatte. Dieses Wasser verordnete man innerlich gegen Wassersucht, Steinbildungen, fallende Sucht, Bisse von tollwütigen Hunden, Blutgeschwüren usw.

»Im Kot der Tiere liegt eine große Heilkraft verborgen, die auf dem Vorhandensein eines flüchtigen Salzes begründet ist; so stillt namentlich Schweinekot alle Arten von Blutflüssen in geradezu wunderbarer Weise, wenn er entweder in Pulverform oder flüssig aufgelegt wird; es ist ein Jahr her, daß eine gewisse Bäuerin, die nach einer Fehlgeburt an starkem Blutflusse litt, geheilt wurde, als ihr der Ehemann ohne ihr Wissen auf meinen Rat hin Schweinekot auflegte; der Blutfluß hörte auf, und die Frau erhielt ihre frühere Gesundheit wieder.

Pferdemist ist das beste Heilmittel bei hysterischen Leiden und bei Bauchschmerzen, wenn man den ausgepreßten Saft mit Bier oder Wein zu Umschlägen gebraucht; ebenso hilft er auch bei Pocken und Masern der Kinder, wenn man ihn mit warmem Bier eingibt, weil er dann mit dem Schweiße alles austreibt; von der nur zu lobenden Wirkung, die er bei Brustfellentzündung erzielt, will ich schweigen.«

Hundekot hielt man bei Durchfall, Epilepsie und Kolik für nützlich, auch wandte man ihn äußerlich bei Halsentzündung, bösartigen Geschwüren, harten Geschwülsten, Hautwucherungen usw. an. Besonderen Wert legte man solchem Kot bei, der im Monat Juli gesammelt war und von einem mit Knochen gefütterten Hunde herstammte, weil er dann weißer, reiner und weniger stinkend war. Hundeharn gebrauchte man als Waschmittel bei Hautwucherungen, Geschwüren am Kopfe usw. Den Hund »soll man nur mit Knochen füttern, und er darf wenig oder gar nichts zu trinken bekommen«.

Wildschweinkot, getrocknet und geschnupft, heilte Nasenbluten. Hiermit vergleiche man die Verwendung des getrockneten Kotes des Dalai-Lama als Schnupfmittel und allgemeine Arznei.

Mäusekot fand seine Fürsprecher als Heilmittel gegen Verstopfung bei Kindern, innerlich eingegeben, ebenso bei Steinleiden; man wandte ihn auch bei Klistieren an. Der innerliche Gebrauch von Rattendreck half gegen

Stockungen des Monatsflusses. Mäusekot führte die Bezeichnung *Album nigrum,* Hundedreck hieß *Album Graecum.*

Den Gänsedreck, von jungen oder alten Tieren stammend, verordnete man bei der Behandlung der Gelbsucht, für die er als Sondermittel galt. Die zu nehmende Menge betrug 1 Skrupel (etwa 1 ⅓ Gramm). Die Gänse sollte man mit Schöllkraut füttern. Neben der Gelbsucht hielt man ihn für noch besonders wertvoll bei Skorbut; man mußte ihn dann entweder als Pulver oder als Abkochung nehmen. Bei den Arzneien für die Heilung der Wassersucht war Gänsedreck einer der Hauptbestandteile von verschiedenen der verordneten Mittel. Er war auch die Hauptsache bei dem »Augenwasser des Kaisers Maximilian«, *Aqua ophthalmica Imperatoris Maximiliani.* Um dieses Augenwasser herzustellen, mußte man den Kot junger Gänse in den Monaten April und Mai einsammeln.

Ettmüller beschrieb zwar die Verwendung von tierischem Kot, aber er empfahl ihn nicht unbedingt in folgenden Fällen: Hundekot mit Honig gemischt bei Kehlkopfentzündungen; Wolfskot in Pulverform bei Leibschmerzen.

Man begnügte sich noch nicht damit, Kot und Harn von Menschen und Tieren in der Arzneikunde zu verwenden; man zog auch noch alles, was man dem Leib der Menschen oder der Tiere entnehmen konnte, mochten sie wild oder zahm, tot oder lebendig sein, heran, um die scheußliche Liste der Dreckheilmittel zu verlängern.

Ettmüller gibt folgendes Verzeichnis: »Von dem lebenden Körper nimmt man: Haare, Nägel, Speichel, Ohrenschmalz, Schweiß, Milch, Monatsblut, Nachgeburt, Harn, Kot, Samen, Blut, Steine, Würmer, Läuse, die Eihäute der neugeborenen Kinder; und von dem toten Körper: den ganzen Leichnam, Fleisch, Haut, Fett, Knochen, Schädel, auf einem Schädel gewachsenes Moos, Hirn, Galle, Herz.« Er berichtet auch, man gebrauche von dem zahmen Hornvieh in der Heilkunde folgendes: Hörner, Galle, Leber, Milz, Blut, Mark, Talg, Fett, Hufe, Harn, Hoden, Milch, Butter, Käse, Voze, Zumpt und Knochen.

Samuel Augustus Flemming. Die seltene, gelehrte Abhandlung Samuel Augustus Flemmings *De Remediis ex corpore humano desumtis,* Erfurt 1738, enthält zwar nur 32 Seiten, ist aber mit einer Unmenge von merkwürdigen Mitteilungen von sonst wenig beachteten Dingen angefüllt. Flemming bemerkt, diejenigen, die Harn, Gallensteine und ähnliche Dinge in der Heilkunde anwenden, brauchten auch vor der Anwendung des eigentlichen Kotes nicht zurückzuschrecken. »Und es ist geradezu wunderbar«, sagt er, »daß man einen Stoff, der schon durch seinen Anblick und seinen Geruch allein imstande ist, einen unwiderstehlichen Ekel hervorzurufen, nicht allein als eine Sache der Merkwürdigkeit und des wissenschaftlichen Studiums betrachtet, sondern ihn auch als einzigartigen und höchst kostbaren Schatz für die Erhaltung der Gesundheit in höchstem Ansehen hält.«

Gelegentlich der Angaben über menschlichen Harn sagt Flemming, es gebe Ärzte, die sich nicht allein ihrer Fähigkeit rühmten, die Krankheit aus dem Harn festzustellen, sondern die auch diese Flüssigkeit selbst bei der Behandlung der Krankheiten anwendeten. Es gab zwei Arten des Gebrauches: entweder im frischen Zustand, wie der Mensch im gewöhnlichen Laufe der Natur das Wasser läßt, oder in chemischen Zubereitungen, die man daraus herstellt. Man verordnete den Harn oft mit zufriedenstellenden Wirkungen bei Wassersucht und zu Klistieren. Bei schwierigen Entbindungen verschaffte ein Schluck warmen Harns des Ehemannes eine leichte und sichere Geburt.

Bei Hysterie empfahl man das Trinken des eigenen Harns angelegentlich. Bei den gewöhnlichen Leuten stand die äußere Anwendung des Harns bei Kopfgrind, Krätze und anderen Hautleiden in hohem Ansehen. Salz und Geist stellte man durch Destillation aus dem Harn her, und diese Mittel lobt man sehr für Irresein, Wahnsinn und ähnlichen Geisteskrankheiten ernsterer Art.

Bei einigen Krankheiten hielt man den menschlichen Schweiß für ein schätzenswertes Mittel, um den weiteren Verlauf vorauszubestimmen, während man bei anderen

Krankheiten sein Auftreten als gefährliches Anzeichen betrachtete. Wenn man den Schweiß eines mit Fieber Behafteten unter Teig mischte und Brot daraus backen ließ, das man einem Hunde zu fressen gab, so sollte der Hund das Fieber bekommen und der Mensch gesunden. Schweiß galt auch als wirksam zur Vertreibung skrofulöser Balggeschwülste und zur Unschädlichmachung von Liebestränken. »Man erzählte sich, daß ein Mann, der unter dem Einfluße eines Liebestrankes stand und gegen seinen Willen gezwungen war, ein bestimmtes Mädchen zu lieben, ein Paar neue Schuhe anziehen und so lange damit herumlaufen mußte, bis sie ausgetreten waren. Dann sollte er aus dem rechten Schuh Wein trinken, der sich darin mit dem bereits vorhandenen Schweiß vermischt hatte; auf diese Weise würde er rasch von seiner Liebe geheilt werden und Haß an deren Stelle treten.«

Liebhaber, die die Zuneigung ihrer Geliebten zu vergrößern wünschten, erhielten den Rat erteilt, eine Überleitung ihres eigenen Blutes in die Adern der Geliebten zu versuchen.

Nach Flemmings Angaben hielt man Menstruationsblut für so kräftig, daß die bloße Berührung einer Frau in ihrer Regel Weinstöcke und alle Arten von fruchttragenden Bäume unfruchtbar machte. (Hierin scheint er Plinius zu folgen.) Man glaubte auch, das Monatsblut sei in der Heilkunde wirksam, um Störungen im Monatsflusse bei anderen Frauen zu heilen; sogar das beschmutzte Hemd einer Frau, die ihre Regel ordnungsgemäß gehabt, zeigte seine Heilkraft dadurch, daß es anderen Frauen, deren Monatsblutung sich aus irgendeinem Grunde verzögerte, Hilfe brachte. Ein wenig Monatsblut, getrocknet und innerlich genommen, milderte die Schmerzen bei der sogenannten Dysmenorrhöe (krankhafte oder schwere Monatsreinigung). Flemming berichtet, man sehe dieses Heilmittel zu seiner Zeit zwar als etwas veraltet an, seine Anwendung sei aber bei den armen und unwissenden Leuten noch immer bei Rose, Gesichtspusteln und als Zusatz zu einer Podagra- (Fußgicht) oder Gesichtssalbe gebräuchlich.

Flemming gab den Rat, gepulvertes Haar als Mittel gegen die Gelbsucht in Wein zu trinken; Frauenhaar, gepulvert und mit Schmalz zu einer Salbe verarbeitet, sollte gegen alle möglichen Krankheiten helfen; Männerhaar hielt man gebrannt denen unter die Nase, die an Schlafsucht litten; und man trank es »bei Erstickungen der Gebärmutter«.

Beckherius [1660] berichtet, die Schnitzel der Fingernägel gäben ein ganz vorzügliches Brechmittel ab. Flemming geht mehr auf die Einzelheiten ein; er sagt, daß man die gut gemahlenen Abfälle von den Hufen des Elentieres, des Hirsches, der Ziege, des Stieres usw. als Brechmittel anwendete, daß man aber, wenn sie nicht zu haben waren, menschliche Fingernägel an ihre Stelle treten ließ. Schnitzel von menschlichen Fingernägeln empfahl man auch für »sympathetische« Kuren.

Menschenhirn, in Weingeist aufgelöst oder destilliert, gab man bei nervösen Störungen und gegen fallende Sucht ein.

Flemming gibt an, man betrachte den Menschenschädel in allen denjenigen Fällen als kräftiges Heilmittel, in denen praktische Ärzte menschliches Hirn zu verordnen pflegten, d.h. bei nervösen Störungen und bei fallender Sucht. Vorzuziehen sei immer der Schädel einer Leiche, die eines gewaltsamen Todes gestorben war. Er bildete einen Bestandteil bei vielen Vorschriften mit hochtönenden Titeln, z.B. *Majesterium epilepticum, Specificum cephalicum usw.* Als Pulver, entweder frisch gemahlen oder zu Asche gebrannt, verordnete man ihn zuweilen als Fiebermittel und bei Schlaganfällen.

Johannes Christianus Frommann. In seiner Abhandlung *De Fascinatione,* Nürnberg 1675, spricht Frommann von dem Bestreichen der Augen mit Speichel, um Blindheit zu verhindern; dies vergleicht er mit der Anwendung, die Jesus von Nazareth machte.

Frommann gibt an, daß man menschlichen Kot, Monatsblut und Samen in die Speisen jener mischte, die man behexen wollte. Auf einer anderen Seite erweitert er diese Liste mit der Angabe, daß außer Kot, Harn und Blut auch Haare, Nägel, Knochen, Schädel und das Moos, das auf Schädeln wuchs, unter den Dingen waren, die man zur Hexerei gebrauchte.

Wirft einer gebratene Bohnen in den Dreck, so wird ihm für jede Bohne, die er auf diese Art verschwendet, ein Geschwür am Hintern erschienen. Die folgende Stelle ist nicht ganz klar: »*Vesicatorio excrementis adhuc calentibus imposito intestina corrosione afficiuntur.*« Es scheint zu bedeuten, es werde die Eingeweide zerfressen, tut man warmen Kot in eine Blase, etwa nach der Art der Würste, von denen wir anderswo sprechen. Heiße Asche oder ausgeglühte Kohlen, die man auf frisch abgelegten Kot wirft, rufen am Hintern Entzündungen und Geschwüre hervor. Auf dieselbe Weise können wir veranlassen, daß Abwesende das Abführen bekommen, ohne daß sie eine Medizin gebrauchten, schreibt Tilemannus [1674] über diese *Materia medica.* Frommann fügt noch hinzu, daß diese Tatsache sowohl den Engländern als auch den Franzosen und den Deutschen bekannt sei.

Frommann führt das Beispiel einer Frau an, die aus ihrem eigenen Kot Liebestränke herstellte. Noch zu Frommanns Zeiten stand die Todesstrafe auf die Anwendung solcher Liebestränke. Als Bestandteile derartiger Mittelchen galten Menschenschädel, Korallen, Eisenkrautblüten *(Verbena officinalis),* Nachgeburt und eine tüchtige Beigabe von Harn. Er weist auch darauf hin, Paracelsus [1603] habe gelehrt, jeder Mensch, der irgend etwas von dem esse oder trinke, was die Haut eines anderen von sich gegeben habe, verliebe sich unweigerlich in jenen anderen. »*Quod illi, qui ederunt aut biberunt aliquid a scorte datum, in amorem alicujus conjiciantur et rapiantur.*« Er führt auch Beckherius [1660] dafür an, daß man gewisse Liebestränke aus Schweiß, Monatsblut oder menschlichem Samen herstellte.

Den ersten Stuhlgang eines Menschen, der an der roten Ruhr (Dysenterie) litt, mischte man mit Salz zu einer »magnetischen« Kur; manche Leute mischten auch noch Pulver aus Aalhaut daran. Kranke, die an der Gelbsucht litten, pißten auf reine Leinenstücke; gelang es ihnen, diese gelb zu färben, so war das ein Zeichen, daß sie bald genesen würden; gelang es nicht, so gesundeten sie nicht;

auch verbrannte man mit dem Harn des Kranken angefeuchtete Wurzeln als Kur für Gelbsucht. Alle Kleider eines Kranken, der an der fallenden Sucht litt, verbrannte man, und die Asche warf man stromabwärts in einen Fluß; dies geschah namentlich dann, wenn die Kleidungsstücke während eines unwillkürlichen Stuhlganges bei den Anfällen beschmutzt worden waren, und ebenso achtete man sorgfältig darauf, auch diesen Kot zu verbrennen. (Man denke hierbei daran, daß man gerade die Fallsucht immer als heilige Krankheit ansah, und man könnte in dem geschilderten Verfahren eine Erinnerung an frühere Menschenopfer erblicken.)

Frommann beruft sich auf Ratray, der da gesagt habe, daß nach seiner eigenen Beobachtung zwischen dem Krankenharn, wenn man ihn in eine Glasflasche eingeschlossen, und dem Zustande des Kranken selbst eine »Sympathie« bestände; wir würden es als eine Art von »barometrischer« Sympathie bezeichnen. Auf einer früheren Kulturstufe hätte man den Harn wohl in dem Horn einer Ziege oder in einer Schweineblase untergebracht.

Die Methoden, wie man solche Kuren dadurch bewirken könne, daß man den Harn des Kranken auf irgendeine Weise in ein Ameisennest bringt, beschreibt sämtlich auch Johannes Christianus Frommann; ferner auch die Methode, die vorschreibt, daß man ein Ei in Harn kochen und dann das Ei in ein Ameisennest bringen soll; auch die Methode, daß man Harn des Kranken beim Brotbacken verwenden und das Brot einem Hunde zu fressen geben soll. In Italien kannte man eine etwas abweichende Ausführung dieses Brauches, die darin bestand, daß man das Brot, das mit dem Harn eines männlichen Kranken hergestellt war, einem männlichen Hund und das mit dem Harn einer kranken Frau hergestellte Brot einer Hündin zu fressen gab. Die Gelbsucht heilte man dadurch, daß man ein Stückchen Fleisch im Harn des Kranken kochte und dieses Fleisch dann einem Hunde zu fressen gab; um ein Bruchleiden zu heilen, sollte der Kranke etwas Gerste in seinem Harn einweichen und dann die Gerste in die Rinde eines Baumes stecken. Eine andere Art der Heilung durch Überpflanzung bestand darin, daß der Kranke in ein Glasfläschchen pißte, dieses mit einem leinenen Läppchen oder mit einem Papierpfropfen verschloß und es dann in die Erde vergrub. Um Gelbsucht zu heilen, mußte der Kranke ein Loch in den Boden graben und vor Sonnenaufgang hineinpissen; für die Heilung der roten Ruhr sollte der Kranke seinen Kot auf ein Stück Eschenholz ablegen und dieses dann ein einer Grube zurücklassen; an Fieber Leidende warfen ihren Kot in einen Fluß. Andere Arten solcher Kuren bestanden darin, daß man aus dem Harn des kranken Menschen und Asche eine Mischung herstellte und die Masse an der Sonne trocknen ließ, dann legte man sie neben die glimmenden Kohlen des Küchenfeuers zum Backen; den Kot eines Menschen, der durch »Besprechen« krank geworden war, legte man auf die durch die Zauberworte besprochene Stelle und hing ihn dann in einer Schweineblase drei Tage lang in den Rauch des Schornsteins.

Diesen Kuren durch Überpflanzung des Übels widmet Frommann einen langen Abschnitt. Er führt aus Plinius überdies die Methode an, bei der man einen bösen Husten dadurch heilt, daß man einem Frosch in das Maul spuckt; es muß aber ein Laubfrosch sein.

In einem langen Aufsatz befaßt sich Frommann mit der Widerlegung des volkstümlichen Glaubens seiner Zeit, man könne aus dem Harn oder dem Samen eines wegen Diebstahls unschuldig gehängten Mannes Homunkuli erzeugen.

Christian Franz Paullini. Christian Franz Paullinis *Heylsame Dreck-Apothek,* Frankfurt am Main 1696, ist besser bekannt als die sämtlichen bisher aufgeführten Werke. Paullini hat sich lediglich darauf beschränkt, eine umfangreiche Aufzählung von Fällen zusammenzutragen, in denen man Dreckheilmittel, d.h. menschliche und tierische Auswurfstoffe bei der Behandlung von Krankheiten angewandt; er hat sich nirgends daran gewagt, eine Erklärung dafür beizubringen, aus welchem Grunde man solche Mittel gebrauchte, wie es Ettmüller wenigstens versucht hat.

Er verhandelt die Verwendung des menschlichen Kotes und Harns sowie tierischer Auswurfstoffe bei folgenden Krankheiten: Kopfschmerzen, Schlaflosigkeit, Schwindelanfällen, Wahnsinn, Trübsinn, Verrücktheit, Gicht, Krämpfen, Schlagfluß, fallender Sucht, kranken Augen, grauem Star, Augenschwäche, Ohrleiden, Nasenbluten, Nasenpolypen, hohlen Zähnen, Wasserkopf, Balggeschwulst, asthmatischen Leiden, Husten, Blutspeien, Auszehrung, Rippenfellentzündung, Ohnmachtsanfällen, Krankheiten der Brustdrüsen, Geschwülsten, Koliken, Heißhunger, Würmern, Bruchleiden, Hüftweh, Darmgeschwüren, Verstopfung, Durchfall, Ruhr, Steinleiden, Leberschwellungen, Wassersucht, Gelbsucht, Nierenleiden, Blasensteinen, Harnverhaltung, Harnzwang, geschwächter Manneskraft, Hodenschwellung, Gebärmutterverlagerungen, Störungen des Monatsflusses, Unfruchtbarkeit, Anfällen bei schwangeren Frauen, Fehlgeburten, schweren Entbindungen, Schmerzen nach der Geburt, Fußgicht, Rheumatismus, Fieber jeder Art, Vergiftungen, Pest, syphilitischen und venerischen Leiden, Geschwüren, Verstauchungen, Quetschungen, Beulen, Wunden, Hautschwamm, Nagelgeschwüren, Krätze, Sommersprossen, als Kosmetikum, bei Hitzblattern, Flechten, Haarausfall, Läusen, Brand, Erkältungen, Warzen, Dammrissen, Fisteln, Hühneraugen, Entzündungen am Ballen der großen Zehe, Liebestränken und zur Unschädlichmachung von Behexungen.

Gegen Kopfschmerzen gebrauchte man Taubendreck innerlich, den Mist einer roten Kuh und Pfauenkot äußerlich.

Gegen Schlaflosigkeit Eselsmist innerlich; gegen Gicht Taubendreck äußerlich.

Gegen Schwindelanfälle Taubendreck, Pfauendreck und Eichhörnchenkot, sämtlich innerlich gebraucht.

Gegen Irresein Eselsmist äußerlich. Gegen Melancholie Kälber- oder Ochsenmist innerlich; Eulenkot äußerlich. Gegen Wahnsinn Menschenkot innerlich, Knabenharn innerlich, ebenso Eulenkot und Zickleinmist innerlich.

Gegen Schlagfluß soll sich der Leidende mit seinem eigenen Harn oder dem eines kleinen Knaben waschen;

man wende auch Pfauenkot oder Pferdemist innerlich an.

Gegen Epilepsie, eine besonders gefürchtete Krankheit, verschrieb man Menschenkot und Knabenharn innerlich, ebenso gab es innerliche Anwendungen von Pferdemist, Pfauenkot, Mäusedreck, Hundekot, Mist von schwarzen Kühen, Löwenkot, Storchenkot und Wildschweinmist; äußerliche Anwendungen bei diesen Leiden teilt er nicht mit. Ein anderes Mittel gegen die fallende Sucht bestand darin, daß man den Kot eines hübschen, gesunden jungen Mannes nahm, ihn trocknete und durch Hitze das Öl auszog; dieses Öl reinigte man und nahm es innerlich ein.

Gegen grauen Star wandte man Menschenkot, Knabenharn, den Kot von Wölfen, grünen Eidechsen oder Gänsen äußerlich an.

Ohrenschmerzen oder Ohrensausen oder Ohrgeschwüre heilte man durch Aufschläge mit einer Mischung aus Knabenharn und Honig oder auch mit frischem Menschenharn allein.

Gegen Nasenpolypen Hunde- oder Eselskot äußerlich.

Gegen Zahnweh oder hohle Zähne den eigenen Kot oder den Kot des Wolfes, des Hundes, des Raben, der Maus oder des Pferdes, in allen Fällen äußerlich anwenden.

Gegen Auszehrung nimmt der Kranke seinen eigenen Kot innerlich; ferner seinen eigenen Harn oder den eines Knaben oder Mäusekot innerlich. Ein anderes Mittel gegen die Auszehrung bestand darin, daß man den Kranken eine Mischung seines eigenen Harns und eingequirlter frischer Eier trinken ließ; dies mußte man mehrere Tage lang hintereinander morgens wiederholen; er soll auch seinen eigenen Kot essen.

Heißhunger stillt man mit Menschenkot oder *Eau de Mille Fleurs* aus Kuhmist innerlich; ferner nehme man Bienen innerlich, dies ist das einzige Beispiel einer solchen Verwendung dieses Insekts.

Brustkrebs heilte man durch innerlichen Gebrauch des Kotes des Kranken; man kannte aber auch eine äußerliche Behandlung mit dem Mist von Ochsen, Ziegen, Schweinen und Kühen, mit Hundekot oder mit Taubendreck.

Gegen Verstopfung hilft Menschenkot, innerlich genommen, oder Menschenharn, innerlich, ferner Kot von Schweinen, Mäusen, jungen Ziegen, Gänsen, Sperlingen, Elstern oder Tauben, innerlich.

Durchfall heilt man mit Hundekot innerlich oder mit Umschlägen von Schweinemist, Eselsmist oder Kuhmist.

Gegen die Ruhr nimmt der Kranke seinen eigenen Kot oder den eines Knaben innerlich; Menschenharn innerlich, ferner Kot von Hunden, Pferden, Schweinen, Krähen, Kaninchen, Eseln, Maultieren oder Elephanten innerlich.

Bei Harnzwang nimmt man Ziegenmist, Mäusekot oder Wildschweinmist innerlich. Bei schmerzhaftem Harnlassen muß man den Harn eines Mädchens innerlich gebrauchen; den Harn des Kranken innerlich und äußerlich; Sperlingskot innerlich; ferner den Mist von Eseln, Ziegen und Zicklein, den Kot von Gänsen, Haushähnen oder Tauben äußerlich.

Gegen Gebärmutterverlagerung gebrauchte man Menschenkot innerlich; Falkenkot, Pferdemist oder Bullenmist innerlich, ferner Schweinekot, Esels- oder Schafsmist. Bei Gebärmuttervorfall legte man Menschenkot äußerlich auf; diese Behandlung galt auch als geeignet bei Scheidenentzündung; abgestandenen Harn und die Ausdünstung von alten Socken sowie Eselsmist gebrauchte man äußerlich. Den Bodensatz aus Kammertöpfen, mit anderen Sachen vermischt, nahm man innerlich ein.

Gegen Syphilis und venerische Krankheiten gebrauchte man Menschenharn innerlich und auch äußerlich, die Auswurfstoffe von Pferden und Hunden äußerlich.

Gegen Geschwüre und Verstauchungen benutzte man Knabenharn äußerlich, den Kot von Kühen, Ziegen, Hunden, Tauben, Zicklein, Kamelen, Gänsen äußerlich; oder den Kot des Wildschweins sowohl innerlich als auch äußerlich.

Krätze, Sommersprossen, Hitzblattern, Flechten behandelte man innerlich mit Gänsedreck, äußerlich mit Eselsmist, Zickleinmist, Hundekot, Taubendreck, Krokodilskot und Fuchskot.

Gegen Warzen verordnete man den Harn des Betreffenden äußerlich, ferner gleichfalls äußerlich den Kot von

Hunden, Schafen, Kamelen, Ziegen, Kühen, Kälbern oder eines schwarzen Hundes.

Gegen Brand wandte man den Harn einer Jungfrau äußerlich an, ferner den weißen Kot von Zicklein oder Pferdemist, äußerlich.

Bei Blutflüssen sind menschliche Exkremente, getrocknet und innerlich genommen, von großem Nutzen.

Erkältungen heilte man mit äußerlichem Gebrauch von Menschenkot und Menschenharn, ferner mit dem Mist des Schafes, der Kühe, der Bullen, der Zicklein, der Schweine, der Pferde oder mit Taubendreck, äußerlich.

Paullini lehrte, man könne alle Arten von Fieber dadurch heilen, daß man den Harn des Kranken in einen Fischteich schütte. »Die Fische, die von diesem Wasser trinken«, sagt er, »werden das Fieber bekommen, und den Kranken wird es verlassen.«

Geschwächte Manneskraft und Hodenschwellung heilt man mit Feldhühnerkot oder demjenigen von Sperlingen, innerlich genommen; oder mit dem Kot von Kaninchen, mit Stiermist, Kuhmist oder Ziegenmist, äußerlich.

Beim Verlust der Mannbarkeit empfiehlt Paullini das Trinken von Stierharn, der unmittelbar nach dem Bespringen einer Kuh gesammelt ist; auch soll man den Schamberg mit Stierkot einreiben, oder man soll durch den Verlobungsring hindurch pissen.

Haben aber Hexen solche Mannesschwäche herbeigeführt, so sollte deren Opfer sofort nachdem er sein Mißgeschick entdeckt hat, durch den Ehering pissen; er empfiehlt auch, auf einen Besen zu pissen; menschlicher Kot sei ebenfalls wirksam. Oder man soll eine Rizinuspflanze nehmen, in einen Topf tun, etwas vom Harn der Leidenden hinzubringen und den Topf luftdicht verschließen, dann langsam kochen lassen und schließlich den Topf an einem einsamen Orte vergraben. Auf diese Weise wird man es fertigbringen, daß die Hexe entweder Blut pißt oder andere quälende Schmerzen auszustehen hat, bis sie den Verzauberten von der Hexerei erlöst.

Paullini weist darauf hin, daß man den Kot von Ziegen, Habichten, Pferden, Gänsen und den Harn von Kamelen zur Beseitigung der Unfruchtbarkeit einnehmen könne.

»Wollen Frauen wissen, ob sie schwanger sind oder nicht«, dann empfiehlt Paullini, daß »sie ihren Harn in ein irdenes Gefäß lassen, in das man eine Nadel geworfen hat. Man läßt ihn über Nacht stehen; hat sich dann die Nadel mit kleinen roten Punkten bedeckt, dann ist die Frau schwanger; wird aber die Nadel schwarz oder rostig, dann ist sie es nicht. Will man feststellen, ob sie einen Sohn oder eine Tochter bekommen wird, macht man zwei kleine Gruben; in die eine legt man Gerste, in die andere Weizen; die schwangere Frau muß ihren Harn in beide Löcher lassen, die man dann mit Erde zudeckt; wenn der Weizen zuerst aufgeht, wird es ein Junge sein; keimt aber die Gerste vor dem Weizen auf, dann wird es ein Mädchen sein.«

Bei unglücklichen Zufällen sollen schwangere Frauen Kaninchenkot äußerlich anwenden; bei Fehlgeburten den Harn des Mannes innerlich; die Exkremente von Löwinnen, Falken und jungen Hühnchen innerlich; von Pferden und Gänsen äußerlich und auch innerlich; von Tauben und Kühen äußerlich; bei Schmerzen nach der Geburt den eigenen Harn der Leidenden äußerlich; oder den Kot von Hühnchen innerlich.

Um die Gesichtshaut zu verbessern, empfahl Paullini ein Wasser, das aus menschlichem Kot destilliert war, ferner die Würmer, die darin wachsen, zu einem Wasser destilliert. Das Schönheitsmittel der Landmädchen ist ihr eigener Harn.

Menschliche Exkremente enthalten besondere Salze, die kräftigender und wirksamer sind als Seife. Ein junges Mädchen verbesserte ihren Teint in wunderbarer Weise dadurch, daß sie ihr Gesicht mit frischem Kuhmist wusch und den frischen und warmen Harn ihres Bruders trank: dabei fastete sie. Andere Schönheitsmittel, die Paullini empfahl, bestanden aus Menschenkot, äußerlich angewandt; dem Kot eines kleinen Knaben, innerlich gebraucht; *Eau de Mille Fleurs;* dem Kot von Eidechsen, Krokodilen, Füchsen, Sperlingen, Staren, jungen Ziegen oder Kühen, der im Mai gesammelt war, äußerlich.

Kot allein oder mit Harn gemischt und zu einer Art Wurst verarbeitet, indem man sie in eine Schweineblase tat und im Schornstein aufhing, war von »magischem Nutzen« bei der Behandlung von Gelbsucht. Christian Franz Paullinis eigener Sohn wurde dadurch geheilt, daß man seinen Kot mit Eselsharn in der erwähnten Weise mischte und weiter behandelte.

Gegen Haarausfall empfiehlt den Mist der Tauben, der Katzen, der Ratten, der Mäuse, der Gänse, der Schwalben, der Kaninchen, der Ziegen oder auch menschlichen Harn Paullini in seiner *Dreck-Apothek* angelegentlich.

Martin Schurig. Das im Jahre 1725 zu Dresden erschienene Werk *Chylologia* von Schurig enthält Anführungen aus nahezu 700 Schriftstellern. Da die letzteren fast alle aus älterer Zeit stammen und in vielen Fällen nur sehr schwer in Bibliotheken aufzufinden sind, so ist das gelehrte Werk von Schurig um so wertvoller für alle diejenigen, die dem vorliegenden Gegenstand, der Verwendung menschlicher und tierischer Kotstoffe in religiösen Riten und religiöser Medizin der Völker ihre besondere Aufmerksamkeit und ein eingehendes wissenschaftliches Studium widmen wollen.

Es hätte wenig Zweck, die Namen aller Schriftsteller aufzuführen, die dieser gelehrte deutsche Arzt erwähnt, oder alle Einzelheiten der vielen Vorschriften wiederzugeben, bei denen die Absonderungen der Unterleibsorgane Verwendung fanden. Mit allen diesen Angaben wäre für unsere Arbeit wenig gewonnen, denn es handelt sich bei Schurig zunächst um pharmazeutische Vorschriften; es wird aber von allgemeinerem Interesse sein, wenigstens einiges darüber zu erfahren, in welchen Fällen man Krankheiten bei dieser Behandlungsweise für heilbar hielt und daneben noch, in welcher Weise man diese Arzneien anwandte.

Gegen Brustbräune nahm man innerlich den Kot eines Knaben ein, der Wolfsbohnen (Lupinen) gegessen hatte. Gegen dieselbe Krankheit gab es aber noch andere Dreckrezepte zu Pillen, Pflastern und Abkochungen ebenso wie zu Latwergen aus Kot, die man mit Honig versetzte.

Gegen fallende Sucht nahm man Pfauendreck mit einer Zutat von Menschenkot innerlich ein.

Bei Hämorrhoiden legt man Pflaster aus Menschenkot auf; in derselben Weise behandelte man auch Geschwülste.

Bei Entzündungen der Brüste junger Mütter war örtliche Anwendung von Menschenkot geboten.

Das *Oleum ex stercore distillatum* erfreute sich gleichfalls großer Beliebtheit; man gebrauchte es bei Eiteransammlungen innerlich; bei Bissen von tollen Hunden, Schlangen usw. innerlich; bei Würmern im Kopfe örtlich; bei Krätze und flechtenartigen Ausschlägen örtlich; bei Rippen- oder Brustfellentzündung innerlich.

Die Muttermale vertrieb man mit Pflastern aus Menschenkot oder aus Kindspech.

Fingergeschwüre behandelte man mit Kotpflastern; nach einem anderen Rezept wurde *Asa foetida,* Teufelsdreck, darunter gemischt, unter Berufung auf Paullini.

Bei Hysterie trank man Menschenkot in Wein.

Gegen Krebs und bösartige Geschwüre verschrieb man Menschenkot als örtlichen Umschlag; man gab ihn aber auch innerlich in Pillenform oder als Pulver ein. Der Papst Benedikt wurde durch diese Behandlung von einem Krebsleiden geheilt.

Um die Pest zu heilen oder fernzuhalten, nahm man Menschenkot mit Menschenharn gemischt innerlich ein. Man verordnete auch Menschenkot allein in Pillenform und legte ihn auf die Pestbeulen als Pflaster auf. Schurig berichtet, daß er einen gewissen Geistlichen persönlich kannte, der im Jahre 1680 in Dresden solche Pillen mit gutem Erfolg eingenommen hatte.

Im vierzehnten Abschnitt seines Werkes bringt Schurig eine Abhandlung: *»De stercoribus Brutorum«*. Es genügt, wenn wir eine kleine Anzahl von seinen Rezepten mit Bemerkungen über die Gebrauchsweise der Mittel wiedergeben, um uns von der Denkweise der alten Ärzte ein deutliches Bild zu machen.

Leopardenkot löste Steine auf; man nahm ihn auch zur Heilung der Ruhr in Tränken ein. Als Pflaster legte man ihn bei Verbrennungen auf. Brüche heilte man mit Arzneikugeln, die aus Leopardenkot, Menschenmumien, gebrannten Würmern, Sirup und anderen Bestandteilen zusammengesetzt waren. Die Asche von Kot, Haut und

Haaren des Leoparden zusammengemischt, trieb Steine aus. Dieses Heilmittel sollte man trinken, und zwar in Wein aufgelöst; es war auch ein sicher helfendes Mittel bei hartnäckigen Kolikfällen. Äußerlich wandte man Leopardenkot bei Hüftweh an, ferner bei Scheidenverengungen; er sollte auch die Empfängnis erleichtern. Im letzterwähnten Falle stellte man ebenfalls Pillen *(trochisci)* her und räucherte damit die Geschlechtsteile; oder man schob ein Mutterzäpfchen ein und ließ es drei Tage und drei Nächte an seiner Stelle liegen. Um das Ausfallen der Augenwimpern und Augenbrauen zu verhindern, stellte man eine Salbe her, für die Leopardenkot einen Hauptbestandteil bildete. Und schließlich hielt man ihn auch für ein Aphrodisiakum und glaubte, daß er Winde aus der Gebärmutter austreiben könne.

Wolfskot sollte, in Wein getrunken oder als Pulver eingenommen, in Mengen von einem Skrupel oder mehr, gegen Kolikschmerzen helfen. Paullini wird dafür angeführt, daß die Verwendung des Wolfskotes auch bei Fiebern zu empfehlen sei. Er sollte, ebenso wie der Hundekot, wenn möglich von weißer Farbe sein und von Tieren stammen, die sich von Knochen ernährt hatten. Am besten war der Kot, der auf Felsen, Dornen, Gebüschen oder auf die niederen Zweige der Bäume abgelegt war; auf den Boden abgelegter Kot war nicht besonders wertvoll. Man gebrauchte ihn innerlich bei Gliederschmerzen und wandte ihn gleichfalls innerlich in Pulverform bei Schwindelanfällen an. Getrocknet blies man ihn in Augen ein, die vom grauen Star befallen waren. Hohle Zähne füllte man mit Wolfskot aus, um die Schmerzen zu lindern. Gegen Nasenbluten zog man den Rauch brennenden Wolfskotes in die Nase ein; nach einem anderen Rezept sollte man in Rotwein aufgelösten Wolfskot trinken.

Schurig empfiehlt die Verwendung von Mäusekot, sowohl innerlich als äußerlich, bei den verschiedensten Störungen: gegen Verstopfung bei Kindern, gegen Kahlkopf und Kopfgrind (Schuppen); in diesen Fällen sollte man den Mäusekot in Salben gebrauchen. Ferner heilte er Blasensteine und Nierensteine, alle Schwellungen im After, Hämorrhoiden, Warzen, Geschwüre am Hintern,

Lungenblutungen, Ausbleiben des Monatsflusses, ja, er konnte sogar das Wachsen des Barthaares beeinflussen. Wenn man Mäusekot innerlich nehmen mußte, verordnete man ihn in Fleischbrühe, Milch- oder Brotsuppe; äußerlich stellte man mit Butter und anderen derartigen Bestandteilen ein Pflaster her. Zuweilen mischte man Mäusedreck auch mit Sperlingskot.

In seinem langen und äußerst lehrreichen Kapitel von der Krankheitenheilung mittels menschlichen Kotes, »auf magische oder sympathetische Weise«, berichtet Schurig von vielen fantastischen und seltsamen Arten der Verwendung von Leibentleerungen solcher Menschen, von denen man annahm, daß sie in kurzer Zeit sterben würden, *in articulo mortis*. So nahm man z.B. den Kot des Kranken und brachte ihn in die Höhlung eines Menschenknochens, den man dann in kochendes Wasser warf. Wenn wir Schurigs Angaben trauen können, war dieses Mittel ganz hervorragend wirksam.

Schurig bringt das Rezept des Johannes Philippus ab Hertodt für die Herstellung eines »sympathetischen« Pulvers, das vorzüglich dazu geeignet ist, uns eine Vorstellung davon zu geben, in welch unzusammenhängender Weise die Gedankenarbeit ausübender Ärzte vor ein paar Jahrhunderten vor sich ging. Wir geben dieses Rezept in freier Übersetzung wieder. »Nimm etwas von einer gesunden menschlichen Mumie und feuchte es mit ein wenig Harn an; dann laß es an einer Stelle trocknen, die dem Ostwinde ausgesetzt ist, aber nicht in der Sonne, und zwar so lange, bis es zu Pulver geworden ist; dann mischt man es mit der gleichen Menge Weinstein *(Cremor tartari)* und dem ›sympathetischen Vitriolpulver‹, das man an den Hundstagen nach der vorgeschriebenen Formel hergestellt hat; oder man nimmt ungarisches Vitriol, das man in einem Ofen erhitzt hat, bis es weiß geworden ist. Eine Prise von diesem sympathetischen Pulver muß man auf den Kot des kranken Menschen streuen oder auf ein Tuch, das man in seinen Harn getaucht hat. Das Tuch muß man dann an einem kühlen Platz aufbewahren.«

Die Wirksamkeit dieses Mittels preist er in den höchsten Tönen an: »Es heilt ganz wahrhaftig alle Arten von Wunden, Geschwüren, Fiebern, Fleckfiebern, Blasenkrankheiten, die gefährlichsten Blutungen der Wöchnerinnen, Gelenkentzündungen, Gicht, auch die sogenannte herumziehende Gicht, Lungenkrankheiten, selbst die stärksten Hämorrhoiden, Nasenbluten, mag es noch so heftig sein, Kopfschmerzen, Katarrhe, den weißen Frauenfluß, allzu reichliche Monatsblutung, die Bisse toller Hunde oder irgendeines anderen Tieres, sogar Geschwüre an den Brüsten.«

Schurig fügt hinzu: »Es führte zu weit, alle die verschiedenen Arten der Anwendung dieser Heilmittel hier aufzuzählen, aber ihre Erwähnung ist doch wertvoll für den Forscher, da sie zeigt, wie tief der Glaube an die okkulten Eigenschaften der Entleerungen eingenistet war.«

Schurig zählt viele Schriftsteller auf, um zu zeigen, daß in Fällen der »Unhöflichkeit«, wenn jemand z.B. an der Tür seines Nachbarn seinen Kot niederlegte, die beleidigte Person ein sicheres Mittel in der Hand hatte, sich Genugtuung zu verschaffen. Man brauchte nämlich nur etwas von dem Kote des Beleidigers zu nehmen, ihn mit glühenden Kohlen oder mit heißer Asche zu vermischen und dies dann auf die Straße zu werfen; oder man konnte Pfeffer und Wein mit den Kotstoffen zusammen verbrennen oder ein Stück Eisen bis zur Weißglühhitze erhitzen und in den Kot hineinstoßen; erkaltete das Eisen, wurde der Vorgang wiederholt: so oft dies geschah, erduldete der Schuldige Schmerzen am After. Andere Mittel bestanden darin, daß man Weingeist und Salz zusammenmischte, es auf den anstößigen Kothaufen spritzte und dann ein rotglühendes Eisenstück darauf legte; damit verursachte man, daß dieselben Schmerzen am After des Beleidigers den ganzen Tag über dauerten, solange er sich nicht mit frischer Milch davon heilte. Oder man konnte kleine Erbsen in einer Bratpfanne heiß machen und mit dem frischen Kot auf die Straße hinauswerfen; so viele Erbsen darin waren, so viele Schmerzen mußte der Übeltäter erdulden. Das sei in England, Frankreich und Deutschland ganz allgemein bekannt, sagt Schurig.

Gegen das, was man im Mittelalter als »zauberische Undurchdringlichkeit« bezeichnete, stand Menschenkot in besonderem Ansehen. Das Schwert oder der Säbel des Mannes, der dem Angriff eines solchen Feindes ausgesetzt war, sollte mit Schweinemist abgerieben sein. Aber Schurig mag seine Geschichte selbst erzählen: »Man soll nämlich, bevor man mit einem Gegner zusammentrifft, der dieser Sache verdächtig ist, die Spitze des Säbels oder Schwertes mit Schweinekot bestreichen; wenn dies aber sofort geschehen muß, schiebe man sich Kotkügelchen durch den Schließmuskel des Afters ein; das soll ein ganz sicheres Gegenmittel gegen diese und auch andere Verzauberungen des Teufels sein.«

Menschlichen Kot gebrauchte man bei der Herstellung der Liebesmittel zu allen Zeiten, und er fand sowohl innerlich als auch äußerlich Verwendung. Es erscheint angebracht, über diesen Punkt die genauen Worte Schurigs anzuführen, der die Erklärung abgibt, daß man ihn teils in Kräutersuppen eingab, in anderen Fällen aber in die Schuhe legte. Dann war die Wirkung aber entgegengesetzt, denn der Mann, der einen solchen Gebrauch von dem Kote seiner geliebten Dame machte, wurde von seiner Narrheit vollständig geheilt, hatte er die beschmutzten Schuhe eine Stunde lang getragen. »Gegen die Liebestränke pflegt man den Kot des geliebten Mädchens sowohl innerlich als auch äußerlich anzuwenden. Eberhardus Gockelius hat darauf hingewiesen, daß der Kot, getrocknet und der durch den Liebestrank betörten Person in einer Speise eingegeben, die Liebe in die größte Abneigung verwandelt habe. Er gedenkt dabei auch eines Hauptmanns, der den Kot seines Liebchens in neue Schuhe getan hatte, dann eine ganze Stunde lang in ihnen spazierengegangen war und von seiner Liebe befreit wurde.«

Schurig widmet einen langen Absatz einer Auseinandersetzung über die Ansichten, die gelehrte Ärzte in bezug auf die Wirkungen geäußert haben, die sich aus dem Niederlegen von menschlichen Auswurfstoffen auf Pflanzen ergeben könnten, die für den menschlichen Körper entweder schädlich oder heilsam sind. Im ersteren Falle konnte man aus der geheimen Wechselwirkung auf die schlimmsten Ergebnisse gefaßt sein; im zweiten Falle dagegen auf sehr günstige. Die Landbewohner erfreuen sich seiner Ansicht nach einer besseren Gesundheit als die Bewohner der Städte; und zwar in erster Linie aus dem sehr merkwürdigen Grunde, daß die zuletzt Genannten ihre Ausleerungen auf den Aborten besorgen müssen und während dieser Vornahme gezwungen sind, die verderblichen Gase einzuatmen, die von den bereits vorhandenen, verfaulenden Ablagerungen ausgeströmt werden; die Landleute dagegen könnten zu irgendeinem passenden Platz auf die Felder hinausgehen und sich dort ausleeren, ohne die Gefahren und die Unzuträglichkeiten, denen die städtische Bevölkerung ausgesetzt ist. Aber er ergreift doch die Gelegenheit, um seine Leser darauf hinzuweisen, daß sie so vorsichtig sein sollen, nicht den Kot auf gewisse bösartige Pflanzen fallen zu lassen, denn diese könnten die Veranlassung zu einer ansteckenden Eingeweideentzündung sein.

Eine große Anzahl von Beispielen führt Schurig für die Macht des Geistes über den Akt der Darmentleerung an; es können ihn geistige Störungen, Furcht, Schlaflosigkeit, Donner, Zorn usw. hervorrufen. In einem früheren Abschnitt erzählt Schurig mehrere Fälle, in denen Leute, namentlich Frauen, die ohne Zuhilfenahme künstlicher Mittel niemals Stuhlgang hatten, irgendwelche geistigen Tätigkeiten wie Einbildungskraft, Lachen usw. anwandten.

Schurig befaßt sich in einem ganzen Kapitel mit den Heilmitteln, die man aus menschlichem Kot und Harn herstellt. Auf alle Fälle mußten diese Auswurfstoffe von einem jungen Manne herstammen, der zwischen 25 und 30 Jahren alt war. Diese Art, chemische Stoffe aus menschlichen Exkrementen herzustellen, einschließlich der Herstellung von Phosphor aus Harn, trieb man zu einer solchen Höhe, daß es tatsächlich einige Philosophen gab, die da glaubten, daß man den Stein der Weisen entdecken könne, wenn man die Salze, die man aus Menschenharn erhielt, mit denjenigen vermischte, die man aus Menschenkot herstellte.

John Gregory Bourke
SCHLUSSWORT

Zu guter Letzt sei noch nachdrücklich darauf hingewiesen, daß eine aufmerksame Betrachtung dieses Stoffes nicht ohne wichtige Ergebnisse für die Wissenschaft sein kann. Denn sie zeigt uns, wenn wir uns eines Ausdrucks der Mathematik bedienen dürfen, daß wir durch das Integral des menschlichen Fortschritts zwischen dem Nullpunkt, bei dem diese ekelhaften Gebräuche in voller Kraft standen, als dem einen Grenzwert und dem Jahre 1891 A.D. als dem anderen, den genauen Umfang menschlichen Fortschritts in allem, was Zivilisation heißt, besser zu erfassen vermögen.

Die Biologen und Psychologen können hier Material genug vorfinden, um zu zeigen, in welch hohem Maße der Mensch der Urzeit in entsprechender Umgebung selbst in den verschiedensten Gegenden der Welt dieselben Triebe und Handlungen aus der gleichen Veranlassung in Erscheinung treten läßt.

Die Gelehrten, die sich mit vergleichender Mythologie beschäftigen, werden in diesem Buche sicherlich manches bemerken, was ihnen Anregungen gewährt und sie weiterbildet.

Der Volkskundler wird hier ein Feld entdecken, das ihm Aussichten auf zahlreiche neue Ergebnisse eröffnet. Der Volksbrauch, ganz besonders in der volkstümlichen Heilkunde, die schlicht die Verfestigung von Mythologie und religiösem Heilwissen ältester Zeiten darstellt, bietet im weitesten Umfange jegliche Auskunft dar, die man von ihm in bezug darauf und in mancher anderen Hinsicht erwartet, die aber dem gewöhnlichen Schriftsteller als eine Verunreinigung seiner Feder vorkäme.

Für den Verfasser präsentiert das vorliegende Buch eine Arbeit, die endlose Nachforschungen erforderte, von denen viele ergebnislos verliefen, und dazu einen Briefwechsel mit Gelehrten in allen Ländern einleitete, deren Mitteilungen deshalb ganz besonders wertvoll waren, weil durch sie die Feststellung gelang, daß die ekelhafte Sitte des Harntrinkens, die bei den Zuñis der Vereinigten Staaten beobachtet wurde, in den Orgien anderer primitiver Stämme gleichfalls vorkam und daß sie Gegenstücke und Nachahmungen in den oftmals in das Burleske verzerrten »Überlebseln« solcher Völker fand, die auf einer hohen Kulturstufe stehen.

Es kann wahrhaftig abschließend wie schon zu Beginn dieses Werkes festgehalten werden: Das eigentliche Studium der Menschheit ist der Mensch; und das Studium des Menschen ist das Studium seiner Religion.

LITERATURVERZEICHNIS EINES UNRATSAMMLERS

Michel Adanson: *Voyage au Sénégal,* Paris 1757.

H.T. Allen: Mündliche Mitteilung an John Bourke, Washington, D.C., 1888.

Charles Anthon: *Classical Dictionary,* New York 1841.

Appleton: *American Encyclopaedia,* New York o.J.

T.A. Archer: »The Third Crusade and Richard the First«, in: *English History from Contemporary Writers,* New York 1889.

Aristophanes: *Die Wolken,* Leipzig 1843.

Aristoteles: *Physik,* Berlin 1829.

Arnobius: *Des Afrikaners Arnobius sieben Bücher wider die Heiden,* Landshut 1842.

Asiatic Society in Bengal (Hg.): *Asiatic Researches,* Bd. IV, Calcutta 1795.

Asiatic Society in Bengal (Hg.): *Asiatic Researches,* Bd. VII, Calcutta 1807.

Athenaei: *Deipnosophistarum libri quindecim,* Lugduni 1612.

T.W. Atkinson: *Oriental and Western Siberia,* New York 1865.

Augustinus: *Opera,* Edinburgh 1871.

Avicenna: *Liber canonis, De medicinis cordialibus, et Cantica,* Venedig 1595.

Étienne François Aymonier: *Notes sur les Coûtumes des Cambodgiens,* Paris o.J.

Samuel Baker: *The Albert Nyanza,* Philadelphia 1869.

H.H. Bancroft: *Native Races of the Pacific Slope,* 5 Bde., San Francisco 1886.

Adolphe F. Bandelier: Brief an John Bourke, Santa Fe, New Mexico, 25. April 1888.

Antoine Banier: *Explication historique des Fables,* 2 Bde., Paris 1711.

Casare Baronius: *Annales Ecclesiastici,* Lucca 1758.

Daines Barrington: *Observations on the Statutes,* London 1775.

Henry Barth: *Travels in North and Central Africa,* Philadelphia 1859.

Adolf Bastian: *Allerlei aus Volk- und Menschenkunde,* 2 Bde., Berlin 1888.

Andrew Battell: »Adventures of Andrew Battel«, in: Pinkerton, Bd. XVI, London 1814.

P. Baudin: *Fetichism and Fetich Worshippers,* New York 1885.

Sylvester Baxter: Mündliche Mitteilungen an John Bourke, Boston o. J.

Henri Bayle: *Philosophical Dictionary,* London 1737.

John H. Beadle: *Western Wilds,* Cincinnati, Ohio 1878.

Daniel Beckherius: *Medicus Microcosmus,* London 1660.

John Bell: »Travels from St. Petersberg in Russia to Diverse Parts of Asia (1714)«, in: Pinkerton, Bd. VII, London 1811.

S. V. Bénèt: Mündliche Mitteilung an John Bourke, o. O., o. J.

G. W. Benjamin: *Persia,* London 1887.

Fanny Bergen: »Animal and Plant Lore«, in: *Popular Science Monthly,* New York 1890.

Fanny Bergen: Brief an John Bourke, Cambridge, Mass., o. J.

Dr. Bernard: Brief an John Bourke, Cannes, 7. Juli 1888.

Beroalde de Verville: *Moyen de Parvenir,* Paris 1610.

P. Beveridge: *The Aborigines of Victoria and Riverina,* Melbourne 1889.

Bibel, nach der deutschen Übersetzung Martin Luthers, Berlin und Köln 1896.

Bibliotheca Scatologica, von J. F. Payen, Paul Jannet, Silvestre und Auguste Venant, Paris 1850 (Scatopolis 5850).

John S. Billings: Brief an John Bourke, Washington, D. C., 23. April 1888.

John Elliot Bingham: *Narrative of the Expedition to China,* 2 Bde., London 1842.

Anton Birlinger: *Volksthümliches aus Schwaben. Sagen, Märchen und Volkaberglauben,* Freiburg 1861.

William George Black: *Folk-Medicine,* London 1883.

Jean François Bladé: *Contes et Proverbes populaires,* Paris 1867.

Dittmar Bleekens: »Voyage to Ireland and Greenland (1565)«, in: Purchas, Bd. I, London 1625.
Thomas Blount: *Ancient Tenures of Land and Jocular Customs of Some Manors* (1679), London 1874.
John Henry Blunt: *Dictionary of Sects and Heresies,* Oxford 1874.
John James Blunt, *Vestiges of Ancient Manners and Customs,* London 1823.
Franz Boas: »The Central Eskimo«, in: *Sixth Annual Report,* Bureau of American Ethnology, Washington, D.C., 1888.
Franz Boas: »Tlinkeets«, in: *Journal of American Folk-Lore,* Bd. I, Boston 1888(a).
Franz Boas: »Report on the Northwestern Indians of Canada«, in: *Proceedings of British Assoc. for the Advancement of Science,* Newcastle-upon-Tyne 1889.
Franz Boas: Brief an John Bourke, Worcester, Mass., o.J.
Carl Bock: *Headhunters of Borneo,* London 1881.
Wilhelm Bosman: *Reise nach Guinea,* Hamburg 1708.
Boston Transcript, o.J.
Jean François de Bourgoanne: *Travels in Spain,* in: Pinkerton, Bd. V, London 1809.
John G. Bourke: *Diary (Tagebuch),* 25. September 1878 u. 24. November 1881.
John G. Bourke: *The Snake Dance of the Moquis of Arizona,* London und New York 1884.
John G. Bourke: »The Urine Dance of the Zuñi Indians«, in: *Transactions of the American Association for the Advancement of Science,* 1885.
John G. Bourke: *Compilation of Notes and Memoranda Bearing Upon The Use of Human Ordure and Human Urine in Rites of a Religious or Semi-Religious Character Among Various Nations,* Washington, D.C., 1888.
John Brand: *Popular Antiquities of England, Scotland and Ireland,* 3 Bde., London 1872.
Brand: *Encyclopaedia of Science, Literature and Art,* o.O., o.J.
Brasseur de Bourbourg: *Introduction de Landa, Cosas de Yucatan,* Paris 1864.

Daniel G. Brinton: *The Myths of the New World,* New York 1868.
James Bruce: *Travels to Discover the Source of the Nile,* 5 Bde., Dublin 1790.
Jacob Bryant: *A New System or an Analysis of Ancient Mythology,* 2 Bde., London 1775.
Francis Hamilton Buchanan: »A Journey through Mysore«, in: Pinkerton, Bd. VII, London 1811.
Henry Thomas Buckle: *Commonplace Book,* London 1872.
Burchard von Worms: *Loci communes congesti,* Coloniae Agrippinae 1560.
Richard F. Burton (Hg.): *The Book of the Thousand Nights and a Night,* London 1886.
Robert Burton: *Anatomy of Melancholy,* 2 Bde., London 1621.
Samuel Butler: *Hudibras,* London 1684.
Maurice Bywater: Brief an John Bourke, Nassau, Bahamas, 1888.
Alva Nuñez Cabeza de Vaca, *Relation* (1542), in: Ternaux, Bd. VII, Paris 1837–1841.
Calotin: *Conseil de Momus, ou la revue des son régiment,* Paris o.J.
William Camden: *Britannia,* 2 Bde., London 1753.
Charles Duncan Cameron: *Across Africa,* 2 Bde., London 1877.
Robert Allen Campell: *Phallic Worship,* St.Louis, Mo., 1888.
Rober G. Carter: Mündliche Mitteilung an John Bourke, o.O., o.J.
Pedro Castañeda de Nagera: *Coronado Expedition* (1540–42), in: Ternaux, Bd. IX, Paris 1837–1841.
George Catlin: *North American Indians,* o.O., 1841.
Catullus: *Q. Valerii Catulli Carmina,* Lipsiae 1883.
Chatelain: Mündliche Mitteilung an John Bourke, o.O., o.J.
Chinese Repository, Bd. III, Macao, Canton und Hongkong 1835.
Chinese Repository, Bd. VII, Macao, Canton und Hongkong 1839.

Chrisfield: Mündliche Mitteilung an John Bourke, Washington, D.C., o.J.
Chronicle of London from 1089–1483, London 1827.
Cicero: *Epistolae,* 2 Bde., Lipsiae 1858–1859.
François Xavier Clavigero: *Historia de la Baja California* (1780–1781), Mexico 1852.
Cornwallis Clay: »Dissertation upon the Seminoles of Florida«, in: *Annual Report of the Bureau of Ethnology,* Washington, D.C., 1888.
John Dundas Cochrane: *Pedestrian Journey through Siberian Tartary 1820–1823,* Philadelphia 1824.
John Cotta: *A Short Discovery of the Unobserved Dangers of Severall Sorts of Ignorant and Unconsiderate Practicers of Physicke in England,* London 1612.
Richard Cox: *History of Ireland,* 2 Bde., London 1639.
William Coxe: *Account of the Russian Discoveries Between Asia and America,* London 1803.
David Cranzen: *Historie von Grönland,* Nürnberg und Leipzig 1782.
Frank Hamilton Cushing: Mündliche Mitteilungen an John Bourke, Zuñi, New Mexico, 1881.
Benjamin Eddy Cutting: *Professional Reminiscences,* Boston 1888.
Dadabhai-Nadrosi: *The Manners and Customs of the Parsees,* Bombay, 1864.
John Graham Dalyell: *Superstitions of Scotland,* Edinburgh 1834.
J.J. Dana: Mündliche Mitteilung, o.O., o.J.
James Darmesteter (Hg.): *Zendavesta,* in: *Sacred Books of the East,* Oxford 1880.
Charles Darwin: *Voyage of the Beagle,* 2 Bde., London 1839.
Christian Louis Joseph De Guignes: *Voyage à Pekin,* 3 Bde., Paris 1808.
Pierre Jean De Smet: *Oregon Missions,* New York 1847.
Bernal Diaz: *Conquest of Mexico,* 2 Bde., London 1844.
Denis Diderot und Jean d'Alembert: *Encyclopédie,* Genf 1779.
Peter Dillon: *Expedition in Search of La Pérouse,* 2 Bde., London 1829.

Dioscorides: *Materia Medica,* 2 Bde., Leipzig 1829.
Richard Irving Dodge: *Thirty-Three Years Among Our Wild Indians,* New York 1882.
Emmanuel Domenech: *Seven Years' Residence in the Great Deserts of North America,* 2 Bde., London 1860.
J. Owen Dorsey: »Omaha and Ponka Letters«, in: *Bulletin* 11, Bureau of American Ethnology, Washington, D.C., 1891.
Dosabhai Framje Karaka: *History of the Parsees,* London 1884.
Francis Douce: *Illustrations of Shakespeare,* 2 Bde., London 1807.
Jean Antoine Dubois: *People of India,* London 1817.
Carolo Dufresne Domino Ducange: *Glossarium mediae et infimae,* 8 Bde., Paris 1840–1850.
Jean Baptiste Du Halde: *Description de la Chine,* 4 Bde., Paris 1736.
Jacques Antoine Dulaure: *Histoire abrégee des différents Cultes: Des Divinitiés Génératrices,* Paris 1825.
Jacques Antoine Dulaure: *Histoire de Paris,* 6 Bde., Paris 1818–1827.
Edmond Dupouy: *Le Moyen Âge Médical,* Paris 1888.
Diego Duran: *Historia de las Indias de Nueva España* (1581), 2 Bde., Mexico 1867–1880.
Victor Duruy: *History of Rome,* Boston 1887.
Mary Eastman: *Legends of the Sioux,* New York 1849.
John Matthews Eaton: *Treatise on Breeding and Managing Tame, Domesticated, and Fancy Pigeons,* London 1852.
Hans Saabye Egede: *Bruchstücke eines Tagebuches, geh. in Grönland in den Jahren 1770–78,* Hamburg 1817.
Havelock Ellis: Brief an John Bourke, o.O., o.J.
William Ellis: *Polynesian Researches,* 4 Bde., London 1832–1836.
Encyclopaedia, Philadelphia 1797.
Encyclopaedia Britannica, London 1841.
Encyclopaedia of Geography, Philadelphia 1845.
Encyclopédie et Dictionnaire Raisonné des Sciences, des Arts et des Métiers, Neuchâtel 1765.
English Cyclopaedia, Bd. II (Art.: »Fungi«), London 1854.

Georg Adolf Erman: *Reise um die Erde durch Nord-Asien,* 3 Bde., Berlin 1833–1848.
Michael Ernst Ettmüller: *Opera Omnia,* 2 Bde., Lugduni 1690.
Lewis Evans (Hg.): *The Satires of Juvenal,* New York 1860.
Lewis Evans (Hg.): *The Satires of Lucilius,* New York, 1860(a).
S.B. Evans: Brief an John Bourke, Ottumwa, Iowa, 16. April 1888.
A. Featherman: *Social History of the Races of Mankind,* London 1887.
William Montague Ferry: Mündliche Mitteilung, Washington, D.C., 5. Oktober 1888.
Samuel Augustus Flemming: *De Remidiis ex corpore humano desumtis,* Erfurt 1738.
Alice Fletcher: »The Sun Dance of the Ogalla Sioux«, in: *Proceedings of the American Society for the Advancement of Science,* 1882.
Robert Fletcher: »Prehistoric Trephining«, in: *Contributions to North American Ethnology,* Washington, D.C., 1882.
Robert Fletcher: Mündliche Mitteilung an John Bourke, o.O., o.J.
J.G. Forlong: *Rivers of Life,* 2 Bde., London 1883.
George Forster: *Observations during a Voyage round the World,* London 1778.
Thomas Dudley Fosbroke: *British Monachism,* London 1817.
Thomas Dudley Fosbroke: *Cyclopaedia of Antiquities,* London 1843.
Frank Rede Fowke: Brief an John Bourke, London, 18. Juni 1888.
Erasmus Franciscus: *Lustige Schaubühne, allerhand Curiositäten,* 3 Bde., Nürnberg 1690.
James G. Frazer: *Totemism,* Edinburgh 1887.
James G. Frazer: *The Golden Bough,* 2 Bde., London 1890.
John F. Frazer: Brief an John Bourke, Sydney, 24. Dezember 1889.
Johannes Christianus Frommann: *Tractatus de Fascinatione,* Nürnberg 1675.

Henri Gaidoz (Hg.): *Mélusine,* Paris 1888.
Henri Gaidoz: Briefe an John Bourke, o.O., 5. Mai 1888 u. 11. März 1889.
Galen: *Opera Omnia,* Leipzig 1826.
Ferdinand E.A. Gasc: *Dictionary of the French and English Languages,* London 1873.
Alfred S. Gatschet: Briefliche Mitteilung, o.O., o.J.
General Homoeopathic Journal, Bd. 113, o.O., 1886.
William Gifford (Hg.): *Ben Jonson's Staple of Newes,* London 1816.
William H. Gilder: *Schwatka's Search,* New York 1881.
William H. Gilder: *Ice-Pack and Tundra,* New York 1883.
William H. Gilder: Brief an John Bourke, New York, 15. Oktober 1889.
James Gilmour: *Among the Mongols,* London 1883.
Oliver Goldsmith: *The Citizen of the World* (1762), London 1805–1806.
Francisco Lopez de Gómara: *Hispania Victrix, Historia General de las Indias,* Zaragoza 1552.
John Mason Good (Hg.): *Lucretius' De Natura Rerum,* 2 Bde., London 1805.
Barnaby Googe (Hg.): *The Popish Kyngdome,* London 1570.
Wilhelm August Graah: *Narrative of an Expedition on the East Coast of Greenland in Search of the Lost Colonies,* London 1837.
John Green (Hg.): *A Description of Thibet,* in: *A New General Collection of Voyages and Travels,* Bd. IV, London 1745.
James Grieve: *The History of Kamtschatka and the Kurile Islands,* Gloucester 1764.
Jakob Grimm: *Deutsche Mythologie,* 2 Bde., Göttingen 1844.
Francis Grose: *Dictionary of Buckish Slang, University Wit, and Pickpocket Eloquence,* London 1811.
Angelo de Gubernatis: *Zoological Mythology or The Legends of Animals,* 2 Bde., London 1874.
José Gumilla: *El Orenoco,* Madrid 1741.
H.C.: »Indo-Mahomedan Folk-Lore« in: *Notes and Queries,* London 1867.

A.C. Haddon: »The Ethnography of the Western Tribes of Torres Straits«, in: *Journal of the Anthropological Institute of Great Britain and Ireland,* Bd. XIX, 1890.

Lewis Randolph Hammersley: *Record of Living Officers of the United States Army,* o.O., o.J.

William Alexander Hammond: *Physiological Memoirs,* New York 1863.

John Harington: *A New Discourse of a Stale Subject, called the Metamorphosis of Ajax,* London 1596.

Daniel Harmon: *Journal of Voyages and Travels,* Andover, Mass., 1820.

John Hawkesworth: *An Account of the Voyages by Captain Byron, Wallis, Carteret and Cook,* 3 Bde., London 1773.

Michael A. Healey: Brief an John Bourke, San Francisco, 19. Mai 1888.

Albert F. Heard: *The Russian Church and Russian Dissent,* New York 1887.

Jean Baptiste van Helmont: *Oritrike or Physicke Refined,* London 1662.

Jean Baptiste van Helmont: *Die Morgenröte: 5 geheimnisreiche Rezeptbücher zum leiblichen Wohl der Menschheit,* Sulzbach 1683.

Herodot: *Die Geschichten des Herodotos,* Leipzig 1885.

Antonio Herrera: *Decades,* 5 Bde. Madrid 1729–1730.,

Paul Isaac Hershon: *Talmudic Miscellany,* Boston 1880.

Hesiod: *Opera et Dies,* London 1856.

Godfrey Higgins: *Anacalypsis,* 2 Bde., London 1810.

Godfrey Higgins: *The Celtic Druids,* London 1829.

Hippokrates: *Sämtliche Werke,* München 1819.

Max Höfler: *Volkmedizin und Aberglaube in Oberbayern in Gegenwart und Vergangenheit,* München 1888.

W.J. Hoffman: »Folklore of the Pennsylvania Germans«, in: *Journal of American Folk-Lore,* Bde. I u. II, Boston 1888–1890.

W.J. Hoffman: Brief an John Bourke, Washington, D.C., 16. Juni 1890.

A.B. Holder: Brief an John Bourke, Memphis, Tenn., 6. Februar 1890.

William Hone (Hg.): *Apocryphal New Testament,* London 1820.

William Hone: *Ancient Mysteries Described,* London 1823.
Horatius: *Q. Horatii Flacci Carmina,* Lipsiae 1883.
John Eliot Howard: »The Druids and their Religion«, in: *Transactions of Victoria Institute,* Bd. XIV, o.J.
Evariste Règis Huc: *Souvenirs d'un Voyage dans la Tartarie, le Thibet et la Chine,* Paris 1850.
Victor Hugo: *Notre Dame,* 2 Bde., Paris 1832.
Thomas Inman: *Ancient Faiths Embodied in Ancient Names,* 2 Bde., London 1878.
B.J.D. Irwin: Brief an John Bourke, San Francisco, 28. April 1888.
Jack of Dover's Quest of Inquiry, in: *Publications of the Percy Society,* London 1852.
Gustav Jäger, Brief an John Bourke, Stuttgart 1888.
King James: *Daemonologie,* London 1616.
Patrice de Janon: Mündliche Mitteilung an John Bourke, o.O., o.J.
Hargrave Jennings: *Phallicism, Celestial and Terrestrial, Heathen and Christian,* 2 Bde., London 1884.
T.W. Jex-Blake: o.T., in: *New York Tribune,* 11. November 1888.
Richard Jobson: *Gold Coast of Africa* (1620), in: Purchas, Bd. II, London 1625.
Edward Jorden: *A Disease Called the Suffocation of the Mother,* London 1603.
Flavius Josephus: *Geschichte des jüdischen Krieges,* Stuttgart 1856.
Henri Jouan: Brief an John Bourke, Cherbourg, Frankreich, 29. Juli 1888.
Juvenal: *Juvenal in deutschen Jamben,* Leipzig 1876.
Paul Kane: *An Artist's Wanderings in British North America,* London 1859.
Dwight Kelton: *Indian Names of Places near the Great Lakes,* Chicago 1888.
Kemper: »History of Japan«, in: Pinkerton, Bd. VII, London 1811.
George F. Kennan: *Tent Life in Siberia,* New York 1887.
Edward A. Kennard: Mündliche Mitteilung an John Bourke, Washington, D.C., 1886.

Lord Kingsborough (Edward King): *Antiquities of Mexico,* 9 Bde., London 1831–1848.
Charles Kingsley: *Hereward, The Last of the English,* New York 1866.
J.W. Kingsley: Brief an John Bourke, Cambridge, England, Mai 1888.
Rudyard Kipling: *Plain Tales from the Hills,* New York 1890.
Peter Kolbein: *Voyage to the Cape of Good Hope,* London 1777.
N.V. Krenitzin: *Voyage,* o.O., 1768.
Adam Johann von Krusenstern: *Reise um die Welt,* St. Petersburg 1810.
Lactantii, *Firmiani Opera Omnia,* Biponti 1786.
Aelius Lampridius: *Historiae Augustae Scriptores,* Frankfurt a.M. 1588.
Andrew Lang: *Myth, Ritual and Religion,* 2 Bde., London 1887.
Johann Peter Lange: *Commentary on Deuteronomy,* New York 1879.
Georg Heinrich von Langsdorff: *Bemerkungen auf einer Reise um die Welt 1803–1807,* 2 Bde., Frankfurt a.M. 1812.
Joseph Lanzoni: *Exercitatio Medico-Physico-Anatomica de Saliva humana ejusque natura,* Ferrariae 1702.
Pierre Larousse: *Grand Dictionnaire Universel,* Paris 1875.
Laubert: *Histoire Secrète du Prince Croq' Être,* Paris 1790.
Henry Charles Lea: *History of the Inquisition,* 3 Bde., New York 1888.
Knud Leem: »Account of the Laplanders of Finmark«, in: Pinkerton, Bd. I, London 1808.
Paul Le Jeune: *Relation de ce qui s'est passé en La Nouvelle France* (1634–1639), Quebec 1858.
Levinus Lemnius, *The Secret Miracles of Nature,* London 1658.
François Lenormant, *Die Magie und Wahrsagekunst der Chaldäer,* Jena 1878.
Rosinus Lentilius: *Ephemeridum Physico-medicorum,* Lipsiae 1694.

Le Roux de Lincy: *Livre des Proverbes Français,* Paris 1848.
Alain René Le Sage: *Le Bachilier de Salamanque,* 2 Bde., Paris 1736.
Lippincott's Magazine, Philadelphia 1888.
Uri Lisiansky: *Voyage Round the World,* London 1814.
David Livingstone: *Zambesi,* London 1865.
London Lancet, o.J.
Chaille Long: *Central Africa,* New York 1877.
Long's Expedition, 2 Bde., Philadelphia 1823.
Daniel W. Lord: Brief an John Bourke, Washington, D.C., 26. Mai 1890.
Lucilius: *Lucilii satirorum libr. IX,* Berlin 1840.
Lucretius: *Von der Natur der Dinge,* Leipzig 1831.
Karl Lumholtz: *Among Cannibals,* New York 1869.
Karl Lumholtz: Mitteilung, o.O., o.J.
Martin Luther: *Tischreden oder Colloquia,* Leipzig 1879.
F.M. Luzel: »Le Nirang des Parsis en Basse Bretagne«, in: *Mélusine,* Paris, Mai 1888.
C.F. Lyon: *Private Journal of H. M. S. Hecla during the recent Voyage of Discovery under Captain Parry,* London 1824.
Macaulay: Mündliche Mitteilung an John Bourke, o.O., o.J.
Alexander Mackenzie: *Voyages to the Arctic Circle,* London 1801.
Macrobius: *Saturnalia,* Lipsiae 1868.
E. Magdaleine: *Le Gui de Chêne et les Druides,* Paris 1877.
Konrad Maltebrun: *Universal Geography,* Philadelphia 1832.
John Mann: Brief an John Bourke, New South Wales, Australien, o.J.
Frederick Markham: *Thibet,* London 1879.
Martial: *Epigrammaton Libri,* Lipsiae 1881.
Otis T. Mason: Mündliche Mitteilung an John Bourke, Washington, D.C., o.J.
Francis Charles Massingberd: *The English Reformation,* London 1825.
John Matthew: Brief an John Bourke, Victoria, Australien, 29. November 1889.

John Matthews: *A Voyage to the River Sierra Leone,* London 1791.
Washington Matthews: Mündliche Mitteilungen an John Bourke, o.O., o.J.
Thomas Maurice: *Indian Antiquities,* London 1800.
John McClintock und James Strong: *Cyclopaedia of Biblical, Theological, and Ecclesiastical Literature,* New York 1880.
John McElhone: Mündliche Mitteilung an John Bourke, Washington, D.C., o.J.
V.T. McGillicuddy: Mitteilung an John Bourke, Rapid City, Dakota, o.J.
George W. Melville: *In the Lena Delta,* Boston 1885.
George W. Melville: Brief an John Bourke, o.O., o.J.
Gerónimo de Mendieta: *Historia Eccelesiástica Indiana,* Mexico 1870.
John Mennis und James Smith: *Facetiae: Musarum Deliciae, or The Muses' Recreation,* 2 Bde., London 1817.
Girolamo Merolla: »Voyage to the Congo (1692)«, in: Pinkerton, Bd. XVI, London 1814.
W.M. Mew: Brief an John Bourke, Washington, D.C., 18. April 1889.
Minutius Felix: *Octavius,* Leipzig 1836.
Juan Ignacio Molina: *Historia Civil del Reyno de Chile,* Madrid 1788.
Michel Eyquem de Montaigne: *Gedanken und Meinungen,* 5 Bde., Berlin 1793–1794.
Bernard de Montfaucon: *L'Antiquité Expliquée et representée en figures,* Paris 1719.
James Mooney: »Medical Mythology of Ireland«, in: *Transactions of American Philosophical Society,* Philadelphia 1887.
Edward Moor: *Hindu Pantheon,* London 1810.
John Lawrence von Mosheim: *Institutes of Ecclesiastical History,* 2 Bde., New Haven 1832.
F. Max Müller: *Chips from a German Workshop,* 4 Bde., London 1867–1875.
F. Max Müller (Hg.): *Shapast la Shayast,* Oxford 1880.
F. Max Müller (Hg.): *Vasishtha,* in: *Sacred Books of the East,* Bd. XIV, Oxford 1882.

F. Max Müller: *Biography of Words,* London 1888.
Muhongo: Mündliche Mitteilungen an John Bourke, o. O., o. J.
Mungo Park: *Travels in Africa,* New York 1813.
Charles New: *Life and Wanderings in East Africa,* London 1874.
W. W. Newell: »Reports of Voodoo Worship in Hayti and Louisiana«, in: *Journal of American Folk-Lore,* Bd. II, Boston 1889.
Karsten Niebuhr: *Beschreibung von Arabien,* Copenhagen 1772.
Notes and Queries, Bd. II, London 1850.
Eugene O'Curry: *Manners and Customs of the Ancient Irish,* 2 Bde., London 1873.
John O'Donovan: *Annals of the Four Masters,* 7 Bde., Dublin 1848–1851.
Anello Oliva: *Histoire du Pérou,* Paris 1857.
Robert M. O'Reilly: Mündliche Mitteilung an John Bourke, o. O., o. J.
Origenes: *Opera omnia,* 25 Bde., Berlin 1831–1848.
Orozco y Berra: *Geografia de las Lenguas de Mejico,* Mexiko 1854.
Ovid: *P. Ovidius Naso,* Lipsiae 1881.
Peter Simon Pallas: *Reisen durch verschiedene Provinzen des Russischen Reiches,* 2 Bde., St. Petersburg 1771–1773.
Paracelsus: *Opera, Bücher und Schriften,* 2 Bde,. Straßburg 1603.
Francis Parkman: *Jesuits in North America,* Boston 1867.
Farce des Meisters Pathelin, Paris 1480.
Christian Franz Paullini: *Heylsame Dreck-Apothek, wie nemlich mit Koth und Urin fast alle, auch die schwersten Kranckheiten curirt werden,* Frankfurt a. M. 1696.
Charles Percy: *A View of the Levant,* London 1743.
Ivan Petroff: o. T., in: *Transactions of the American Anthropological Society,* Washington, D. C., 1882.
Thomas Pettigrew: *Medical Superstitions,* Philadelphia 1844.
Philadelphia Press, 14. Mai 1889.
Philadelphia Press, o. J.

Bernard Picart: *Coûtumes et Cérémonies réligieuses de toutes les Nations du Monde,* 10 Bde., Amsterdam 1729.
William Pidgeon: *Traditions of Dee-coo-Dah,* New York 1853.
Pierce, Pangborn und W.G. Elliot: Mündliche Mitteilung an John Bourke, San Carlos Agency, Arizona, o.J.
John Pinkerton: *Voyages and Travels,* 17 Bde., London 1808–1814.
Placitus Sextus: *De Medicamentis ex Animalibus,* Lyon 1537.
Plinius: *Historia Naturalis,* Stuttgart 1840–1877.
Plutarch: *Moralia,* 3 Bde., Boston 1870.
Edward Pocock: *Travels in Egypt,* in: Pinkerton, Bd. XV, London 1814.
Marco Polo: »Travels«, in: Pinkerton, Bd. VII, London 1811.
Polydori Vergilii: *Urbinatis de rerum inventoribus* (1499), Batavorum 1671.
Pomet: *History of Drugs,* London 1738.
J. Hampden Porter: Mündliche Mitteilungen an John Bourke, o.O., o.J.
Psychiatrisches Centralblatt, Wien 1873.
Samuel Purchas: *Hakluytus Posthumus, or Purchas his Pilgrims,* 5 Bde., London 1625.
François Rabelais: *Gargantua und Pantagruel,* Leipzig 1832.
Paschasius Radbertus: *De Corpore et Sanguine Domini* (844), Paris 1618.
Charles F. Rau: o.T. in: *Smithsonian Institution Annual Report,* Washington, D.C., 1866.
W. Winwood Reade: *Veil of Isis,* London 1861.
Élie Réclus: *Les Primitifs,* Paris 1885.
Abraham Rees: *Cyclopaedia of Arts, Sciences and Literature,* 45 Bde., London 1802–1820
Jean François Regnard: »A Journey Through Flanders«, in: Pinkerton, Bd. I, London 1808.
Eusèbe Renaudot (Hg.): *Anciennes Rélations des Indes et de la Chine, de deux Voiageurs Mahometans, qui y allerènt dans le IX. Siècle,* traduit de l'Arabe, Paris 1718.
Rhabanus Maurus: *Opera Omnia,* o.O., 1627.
John Richardson: *An Arctic Searching Expedition,* 2 Bde., London 1851.

Henry Rink: *Tales and Traditions of the Eskimo,* Edinburgh 1875.
Amelie Rives: *Virginia of Virginia,* New York 1888.
W.W. Rockhill (Hg.): *Pratimoksha Sutra,* Paris 1884.
W.W. Rockhill: »Tidbits from Tibet«, in: *Washington Evening Star,* 3. November 1888.
W.W. Rockhill: »The Lamaist Ceremony called the Making of the Mani Pills«, unveröffentl. Manuskript.
W.W. Rockhill: Mündliche und Briefliche Mitteilungen an John Bourke, o.O., o.J.
Alexander Ross: *The Fortunate Shepherdess,* o.O., 1788.
Abbé Roubaud, *La Pétérade, Poème en quatre chants,* Paris o.J.
Louis Rousselet: *India and its Native Princes,* London 1876.
Gabriel Sagard: *Histoire du Canada* (1636), 2 Bde., Paris 1866.
Bernardino de Sahagun: *Historia General de Las Cosas de Nueva España,* in: Kingsborough, Bd. V, 1831–1848.
Spencer Saint John: *Life in the Far East,* London 1842.
Eusèbe Salverte: *Philosophy of Magic,* New York 1862.
John Saris: »The Eigth Voyage (1611)«, in: Purchas, Bd. I, London 1625.
Gavril Sarytchew: *Achtjährige Reise im nordöstlichen Sibirien,* Leipzig 1805.
Martin Sauer: *Expedition to the North Parts of Russia,* London 1802.
Saxon Leechdoms.
Schaff-Herzog: *A Religious Encyclopaedia,* 4 Bde., New York 1881.
Johannes Matthias Schroeckh: *Christliche Kirchengeschichte,* Bd. XXIII, Leipzig 1772.
Martin Schurig: *Chylologia,* Dresden 1725.
Georg Schweinfurth: *Im Herzen von Afrika,* Leipzig 1878.
Reginald Scot: *Discovery of Witchcraft,* London 1651.
Walter Scott: *The Abbot,* 3 Bde., Edinburgh 1820.
F.A. Seelye: Mündliche Mitteilung an John Bourke, Washington, D.C., o.J.
Seneca: *ex Lipsii et Schotti rec.,* Amstelodamiae 1628.
William Shakespeare: *The Globe Edition,* London 1887.

Thomas Shaw: *Travels or Observations Relating to Several Ports of Barbary and the Levant,* London 1757.
Richard Smiddy: *The Druids,* Dublin 1871.
E.W.P. Smith: Mündliche Mitteilung an John Bourke, o.O., o.J.
George Smith: *Assyrian Discoveries,* New York 1876.
George Smith: *The Chaldean Account of Genesis,* New York 1880.
W. Robertson Smith: Brief an John Bourke, London o.J.
William Smith: *Dictionary of Greek and Roman Antiquities,* London 1850.
William Smith: *Dictionary of the Bible,* New York 1871.
Tobias Smollett: *Humphrey Clinker,* London 1872.
R. Brough Smyth: *The Aborigines of Victoria,* 2 Bde., London 1878.
Robert Southey: *The Doctor,* London 1848.
Robert Southey: *Commonplace Book,* 2 Bde., London 1849.
John Henning Speke: *Journey of the Discovery of the Source of the Nile,* 2 Bde., London 1863.
Henry M. Stanley: *Through the Dark Continent,* 2 Bde., New York 1878.
Georg Wilhelm Steller: *Beschreibung von dem Lande Kamtschatka,* Frankfurt und Leipzig 1774.
Stevens: *Spanish Dictionary,* o.O., 1706.
Strabo: *Erdbeschreibung,* 3 Bde., Stuttgart 1857.
Philip van Stralenburgh: *Histori-Geographical Description of the North and Eastern Parts of Europe and Asia,* London 1736.
Suetonius: *C. Suetoni Tranquilli quae supersunt omnia,* Lipsiae 1882.
James G. Swan: »Indians of Cape Flattery«, in: *Smithsonian Contributions to Knowledge,* Nr. 220, Washington, D.C., o.J.
Jonathan Swift: *Gulliver's Travels,* London 1726.
Talmud.
Jean Baptiste Tavernier: *Reisebeschreibung,* Genf 1681.
Henri Ternaux-Campons: *Voyages, relations et mémoires originaux pour servir à l'histoire de la découverte de l'Amérique,* 20 Bde., Paris 1837–1841.

Fernando de Alvarado Tezozomoc: *Crónica Mexicana,* in: Kingsborough, Bd. IX, London 1848.
Jean Thévenot: *Relation d'un voyage fait au Levant,* Paris 1665.
Jean Baptiste Thiers: *Traité des Superstitions,* 4 Bde., Paris 1741.
Carl Peter Thunberg: »Account of the Cape of Good Hope«, in: Pinkerton, Bd. XVI, London 1814.
Georgius Timotheus Tilemannus: *Decreto medicorum ordinis,* Jenae 1674.
Juan de Torquemada: *Monarchia Indiana,* Madrid 1723.
Joseph Pitton de Tournefort: *Allgemeine Historie der Reisen zu Wasser und zu Lande,* Leipzig 1751.
Edward T. Tregear: »The Maoris of New Zealand«, in: *Journal of the Anthropological Institute,* London 1889.
Henry Clay Trumbull: Brief an John Bourke, Philadelphia, 19. April 1888.
J. Tuchmann: »La Fascination«, in: *Mélusine,* Paris 1890.
George Turner: *Samoa,* London 1884.
Edward B. Tylor: *Primitive Culture,* London 1871.
Charles Vallencey: *Grammar of the Irish Language,* Dublin 1773.
Charles Vallencey: *Collectanea de Rebus Hibernicis,* 2 Bde., Dublin 1774.
Arminius Vambéry: *Travels in Central Asia,* New York 1865.
Arminius Vambéry: *Sketches of Central Asia,* London 1868.
Garcilasso de la Vega: *Commentarios Reales,* Lisboa 1609.
J.B. Vincent: Brief an John Bourke, San Francisco o.J.
Julien Joseph Virey: *Nouveau Dictionnaire d'Histoire Naturelle,* Deterville o.J.
Voltaire: *Essais sur les Moeurs,* 2 Bde., Paris 1795.
Edward Walford (Hg.): *Juvenal,* Philadelphia 1872.
Alfred Russell Wallace: *The Malay Archipelago,* 2 Bde., London 1869.
Washington Evening Star, »Abyssinian Women«, 17. Oktober 1885.
Washington Evening Star, »Table Talk«, 17. Dezember 1888.

Washington Evening Star, 1. Januar 1889.
Washington Evening Star, 26. Juli 1890.
Frederick Whymper: *Travel and Adventure in the Territory of Alaska,* London 1868.
Maximillian von Wied: *Travels,* London 1843.
Speranza Wilde: *Ancient Legends and Superstitions of Ireland,* Boston 1888.
Monier Williams: *Modern India,* London 1878.
Hugh Willoughby: »Voyage to the Northern Parts of Siberia and Russia«, in: Pinkerton, Bd. I, London 1808.
H.H. Wilson: »The Religious Sects of the Hindus«, in: *Asiatic Researches,* Bd. XVII, Calcutta 1832.
James Dominick Woods (Hg.): *Native Tribes of South Australia,* Adelaide 1879.
Wright's Political Ballads, in: *Publications of the Percy Society,* Bde. III und VII, London, o.J.
Thomas Wright: *Sorcery and Magic,* 2 Bde., London 1851.
Thomas Wright: *Essays on Archaeological Subjects,* 2 Bde., London 1861.
Thomas Wright: *Dictionary of Obsolete and Provincial English,* London 1869.
M. Wuitass: »Traité de l'Eucharistie«, in: *Encyclopédie,* Neuchâtel 1765.

KOT-KODEX
Ein Stoffregister

VERZEICHNIS DER SKATALOGISCHEN GEMEINSCHAFTEN

REDAKTIONELLER HINWEIS

Obwohl dieses Buch auf der deutschen Erstveröffentlichung von John Gregory Bourkes *Der Unrat in Sitte, Brauch, Glauben und Gewohnheitrecht der Völker* von 1913 (übersetzt und herausgegeben von Friedrich S. Krauss und Hermann Ihm) beruht, wurden nur solche Texte ausgewählt, die mit der amerikanischen Originalfassung *Scatalogic Rites of All Nations* von 1891 übereinstimmen. Krauss und Ihm haben ihrer Version über 100 Seiten an Quellenmaterial, vorwiegend aus der slawischen Folklore stammend, hinzugefügt.

Der vorliegende Band folgt jedoch nicht Bourkes thematischer Zusammenstellung des Materials. Er richtet sich vielmehr nach dem Originaltitel des Buches und reorganisiert das skatalogische Material in einem Lexikon der Völker, Nationen, religiösen Sekten und anderer mannigfaltiger Gemeinschaften. Der Band wurde überdies mit einem besonderen Appendix versehen, der an die pharmazeutische Tradition der Deutschen »Dreck-Apotheke« im 17. und frühen 18. Jahrhundert erinnert.

Diese neue Ausgabe hält sich mit Ausnahme des Vorwortes weitgehend an die Krauss-Ihm-Übersetzung. Für die heutige deutsche Leserschaft wurden jedoch einige orthographische und stilistische Veränderungen vorgenommen. Weitere Umstellungen erfolgten im Prozeß des Neuarrangierens der herausgefilterten Textpassagen. Der inkorrekte Gebrauch des Pronomens der 1. Person Singular im Verweis auf Bourke durch seinen Übersetzer wurde getilgt, um den ursprünglich vom skatalogischen Wissenschaftler intendierten unpersönlichen Ton des Textes zu unterstreichen.

Das ausufernde Beiwerk der Fußnoten in der Krauss-Version wurde eingedämmt, indem Verfasser und Jahr einer Publikation in Klammern hinter jedem erstangeführten Zitat aufgelistet werden. Erscheinen darauf in den folgenden Abschnitten nicht ausgewiesene Zitate, so beziehen sie sich auf die zuvor genannte Quelle. Unregelmäßige Zitate aus ein und derselben Quelle innerhalb einer lexikalischen Gruppe werden nach der ersten Nennung nur noch mit dem Autorennamen gekennzeichnet. Antike Schriftsteller werden ohne Jahreszahl zitiert.

Weitere Informationen werden dem geneigten Leser in der Bibliographie, dem »Literaturverzeichnis eines Unratsammlers« angeboten. Alle eingeklammerten Verweise im Text der vorliegenden Ausgabe können dieser überarbeiteten, korrigierten und ausgeweiteten Bibliographie entnommen werden, die auf der Krauss'schen Version basiert.

Schließlich wurden alle Zitatauslassungszeichen zur angenehmeren Gestaltung des Leseflusses entfernt.

L.P.K.

Louis P. Kaplan

J. G. BOURKES SKATALOG: DIE ÜBERRESTE

23. Juni 1895. Sonntag. Mein 49. Geburtstag. Wenn ich auf meine entschwindenden Jahre zurückblicke, überschaue ich ein ereignisreiches Leben, das einige Freuden, viele Gefahren kannte und sich einer allgemeinen Charakterisierung entzieht. Ich habe eine gute, gescheite Frau, reizende und zärtliche Kinder und bin der Verfasser einiger Schriften, die mich, obgleich sie wahrheitsgetreu sind und den Tatsachen entsprechen, nicht lange überleben werden.

J.G. Bourke, *Tagebuch* (116: 84f.)[1]

In dieser autobiographischen Passage gedenkt John G. Bourke des Geburtstages seines letzten Lebensjahres.[2] In dem wehmütigen Rückblick, der eine Bewertung und Zusammenfassung fordert, um zu bergen, was inmitten der Verwüstungen einer verheerenden Vergänglichkeit zurück- oder übrigbleibt, tritt die Selbstwürdigung von Anfang an in einer skatalogischen Gestalt auf. Zwar spürt es die allgemeine Vergeblichkeit seiner (anal) charakterisierenden Bemühungen, aber das schnell dahinschwindende Geburtstagskind fühlt sich gedrängt, das

[1] Hauptmann Bourkes *Tagebuch* umfaßt insgesamt 127 Bände für die Jahre 1872 bis 1896. Das erhalten gebliebene Original (ein verlorengegangener Rest aus den Jahren 1869 bis 1872 wurde nicht mitgezählt) wird in der Bibliothek der United States Military Academy, West Point, New York, aufbewahrt. Jedes Zitat aus den Tagebüchern wird durch eine in Klammern nachgestellte Band- und Seitenangabe ausgewiesen.

[2] Um der Korrektheit der Annalen willen muß ein bemerkenswertes Versehen der Herausgeber richtiggestellt, oder es muß vielmehr auf einen skato(bio)logischen Scherz in der Friedrich-Salomo-Krauss-Ausgabe hingewiesen werden: John Gregory Bourke, *Der Unrat in Sitte, Brauch, Glauben und Gewohnheitrecht der Völker,* Leipzig 1913. In dem biographischen Abriß »Bourkes Leben« ist der Skatologe — wenn wir seinen selbsterklärten Nachfolgern glauben wollen — drei Jahre vor seiner Zeit (1843) geboren und ein Jahrzehnt später (1906) gestorben.

Leben noch einmal, bevor es zu spät sein wird, in Ordnung zu bringen. Die an sich selbst gerichtete Botschaft trägt das paradoxe Siegel und die Struktur des Skatalogs — eines skatalogischen Katalogs, der auf der Kategorisierung, Klassifizierung und Totalisierung der Überreste besteht und dessen Überreste diesen Absichten widerstehen oder darüber hinwegschreiten. Da diese Spannung die Natur des Skatalogs schon von Anbeginn bestimmt, wird sie zu der ziemlich zweifelhaften Spekulation führen, daß alles, was man aus einem solchen Entwurf des Auswurfs gewinnen kann, After-Weisheit ist.

Lassen wir die Verbeugungen vor der Familie und die Überlegungen zum Lustprinzip, oder was jenseits davon liegt, beiseite. Was ich analysieren möchte, ist die Schlußwürdigung dieses verfrühten Lebensüberblicks, sofern er sich auf den Schriftsteller John Bourke bezieht. Obgleich die Apachen ihm einst den hochgeachteten Titel eines *naltsus-bichídin* (Papiergeist oder Papier-Medizinmann) verliehen[1], weil er immer »schrieb und schrieb und schrieb« (59: 96), würdigt der allzu bescheidene Skataloge den Wert seiner schriftstellerischen Produkte zur reinen Papierverschwendung herab. Wenn das Pronomen in der ersten Person von der Bühne abtritt, setzt das sich selbst auslöschende Subjekt den Nachgedanken hinzu: »und bin der Verfasser einiger Schriften«. Diese wenigen Worte sind die betrügerische Buchführung eines zwanghaft sich entleerenden Tagebuchschreibers, der in 25 Jahren 127 Bände füllte; eines Soldaten und Wissenschaftlers, der sechs umfangreiche Bücher und Dutzende von Artikeln über ethnographische Sachverhalte und die Eroberung des amerikanischen Westens schrieb; eines Adjutanten, der zahllose Berichte verfaßte und während der Feldzüge der 70er und 80er Jahre des letzten Jahrhunderts Feldaufzeichnungen für General George Crook sammelte; und eines Briefschreibers, der regelmäßig mit ethnologisch

[1] Dies ist der Titel der Standardbiographie von Bourke, der dieses Nachwort viel schuldet und auf die es sich stützt, um mehr literarische Überreste zu erzeugen. Siehe Joseph C. Porter, *Paper Medicine Man: John Gregory Bourke and His American West*, Norman, Oklahoma, 1986.

interessierten Zeitgenossen in der ganzen Welt korrespondierte (darunter mit dem Sexualwissenschaftler Havelock Ellis und dem Mythologen James G. Frazer). Sollte die zuvor erwähnte Namensgebung durch die Apachen noch nicht alles sagen, auch die Oglala Lakota tauften Bourke mit dem Weihwasser eines Spottnamens. Sie legten Wert darauf, dieses menschliche Schreibgerät *Mino-ho-a* zu nennen, was buchstäblich *Tintenmensch* bedeutet (41: 1520).[1]

Doch all diesen tintenfleckigen Tatsachen und Zahlen zum Trotz besteht die Endabrechnung darauf, daß die literarische Laufbahn von J.G. Bourke nicht viel mehr als ein Nichts sei. Und sollte es überhaupt etwas geben, was wert wäre, aus dem Müllhaufen seiner Schriften geborgen zu werden, dann nur die positivistischen Tugenden, die in der Wahrheit seiner Erzählung liegen — in der Genauigkeit seiner Beschreibungen und der empirischen Zeugnisse. Doch am meisten erstaunt das Ende seiner Würdigung, das falsche literarische Urteil, die Schriften, deren Autor er war oder die er zumindest mit seinem Namen autorisierte[2], würden ihn nicht lange überdauern. Vielleicht, dachte er, würde es sie noch eine Weile geben, aber sicherlich konnte er sich nicht vorstellen, daß sie wieder aufgelegt und wenig mehr als ein Jahrhundert später in einer Sprache gedruckt werden würden, von der er kein Wort sprechen konnte.[3] Die

[1] Der andere ihm von den Apachen verliehene Spottname lautete *Nantan Jûsta-Chuli,* was soviel bedeutet wie »Häuptling des Adlerkrallenkaktus *(Echinocactus horizonthalonius).* Der Name spielte auf seinen üppigen, pomadisierten Schnurrbart an, der wie die gebogenen Stacheln dieser Pflanze aussah. (Ins Deutsche übertragen, würde daraus die Alliteration »Kapitän Kaktus«.)

[2] Das Problem der Autorschaft der *Scatalogic Rites of All Nations* — schließlich besteht dieses Buch, in dem Bourke sowohl als Kopist wie auch als Kompositeur erscheint, hauptsächlich aus Zitaten über Kot und Verwandtes — hat Dominique Laporte gelungen in »L'inventaire«, dem Vorwort zur französischen Ausgabe des Skatalogs analysiert. Vgl. *Les Rites Scatologiques,* Paris 1981.

[3] Nebenbei, der Skataloge hält sein linguistisches Unvermögen mit Abscheu in seinem Digest während einer Rheinfahrt am 17. August 1883 fest. »Ein solches Eingeständnis mag von schlechtem Geschmack zeugen, aber die Wahrheit muß gesagt werden: Ich konnte kein Wort Deutsch sprechen« (*Tagebuch,* 70: 73).

Abrechnung des Hauptmanns schließt mit der eher defätistischen Prognose, daß auf die Dauer nichts für die Nachwelt übrigbleiben werde. Nachdem er alle Schnitte auf dem Kerbholz seiner literarischen Überreste gezählt hat, sagt John Bourke ihre vollständige Auslöschung voraus. Kurz gesagt, er schreibt sich selbst ab.

Wenn Schreiben eine skatalogische Praktik ist, um Spuren und Überreste zurückzulassen, dann scheint es, als hätte der angebliche Verfasser der *Scatalogic Rites of All Nations* sich in diesem Fall von seiner Schuldigkeit losgesagt. Mit der Endgültigkeit eines Gewehrschusses verkündet der militärische Befehlshaber die Todesstrafe über diesen Misthaufen aus Papier und Tinte, den er angesammelt und den sein Körper über die Jahre ausgestoßen hat. Diese Geste ist nicht allein ein Ausdruck falscher Bescheidenheit oder unsäglichen Bedauerns. Bourkes geplante Vollstreckung seines literarischen Todesurteils entspricht vielmehr dem Wunschdenken eines Menschen, der niemals den richtigen Umgang mit den Überresten finden konnte. Sein Lebenswerk könnte man als eine ununterbrochene Meditation über die Problematik der Abfallentsorgung betrachten, die als umfassende und letzte Lösung zwei extreme und miteinander verzahnte Strategien anbietet, wie man sich ein für allemal der Überreste entledigt: Wiedergewinnung und Beseitigung. Deshalb ist der Geburtstagswunsch für den Tag des Gerichts nur mehr eine auf den Kehrichthaufen geworfene Bemerkung, die sich um die beharrliche Frage rankt, was mit den Überresten geschehen solle. Wenn der Skataloge die Problematik des Überlebens in allen Bedeutungen des Wortes ansprechen muß, dann erst recht im Nachwort. Die Spuren dieser unvollkommenen Begegnungen mit den Überresten sind über eine Vielzahl von Kulissen verstreut, die das Leben von J.G. Bourke umstellen wie eine Reihe von verlassenen Geisterstädten und durchtanzten Indianerfesten. Das Nachwort bietet dem Leser eine Art Überlebensausrüstung an, die eine Folge von Anleitungen enthält, um zu verstehen, wie John Bourke auf diesen langen skatalogischen Wegstrecken über die giftigen Müllhalden und durch die verfallenen Gänge schreiten konnte. Es gibt Rat, wie man durch den Unrat und durch ein Leben kommt, das voll davon ist.

Zuerst sollten die Annalen in die richtige Ordnung gebracht werden: J.G. Bourke raste wie ein Wirbelsturm von April bis Ende November des Jahres 1881 durch 22 Indianerdörfer und machte dabei ethnologische und militärische Aufzeichnungen. Im Laufe dieser merkwürdigen und anstrengenden Reise ins Feld seiner Forschungen hatte Bourke das Glück, eine Reihe von Stammesritualen und ausschweifenden Festen zu erleben, die auch die Grenzen seines Verständnisses erschöpften. Sie seien nur im Vorübergehen genannt: der Tafeltanz der Santo Domingo-Indianer, der Sonnentanz der Oglala Lakota, der Schlangentanz der Moki und der Sonnenwendtanz sowie der Harntanz der Zuñi (der am 17. November vor allem ihm zu Gefallen serviert wurde). Versehen mit einer vollständigen »wissenschaftlichen Ausrüstung«, die aus ein »paar Bleistiften und einem Notizblock« bestand[1], war Bourke der erste Weiße, der jemals eine ausführliche Beschreibung des kunstvollen Schlangenrituals der Moki in Hualpi, Arizona, veröffentlichte. Er machte seine Aufzeichnungen ganze fünfzehn Jahre, bevor Aby Warburg die Moki 1896, als bereits mehr als 500 Beschreibungen erschienen waren, aufsuchte.[2]

Der legendäre Harntanz ist die berüchtigte Urszene der *Scatalogic Rites of All Nations*. Er kennzeichnet die rituelle Einführung des Papier-Medizinmannes in die Theorie und Praxis der exkrementellen Anthropologie. Er ist das traumatische Ereignis (oder Nicht-Ereignis), das sich

[1] »The Snake Ceremonial at Walpi«, in: *The American Anthropologist 8*, April 1895, S. 193.

[2] John G. Bourke, *The Snake Dance of the Moqui of Arizona*, New York 1884. Vgl. Aby Warburg, *Schlangenritual: Ein Reisebericht*, Berlin 1988. In seinem Nachwort spricht Ulrich Raulff über das Problem, eine angemessene deutsche Übersetzung der Tylorschen (und verstärkt der Bourkeschen) *survivals* ohne einen Überrest zu finden, d.h. über das »Problem der ›Überlebsel‹ (so buchstabengetreu übersetzte man damals *survivals*)«; vgl. S. 78. Raulff entscheidet sich für den Ausdruck »Nachleben« und erzeugt dadurch weitere Überreste.

über den ganzen Skatalog ergießt und ihn durchsetzt. An den unpassendsten Stellen wird der Urin-Tanz Bourke wie in einer Rückblende plötzlich vor Augen stehen, und dann wird er einen Hinweis darauf einfügen oder einen Vergleich dazu ziehen. Mit diesen Einschüben zeigt er, daß der Schnaps der Zuñi wenn schon nicht in seiner Blutbahn, dann immer noch in seinen Gehirnströmen zirkuliert. Die sogenannte »Ur-Orgie« spielt die Rolle der vollkommen unverdaulichen und immer wieder aufstoßenden Erfahrung, die nicht ganz geschluckt werden kann und ihn wieder und wieder überfällt.

Trotz aller empirischer Zeugnisse und der genauen Feldaufzeichnungen, die *a posteriori* gesammelt wurden, ist die Urszene der Skatalogie mit einer Weigerung verbunden, die reine Tatsache hinzunehmen. In solchen Extremen wittert der Papiergeist etwas Faules. »Ich wollte meinen Augen nicht trauen und fragte Cushing, ob das wirklich Menschenharn sei.« Mit der Verwendung (und schließlichen Einnahme) des körperlichen Ausflusses stößt der hartgesottene Positivist im exkrementellen Hinterfragen des festen Zustands der Wirklichkeit an die Grenzen seiner empirischen Macht. Zumindest muß er eine weitere Meinung einholen. Ihm selbst zum Trotz wird Bourkes Weigerung, das Gesehene zu glauben, durch die Bestätigung, daß es sich tatsächlich um Unrat handelt, und durch die Durchführung des Tanzes überwunden.[1] Bourkes Schockbehandlung steht im Gegensatz zu der freimütigen Antwort des Stammesveteranen Frank Hamilton Cushing, der wie einer, »Der mit dem Koyoten tanzt«, bei den Zuñi gelebt hat, während er gleichzeitig Angestellter des Bureau of American Ethnology im Lande des Großen Vaters war. Der Mann, den sie »Medizinblume« nannten, kann nicht umhin, mit seiner Billigung dieses Wiederverwertungsprozesses, der die Grenzen zwischen Einnahme und Ausscheidung verwischt, den Vorrat an Unrat zu begrüßen. Das skatalogische dicke Ende der Erzählung gleicht die beiden Strategien der Müllentsor-

[1] Der englische Text spielt mit der doppelten Bedeutung von *»refuse«* als »sich weigern« und »Abfall«. Dieses Wortspiel läßt sich nicht ins Deutsche übertragen.

gung aus. Es gibt freilich Überreste, aber es sind immer mehr davon gekommen, und es werden noch mehr kommen. »Ei freilich«, sagte Cushing, »und da kommt noch mehr davon.«[1]

Auf der Suche nach biographischen Ursprüngen versucht ein zeitgenössischer Nachruf auf John Bourke die Quelle seines skatalogischen Triebs in diesem besonderen Fall der Erregung wissenschaftlicher Neugierde zu orten. »Hauptmann Bourkes Interesse für die Unrat-Rituale primitiver Völker wurde zuerst 1881 während einer Zeremonie der Néwekwe-Priester des Zuñi-Dorfes erweckt.«[2] Aber es wäre irreführend, in der Ur-Orgie den einzigen Ursprung für eine Besessenheit zu sehen, die ein Jahrzehnt später, nach einer fortschreitenden Anhäufung von Kot und Harn, zur Abfassung des *Buch des Unrats* führen sollte. Dies ist eine logische oder vielmehr skata-logische Unmöglichkeit, wenn man bedenkt, wie wenig die Überreste ein reines Fundament dulden. Auch wenn man sich auf die schriftlichen Aufzeichnungen (was immer sie wert sein mögen) beruft, läßt sich dieser ursprüngliche Anstoß nicht beweisen; man kann ganz im Gegenteil sehen, wie Bourke sich in seinem Tagebuch hintergründig schon in der Zeit vor dem Harntanz vorzüglich mit analen Dingen beschäftigt. In dieser Rückschau entpuppt sich Bourkes *Tagebuch* praktisch als Abfallgrube. Wo auch immer es ihn hintreiben mag, der ethnographisch-soldatische Polizist wird vom Schmutzteufel verfolgt. Ob Zuñi, Apachen, Moki oder wer auch immer, alles stinkt. Abgesehen vom Tastsinn, wird jeder Sinn vorgeführt, und jeder von ihnen erprobt, was er ertragen kann. Die stinkenden Gerüche, die exkrementellen Visionen das tumulthafte Geschrei, der faulige Geschmack verweilen in diesen ausgewählten Beispielen lebhafter, verwesender Beschreibungen einer

[1] Die Zitate stammen aus »The Urine Dance of the Zuñis«, mit dem die Reise von John G. Bourkes *Scatalogic Rites of all Nations*, Washington, D.C., 1891, beginnt. (Siehe S. 5f.) Beim Durchblättern des vorliegenden von A bis Z laufenden *Skatalogs* sei der Leser auf den letzten Eintrag verwiesen.

[2] F. W. Hodge, »John Gregory Bourke«, in: *The American Anthropologist* 9, Juli 1896, S. 245–48.

skatalogischen Begierde an der Grenze zwischen Schrekken und Faszination. Weil die Annalen der Exzesse sich wie ein ungeordneter Haufen vorwärtswälzen, schreit dieser Reisebericht nach einem mutigen Soldaten, einem Hygienepolizisten, einem zivilisierten Wissenschaftler und Müllsammler, der hier ausmistet oder zumindest den Überfluß in feste Bahnen lenkt und den Gestank dieser Jauchegruben mit einem neuen Kölnischwasser beseitigt. Den Lesern des *Buch des Unrats* sollte gesagt werden, daß dabei die Einteilung der Völker längst erfolgt ist.[1] Die Erzählung des Reisenden wird zu einem eintönigen Bericht über Furcht und Zittern vor dem Kot. Die Struktur skatalogischer Ambivalenz enthält heftigste Gefühle von Abscheu und liebevollste Sorgfalt, die auf die Beschreibung auch der letzten schmutzigen Einzelheiten verwandt wird.[2] Ob es ihm bewußt ist oder nicht, Bourke trägt zu seiner Müllwissenschaft schon mit diesen präorgiastischen Feldaufzeichnungen bei:

> 20. Mai 1881. Der Gestank in Zuñi ist schrecklich. Verdorbenes Fleisch, Schafe und Ziegen, Häute, menschliche und tierische Exkremente, verdreckte Hunde und komische Fliegen, Läuse und Wanzen. (Die Häuser in Zuñi sind voll von ihnen.) Unrat jeglicher Art. Man muß es für ein dauerndes Zeugnis des gesunden Klimas hier halten, daß heute noch ein einziger Zuñi am Leben ist. (40: 1341f.)

[1] Ob durch eine unheimliche Vorahnung oder durch bloßen Zufall, der 49. Band von John Bourkes *Tagebuch,* der Ende Oktober beginnt (Bruchstücke daraus werden in den folgenden Zitaten vorgelegt), wurde tatsächlich in ein Adreßbuch geschrieben. Der Leser wird die Buchstaben des Alphabets von A bis Z auf dem Rand jeder Seite bemerken, die einen fortlaufenden lexikalischen Kommentar zu den autobiographischen Aufzeichnungen liefern.

[2] Dies greift die Theorie auf, die das Tabu dorthin stellt, wo sich extreme Bewertungen auf ambivalente Weise kreuzen. Man wird dies in vielen Würdigungen von Kulturen finden — von Wundts *Völkerpsychologie* bis zu Freuds *Psychoanalyse* und Batailles *Heterologie.* Die Verzwicktheit des Gegenstands führt zu Resten und Kreuzungspunkten. Wie Freud Wundt in *Totem und Tabu,* Wien 1912/13, zitiert: »Für die primitiven Anfänge des Tabu besteht nach ihm eine Scheidung von heilig und unrein noch nicht.« In: Sigmund Freud, *Gesammelte Werke* 9, London 1940, S. 34.

Wie mit dem Tumult, so ist es auch mit den Ausdünstungen; an diesem Ort gibt es keine polizeiliche Aufsicht, und ich weiche kein Jota von der strikten Wahrheit ab, wenn ich sage, bei den Zuñi herrsche ein babylonischer Lärm und ein kölnischer Jauchegestank. (40: 1369)

8. August 1881. Als wir in Santo Domingo waren, stach uns so viel Ekelhaftes, sogar Verdorbenes in die Nase — wahrscheinlich Kadaver und andere, sich in Auflösung befindende Materie, die man wegen des Festes aufgehäuft hatte —, daß wir bis heute morgen nicht umhin konnten, die Fäulnis und den Verfall zu schmecken, sobald wir unsere Münder öffneten. (42: 1785)

28. August 1881. Die Umgebung der [Apachen-] Siedlungen spottet jeder Beschreibung; allerlei Abfall und Unrat verfault und verwest ungehindert in der grellen Sonne, ohne jedoch irgendeinen unangenehmen Geruch auszuströmen — d.h. einen, der aus den durchdringenderen und ekelerregenden Ausdünstungen der menschlichen Exkremente herausstäche. (46: 2101)

19. Oktober 1881. Das Moki-Dorf Acoma in Neu-Mexiko [war] sehr unangenehm wegen des Unrats und Schmutzes, des menschlichen, tierischen und pflanzlichen, der die Straßen säumte. (49: 1)

Als er am 16. August 1881 das Hopi-Dorf Mishongnovi besuchte, fand sich der Exkrementen-Ethnologe in einer Situation wieder, die man als modernes kulturelles Überlebsel eines alttestamentarischen Dramas deuten könnte. Sein scharfer skatalogischer Blick erspähte einen Kehrichthaufen mit dem »Unrat, der Asche und dem Abfall vergangener Generationen«. In unheimlicher Ähnlichkeit zu einer biblischen, in den *Scatalogic Rites* erzählten Geschichte nimmt Bourke die Haltung der jüdischen Propheten an, die auf einem Dunghaufen saßen, während sie den Israeliten die göttliche Heimsuchung androhten. Das *Buch des Unrats* zitiert eine skatalogische Verkündigung

Gottes aus dem heiligen *Buch Maleachi:* »Siehe, ich will schelten Euch samt der Saat und den Kot Eurer Festopfer Euch ins Angesicht werfen« (Maleachi 2, 3).[1] In Vorausdeutung der künftigen Literaturgeschichte ließe sich diese prophetische Äußerung als fortlaufender Schlachtruf eines Skatalogs neu lesen, wenn dieser auf die Festopfer und die fröhlichen Feste Kot wirft und die Geschichte der Zivilisation in das ermüdende Spiel der Menschheit mit ihrem Harn und ihren Exkrementen verwandelt. In seiner filmischen Neuinszenierung eines prophetischen Dramas saß Bourke auf »diesem verhärteten Haufen prähistorischen Abfalls, um zu schreiben« (44: 1906, 1945). Wenn wir ein wenig Bibelexegese heranziehen, kann diese überladene Begebenheit als Allegorie der beiden getrennten Enden der Bourkeschen Skatalogie dienen. Auf einen Streich kann er den Unrat unter dem Deckmantel der wissenschaftlichen Forschung katalogisieren und beschreiben, den Unrat im Leben der Wilden verurteilen und seinerseits noch mehr zivilisierten Unrat hervorbringen.

Die Ambivalenz des Skatalogen gegenüber den Resten wird in seiner beruflichen Laufbahn, die in zwei Richtungen lief, greifbar. Wie Washington Matthews und William P. Clark gehörte John Bourke zu einem kleinen Kreis von Soldaten und Wissenschaftlern, die nach dem Bürgerkrieg ebenso durch den Gebrauch der Feder wie durch den des Schwertes halfen, die amerikanischen Grenzen für künftige Besiedlungen zu erweitern.[2] Aufgrund dieser doppelten Berufung trägt Bourke entscheidend zu zwei aufsteigenden Diskursen im Goldenen Zeitalter Amerikas bei: als Armeeangehöriger zur Kunde vom Westen oder den Americana, als wissenschaftlicher Forscher zur Volkskunde oder Ethnologie. Während der Hauptmann sich vom Kongreß mit Tapferkeitsmedaillen auszeichnen ließ, stand der Ethnologe der neu gegründeten American Folk-Lore Society in seinen letzten Lebensmonaten als

[1] *Scatalogic Rites,* S. 255. Zitiert im Abschnitt *Hebräer.*

[2] Die einzige andere Biographie über John Bourke nimmt diese Bezeichnung in den Titel auf. Vgl. William Gardner Bell, *John Gregory Bourke: A Soldier-Scientist on the Frontier,* Washington, D.C., 1978.

Präsident vor. Diese Spaltung wird auch in Bourkes sechs Monographien deutlich: sie gehen zu je gleichen Teilen auf das Konto des Soldaten *(An Apache Campaign in the Sierra Madre, Mackenzie's Last Fight with the Cheyennes* und *On the Border with Crook)* wie des Gelehrten *(Scatalogic Rites of All Nations, The Medicine Men of the Apache* und *The Snake Dance of the Moquis)*.

Aber es war nicht immer leicht, das Armeeoberkommando dahin zu bringen, daß es beide Seiten seiner Berufung unterstützte. Da er über die richtigen Verbindungen verfügte, hatte Bourke das Glück, für fünf Jahre nach Washington abkommandiert zu werden, um seine ethnographischen Studien zu verfolgen und die »Vorstellungen und Sitten unserer eingeborenen Stämme« oder die Riten anderer »Fremdkörper« kennenzulernen. Zu Nutz und Frommen der Geschichte der skatalogischen Wissenschaft ermöglichte es dieser urbane Außenposten Bourke, den Bibliophilen herauszukehren, mehr als tausend Bücher zu studieren (oder wenigstens zu sammeln) und als Quellen für den Skatalog aufmarschieren zu lassen. Doch, wie sagt man so schön, alles Gute geht einmal zu Ende. Proctor, der neue Kriegsminister, hielt nicht allzu viel von der Afterwissenschaft. Anders als Bourkes früherer Förderer General Sheridan glaubte er weder, daß ethnologische Forschungen zum soldatischen Lebensstil gehörten, noch daß die Skatalogie von zentraler Bedeutung für das wachsende Feld der Bergungsethnologie *(salvage ethnology)* sein könnte. Gleichwohl enthüllt der unbewußte, verborgene Text ihrer Aussprachen einen subtilen skatalogischen Code, dessen Überreste Bourkes *Tagebuch* aufbewahrt hat. Alles in allem scheint Proctor während der Gespräche mit dem Meisterskatalogen ziemlich unter Verstopfung gelitten zu haben (»unter Druck zu stehen«, »angespannt zu sein«, »nicht recht mit der Sprache heraus zu wollen«), was ihm dieser direkt unter die Nase rieb. Aber Proctor zeigte sich von Bourkes skatalogischem Manuskript keineswegs beeindruckt; er wünschte Bourke »von seiner Aufgabe zu entbinden«. Der Kriegsminister wird sich weder erleichtern noch entleeren; er schickt Bourke entschlossen in das Land zurück, wo der Harn fließt.

> 27. und 29. September 1890. Hatte zwei Gespräche mit Minister Proctor über meine Arbeit, in deren Verlauf ich ihm mein kürzlich vollendetes Ms. über Skatalogische Riten zeigte. Während des Gesprächs schien der Minister, obwohl er höflich und freundlich war, angespannt zu sein und offensichtlich unter Druck zu stehen. Ich rechnete damit, da Dr. Porter mich bereits davon unterrichtet hatte, daß General Schofield Schritte unternommen hat, um mich von meinen Pflichten in Washington zu entbinden. Der Minister wollte nicht so recht mit der Sprache heraus und sagte, er halte ethnologische Studien nicht für die Aufgabe eines Soldaten, und meinte, ich solle zu meinem Regiment zurückkehren. Ich antwortete, General Sheridan, einer der ranghöchsten Soldaten unserer Armee, glaubte gerade das Gegenteil und hätte mich ausdrücklich für diese Arbeit freigestellt, damit ich die Vorstellungen und Sitten unserer eingeborenen Stämme erforsche. (99: 76f.)

Trotz dieser Einwände wurde Bourke im darauffolgenden Frühjahr aus seinem Dienst in Washington entlassen, gerade einige Monate bevor der Skatalog auf den Markt kam (Juni 1891).

Ohne Frage war der Indianer der gemeinsame und verschwindende Bezugspunkt für den soldatischen und ethnographischen Gelehrten, denn er spielte als Teil einer bedrohten Art die Rolle des Überrestes *par excellence.* In den Beziehungen des Soldaten und Wissenschaftlers zu den Indianern stößt man direkt auf die beiden widerstreitenden Strategien, die seinen Umgang mit dem Problem der Überreste bestimmten (d.h. die Überreste loswerden zu wollen und sie nicht loswerden zu können). Wenn man beide Seiten gleichzeitig im Blick hat, sieht man, wie die Indianerfrage ein Analogon zum Problem der Skatalogie ist. In einer solchen Analyse ermöglichen die durch skatalogische Ergüsse gewährleisteten Überreste und Überbleibsel diese Übertragungen, welche Spuren von Bourkes Beziehungen zu den Indianern in seinem Umgang mit dem Unrat und umgekehrt zutage treten lassen.

Die erste Strategie ruft den Ausrotter auf den Plan. Sie nimmt die extreme Gestalt des rassistischen Völkermords und der ihn begleitenden Reinigungsrituale an. Aber der Stamm der Weißen trinkt keinen Harn und verwendet ihn nicht in seinen zeremoniellen Waschungen. Sagen wir es ungeschminkt: Hauptmann John Bourke vom 3. Kavallerieregiment der Armee der Vereinigten Staaten verdiente seinen Lebensunterhalt als Indianertöter. Man sollte nicht vergessen, daß Onkel Sam beide Rechnungen bezahlte: für die schmutzige Entsorgung der Wilden und das ethnologische Sammeln von Scheiße. Der Kavallerist war nur ein kleines Rädchen in der Kriegsmaschinerie jener Feldzüge, die Jahrhunderte brauchten, um die Indianer an der immer weiter zurückweichenden Westgrenze zu vertilgen. Drücken wir es unverblümt skatalogisch aus: der Auftrag dieser Hygieneingenieure lautete, die Gebiete von ihrem zurückgelassenen Kehricht zu reinigen und den weißen Siedlern den Weg zu ebnen. Dies war die tödlich ernste Botschaft der Tombstone-Ranger in den ehemaligen Apachengebieten, die es nach Bourke zu ihrem »erklärten Ziel« gemacht hatten, »alle dort noch versammelten Indianer *auszukehren*«[1]. Bourkes erster Sonderauftrag bestand darin, die Grenzgebiete von allen feindlichen Apachen und Chiricahua-Indianern zu säubern. Der Tintenmann demonstriert rot auf weiß, wie die Befehlshaber zu »disziplinieren und zu strafen« wissen. »Das Kriegsministerium übertrug General Crook die Aufgabe, alle Horden des in Arizona lebenden Apachenvolkes zur Unterwerfung zu zwingen.«[2] Mitte der 70er Jahre kämpfte der Hauptmann in der Schlacht, die schließlich die nomadische Kultur der Lakota und nördlichen Cheyenne zerstörte und damit den letzten nennenswerten indianischen Widerstand gegen die weiße Besiedlung der Great Plains. Nach einem weiteren Sieg finden wir Spuren von Bourkes Wunsch, die literarischen Überreste in seinem apokalyptischen Urteil über

[1] John G. Bourke, *An Apache Campaign in the Sierra Madre,* New York 1886. Das Zitat ist aus dem Neudruck (Lincoln, Nebraska, 1987, S. 13) geborgen worden.

[2] Ebd., S. 3.

das zweifelhafte Nachleben des roten Mannes auszuradieren. Die Apokalypse muß sich wiederholen. »Dies wird sich mit jedem Stamm wiederholen, bis die ganze Rasse ausgestorben sein wird.«[1]

Im nachhinein kann sogar der Versuch, die Indianer zu zivilisieren und sie in die Fußstapfen des weißen Mannes treten zu lassen, als kulturelle Ausrottung gedeutet werden. Dies war eine kultiviertere Methode, um sich der Überreste durch Erziehung und Assimilation zu entledigen. Es liegt kein innerer Widerspruch in der Tatsache, daß Bourke sich in den 1880er Jahren für die Rechte der Indianer einsetzte, weil er meinte, dies sei der beste Weg, um die Reste zu assimilieren und sich so das Problem vom Halse zu schaffen. Ob durch kulturelle oder durch physische Methoden des »Säuberns«, der Bourke der 1870er Jahre nimmt die Last des weißen Mannes bereitwillig auf sich und beschleunigt mit einem Säbelhieb den (Todes-) Trieb im Wettlauf um die reine Identität: »Je eher sich die [weiße] Rasse dem Ziel ihrer eindeutigen Bestimmung nähert und der Indianer aufhört, als Indianer zu existieren, desto besser« (5: 415).

Aber entgegen allen Erwartungen werden im Laufe der Säuberungsaktionen immer mehr Überreste erzeugt. Bourke übersieht, um es skatalogisch auszudrücken, daß nur noch mehr Überbleibsel herumliegen werden, wenn die Indianer aufgehört haben, als Indianer zu existieren. Ein Papiergeist sollte es besser wissen. Nicht daß Bourke dieses Problem entgangen wäre; er wurde geradezu davon verfolgt. Wir wissen von einem sehr persönlichen Ereignis im Leben Bourkes, bei dem er nur knapp der Umkehrung der kulturellen Entwicklung vom aufgeklärten Menschen zum Wilden entkommen ist. Der Späher Duran schenkte seinem Waffengefährten, nach einer der ersten Schlachten des blutigen Anfängers, Skalp und Ohren eines toten Apachenkriegers. Bourkes Biograph beschwört die Holocaust-Riten aller Völker, indem er schildert, wie der junge Soldat diese Erinnerungsstücke zu dekorativen und praktischen Zwecken benützt und seinem Zelt einen

[1] *Tagebuch* 1878. Zitiert nach Porter, *Paper Medicine Man,* S. 59.

schockierend unzivilisierten Anstrich verleiht. Diese Episode wiederholt den unbewußten Versuch des Exkrementen-Ethnologen, die Überreste und Überlebsel unter dem Vorwand einer positiven Nützlichkeit zu begraben. Die grausigen Einzelheiten müssen aus den biographischen Überresten wieder hervorgeholt werden. »Er rahmte die Ohren ein und benutzte den Skalp als Unterlage für seine Petroleumlampe. Als ein Freund die ›grausigen Trophäen‹ erblickte und fast ohnmächtig wurde, erkannte Bourke sofort ›wie roh und unmenschlich ich gewesen bin, und ich befahl, sie zu begraben‹ (92: 65)«[1].

Wenn wir Bourke gegen den Strich lesen, erscheint sein zivilisierter und menschlicher Befehl, sie zu begraben, nur als eine andere Variante des ungelösten Problems, wie der Abfall hygienisch zu entsorgen sei. Doch als Ethnologe entdeckt er, daß man die Überreste nicht nur begraben oder als Lampenuntersetzer benutzen kann. Mitte der 1870er Jahre fiel Bourke während einer weiteren Säuberungsaktion unter den Cheyenne-Indianern der Great Plains eine Halskette aus Menschenfingern sowie ein Skrotum in die Hände. Diese Beutestücke werden in den *Scatalogic Rites of All Nations* beschrieben und in dem Buch *Medicine Men of the Apache* sogar abgebildet. Vom militaristischen zum wissenschaftlichen Geist übergehend, schickt Bourke diese grausigen Überreste als ethnologische Sammlerstücke und primitive Relikte an die Smithsonian Institution zum Zwecke des späteren »Skatalogisierens« — des Verzeichnens, Klassifizierens und Ausstellens. Durch die List dieser klassifikatorischen Strategie gelingt es dem Konservator, sich die Überreste als Teil einer neuen Totalität oder einer Sondersammlung wieder anzueignen. Nach Art der Museologie taucht das zerfetzte Skrotum als neuester Erwerb in unserer kostbaren, exkrementellen, ethnologischen Sammlung auf. Abfallprodukt oder wissenschaftliches Studienobjekt? — Das Schwanken zwischen diesen beiden Möglichkeiten bildet das Fundament jedes skatalogischen Gebrauchsgegenstandes oder Rituals.

[1] Porter, a.a.O., S. 10f.

Mit der Übersendung seines Überraschungspaketes schlüpft der Papier-Medizinmann in die Rolle des Konservators oder *Bergungsethnologen.*[1] Die Botschaft ist einfach: Berge den Barbaren, bevor es zu spät ist. Die Botschaft ist kompliziert: Vielleicht ist es schon zu spät. Bergungsethnologie ist ein nostalgisches Unternehmen, das rückwärts schaut und gegen die Zeit anrennt in der Hoffnung, die volle Bedeutung inmitten des Trümmerhaufens und der Zerstörung zu bewahren und wiederherzustellen. Bergungsethnologie ist ein gestürzter und verstümmelter Diskurs, der die ganze Wahrheit in dem Wirrwarr fremder Kulturen, die von der Ausrottung bedroht sind, aus den Augen verliert. Die Bergungsethnologie führt den skatalogischen Aspekt aller historischen Unternehmungen ein, indem sie versucht, kulturelle Werte aus dem Abfall zu retten. Ein undatierter Brief von Francis Parkman an Bourke zeigt, wie der Diskurs der Bergungsethnologie die Rhetorik des führenden amerikanischen Historikers durchzieht. Parkmans Worte machen Bourke zum *natürlichen Auserwählten* für papierene Bergungsaktionen und für den Schutz der bedrohten Wildnis. Er drängt den alten Kriegshelden, sich für die vollständige Wiederherstellung des entschwindenden Gegenstandes auf dem Schlachtfeld der Geschichte einzusetzen. Wie ermutigend seine Worte auch sein mögen, es ist zweifelhaft, ob Parkmans Vorhaben einen Beitrag zu den sogenannten *Human*wissenschaften liefert. »Je mehr Sie so handeln, um so besser für die Nachwelt; denn kein anderer kann ein wahreres und klareres Bild vom Leben in der Wildnis liefern, von dem Sie so viel gesehen haben und das niemand je wieder so vollständig sehen wird.«[2] Während Parkman Bourkes Blicke auf die Nachwelt lenkt, der sich der Hauptmann in seinem Geburts-

[1] Als zusammenfassende Erörterung vgl. Curtis M. Hinsley Jr., *Savages and Scientists: The Smithsonian Institution and the Development of American Anthropology*, Washington, D.C.: Smithsonian Institution Press 1981, S. 23.

[2] Brief von Francis Parkman an John Bourke (ohne Datum), in: John Gregory Bourke Correspondence, Francis Parkman Papers, Massachusetts Historical Society, Boston, Massachusetts.

tagsepigraph zu entziehen sucht, weigert sich der Historiker, die Rückseite der Bergungsethnologie zu betrachten, die sich im Mist suhlt. Nachdem alles gesagt und getan ist, spielt sich die Geschichte der Ureinwohner Amerikas auf dem Misthaufen der Skatalogie ab.

In institutioneller Hinsicht war die Anthropologie des Bergens der Daseinsgrund des Bureau of American Ethnology, einer Abteilung der Smithsonian Institution, das 1879 unter dem Vorsitz von Major John Wesley Powell gegründet wurde. Obwohl er Angehöriger der Armee war, verfolgte Bourke dasselbe Forschungsprogramm und wurde als halboffizielles Mitglied aufgenommen. Es ist wichtig, in diesem Zusammenhang darauf hinzuweisen, daß das Smithsonian-Institut 1000 Exemplare des 1888 quasi als Vorankündigung für den Skatalog erscheinenden Pamphlets *Compilation of Notes and Memoranda Bearing upon the Use of Human Ordure and Human Urine in Rites of a Religious or Semi-Religious Character Among Various Nations* verteilt hat. Am Bureau of American Ethnology zeigt sich, daß der spezifisch politische und militärische Tagesordnungspunkt des »Säuberns« sich nicht aus einer Ethnologie des Bergens im Stile Washingtons herauslösen läßt. Die Veröffentlichung eines *Handbook of American Indians* durch das Bureau muß als eine unserem skatalogischen Lexikon vergleichbare Bergungsaktion verstanden werden.[1] Powell liefert sowohl den Daseinsgrund für das Bureau als auch den Grund für sein unvermeidliches Hinscheiden. »In einigen Jahren wird es unmöglich sein, unsere nordamerikanischen Indianer in ihren ursprünglichen Lebensbedingungen zu studieren, es sei denn in historischen Berichten.«[2] Powell zufolge wird die Bergungsethnologie die indianischen Überreste in historische Aufzeichnungen verwandeln. Diese Zeugnisse werden die Indianer überleben und *in absentia* ein mögliches Studien-

[1] Begonnen in den 1880er Jahren, erschien dieses oft hinausgeschobene und revidierte Handbuch in einer zweibändigen Ausgabe erst in den Jahren 1907 und 1910, und zwar unter der Leitung keines Geringeren als John Bourkes Nachrufverfassers, Frederick W. Hodge.

[2] Zitiert nach William Culp Darrah, *Powell of the Colorado*, Princeton 1951, S. 256.

objekt liefern oder auch einen unmöglichen Ausschuß der Skatalogie.

Im Lichte der Klassifikationsrituale der Bergungsethnologie läßt sich Bourkes Umgang mit den Chiricahuas erklären. Nachdem er viele Jahre bei den Apachen gelebt hatte, bekehrte sich der frühere Indianerschlächter zu einem Verfechter der Rechte der Indianer. Sei es nun aus Schuldgefühlen oder Nostalgie, Humanismus oder beruflichen Gründen, Bourke fühlte sich jedenfalls nun eher dazu verpflichtet, dieses Partialobjekt seiner ethnographischen Studien zu retten. Und dennoch erschöpften sich Bourkes hauptsächliche Bemühungen, die Abgefallenen zu bergen, im Aufspüren einer geeigneten Heimstatt für die Überlebenden. Es ist so, als lese man den Skatalog immer wieder von vorne, wenn man sieht, welch verzweifelte Anstrengungen Bourke unternommen hat, um den richtigen Ort zur Rettung, Aufbewahrung und Nutzbarmachung (d.h. Zivilisierung) des Ausschusses zu finden. Unglücklicherweise ging sein positiver Abschlußbericht, daß North Carolina sich als Niederlassungsort für diese Gruppe von Deportierten eignen würde, im bürokratischen Sumpf unter; so durften die Überlebenden in Ft. Marion in den Sümpfen Floridas verrotten. Unter diesen grausigen Umständen bezeichneten die Chiricahuas oder ihre Überreste sich selbst mit dem letzten skatalogischen Wort *»indeh«* (die Toten).[1] Die lebenden Toten brauchten keinen Skatalog zu lesen, um zu sehen, daß sie sich in einer paradoxen Lage befanden: sie waren zum Studienmaterial dieses Papiergeistes geworden.

Wäre es nicht zur Endlösung der Indianerfrage gekommen, so hätte man es später nicht nötig gehabt, den Zuwachs der Überreste zu dokumentieren und zu verarbeiten. Hätte es kein Hinauskehren gegeben, hätte es kein Aufkehren geben müssen. Die Einzigartigkeit des Falles J.G. Bourke besteht darin, daß er gleichzeitig beide Lösungen verkörpert. Während der Soldat mit dem Schwert in der einen Hand die Apachensiedlungen verwüstet,

[1] Dieses Wort ist eng, vielleicht zu eng, mit dem indianischen Wort *Indah* (die Lebenden) verwandt. Vgl. Eve Ball, *Indeh: an Apache Odyssey,* Provo, Utah, 1980.

sammelt die andere, die Hand des Wissenschaftlers auf, was übriggeblieben ist, und seine Feder »hält alles auf dem Papier fest« (41: 1523f.).

Durch die Praxis der Bergungsethnologie glaubt der Skataloge, sich der Überreste in der Totalität des zukünftigen Buches entledigen zu können. Ja, er glaubt, daß er (noch einmal) mit dem Schreiben der Überreste fertig werden kann. In einem Brief an Cushing stößt Bourke in dasselbe Horn wie Powell und Parkman, wenn er ein Buch plant, das die Indianer auf Papier bannen soll, bevor sie sich im Schmelztiegel der kulturellen Assimilation auflösen (mit welcher Geschwindigkeit auch immer). »Ich bin fest entschlossen, niemals wieder zur Feder zu greifen, nachdem ich dieses Manuskript vollendet habe. Nur weil der rote Mann langsam dahinschwindet, glaube ich, sollte man alles, was wir durch unmittelbare Beobachter von ihm erfahren haben, ohne Aufschub veröffentlichen.«[1] In diesem Zitat bezieht sich der konservierende Tintenmann auf das große Epos über die Apachen, das er in seinem Leben nicht vollenden konnte. Das Buch, das unverzüglich veröffentlicht werden sollte, wurde zu einem nie gedruckten, immer hinausgeschobenen Buch. Oder vielleicht sind die *Scatalogic Rites of All Nations* ein Ersatz für den mißlungenen Versuch, die Verantwortung für die Überreste zu tragen. Durch eine subtile Verschiebung wird aus einer direkten Beobachtung der Apachen ein Buch, das eine aneinandergereihte Sammlung und Zitierung exkrementeller Riten enthält und größtenteils, was stand auch sonst zu erwarten, aus den Überresten anderer Bücher zusammengesetzt ist.[2]

[1] Brief von John Bourke an Frank Cushing vom 3. September 1886/8, in Akte 267, Frank Hamilton Cushing Papers, Southwest Museum Library, Los Angeles, California.

[2] Bourkes Montagemethode des Ausschneidens und Zusammenklebens der Überreste wird anhand einer Aktenmappe voller Papierschnitzel verschiedener Größen deutlich, die kurze, mit der Schreibmaschine geschriebene Auszüge seiner Lektüre enthält. Jeder Ausschnitt nennt den Gegenstand des Rituals (z. B. Harntanz, Laus, Phallusverehrung), das Zitat und die Quelle. Die Überreste warten darauf, vom zukünftigen Skatalogen umgruppiert und umgestellt zu werden. Siehe John G. Bourke Collection, Nebraska State Historical Society, Series 4,

Die Neuausgabe vom *Buch des Unrats* bemüht sich bewußt, das ursprüngliche Bourkesche Material strukturell zu reorganisieren und aus einem thematischen Mischmasch zu einer alphabetischen Ordnung überzugehen, die einen leichten lexikalischen Zugang ermöglicht. Diese Veränderung ist im Geiste des amerikanischen Buchtitels *Scatalogic Rites of All Nations* vorgenommen worden. Eine solche Art der Bearbeitung schiebt die geographische Stoßrichtung einer Weltreise entlang einer räumlichen Achse als Begründung für sein skatalogisches Klassifikationsschema in den Vordergrund. Aber anders als der erwähnte Titel mit seiner Betonung auf *All* erhebt diese neue Weltordnung keinen Anspruch auf Vollständigkeit, und man könnte sich durchaus andere Vertauschungen und Einteilungen vorstellen, die nicht schlechter wären. Dies in Rechnung stellend, weiß sich *Das Buch des Unrats* eher mit dem bescheideneren Vorabdruck des Jahres 1888 einig, in dessen Teilsumme (»Among various Nations«) die frühen Titel der Tagebucheinträge über das entstehende Werk eingehen (*Skatalogic Rites of Various Nations* [13.5.1889] oder *Skatologic Rites of Various Nations* [15.12.1889]). Es ist wichtig, die ursprünglichen Schreibweisen (auch wenn sie falsch sind) in diesen Nachbemerkungen und skatabibliographischen Verweisen beizubehalten, denn sie markieren das Schwanken bzw. zeigen, wie dem Autor die Herrschaft über das Buch, seine Namensgebung und die Wissenschaft von den Exkrementen entglitt. Man findet sogar einen Verweis auf die *Skatologic Rites of All Nations* [2.6.1890], bevor sich der endgültige Titel *Scatalogic Rites of All Nations* [10.7. 1890] herausschält. Indem es der orthographischen Forderung folgt, vollstreckt das Nachwort das Testament John Bourkes als des Begründers der skatalogischen Wissenschaft und besteht auf dem zweifachen *a,* wenn es auf Bourkes Skatalog verweist.[1]

Box 6, Folder 12, unter der Überschrift »Notes on Urine Dance and other Unusual Rites«.

[1] Ein zweiter Blick auf das »Geleitwort« zeigt, daß selbst Professor Dr. Sigmund Freud eine Fehlleistung unterlief und er für einen weiteren Titel des Buches als *»Scatologic Rites of All Nations«* sorgte.

Es gibt einen früheren, verworfenen Titel für das Buch, der auf den Regalen der Archive verstaubte: *Scatologic Rites in All Ages.* Hierbei handelt es sich um eine frühe Vorankündigung des Buches von Bourkes Freund und Mitarbeiter, J. Hampden Porter.[1] Unterhalb der Unterschrift kann der Leser die durchgestrichenen Überreste eines Datums entziffern: 19. März 1889. Es ist schwer herauszufinden, ob es sich bei diesem Titel um ein Versehen, eine Mutmaßung oder einfach nur um einen weiteren Arbeitstitel für das Buch handelt. Aber in jedem Fall verschiebt er die Achse des Verstehens von der räumlichen zur zeitlichen Dimension oder, um ein gegenwärtig vielbenutztes, strukturell anthropologisches Konstrukt zu verwenden, von den synchronen zu den diachronen Polen. Wie das durchgestrichene Datum legt dieser Titel die Möglichkeit nahe, daß das gesamte skatalogische Projekt auf einer Reihe von unausgesprochenen Voraussetzungen über das Wesen der Zeit beruht. In einer Sammlung, die so organisiert wurde, daß sie den Schmutz als ein räumliches System[2] abhandeln konnte, ist es notwendig, auf diese Verdrängung und Verschiebung aufmerksam zu machen und zu zeigen, daß ein spezifisch historisches Modell im Hintergrund dieses skatalogischen Projekts lauert. Diese Analyse wird erweisen, wie Bourkes Übernahme eines Modells der historischen Zeit aus den vorherrschenden Theorien der kulturellen Entwicklung dem Skatalogen noch eine weitere Lösung für sein Problem, was mit den Überresten und Überlebseln geschehen sollte, an die Hand gab.

[1] Um mit der Frage der linearen Entwicklung zu spielen: es handelt sich um eine zwölf Seiten umfassende Besprechung eines Buches vor seiner Veröffentlichung. Es gibt eine kürzere dreiseitige Besprechung von Porter, die denselben Titel trägt. Beide befinden sich in der John G. Bourke Collection, Nebraska State Historical Society, Series 4, Box 5, Folder 4.

[2] Im Gegensatz zum Freudschen Diktum in »Charakter und Analerotik« (1906), das darauf besteht, Schmutz sei Materie am falschen Ort — *»Dirt is matter in the wrong place«* (Englisch im Original) — (*Gesammelte Werke* 7, S. 206), könnte man die geographische Ordnung von *Das Buch des Unrats* als den äußerst wunderlichen Versuch verstehen, die schmutzige Materie an den richtigen Ort zu stellen.

Die Ethnologie des Bergens hängt von einer Reihe übergreifender Thesen zur Geschichte der Kultur ab — darüber, wo sie begonnen hat und wie sie verlaufen muß. In Verdrehung des Titels eines anderen Aufsatzes von Bourke könnte man sagen: Er schreibt in den »Abendstunden des evolutionären Zeitalters«.[1] Die Modelle wurden zuerst und vor allem den Evolutionsdoktrinen in den Naturwissenschaften Biologie und Geologie entliehen, und zwar, um dieselben Entwicklungsstrategien für die Geschichte kultureller und gesellschaftlicher Institutionen zu verwerten. Kurz gesagt, die Kultur hat sich vom primitiveren Stadium der Wilden zum fortgeschritteneren Stadium der Zivilisation entwickelt. Der Untertitel *Untersuchungen über den Fortschritt der Menschheit aus der Wildheit durch die Barbarei zur Zivilisation,* den der amerikanische Ethnologe Lewis Henry Morgan seinem Buch *Ancient Society* (1877) gibt, liefert einen klaren Prototyp für den Gang der Beweisführung.[2] Es ist recht verführerisch, Morgans Modell auf unseren Skatalog zum Zweck einer mikrokosmischen Fallstudie über die Evolution eines Buches anzuwenden. Sie müßte mit der Periode der Wildheit (1881–1885) beginnen, die von der Teilnahme des Papiergeistes am Harntanz der Zuñi ausgeht und mit seinem diesbezüglichen Vortrag bei der »Amerikanischen Vereinigung für den Fortschritt der Wissenschaft« endet. Sodann würde sie in die barbarische Periode (1885–1888) übergehen, in der Bourke seine Schrift *Notes and Memoranda* für das Kriegsministerium zusammenstellte. Schließlich würde sie das Stadium der Zivilisation (1889–1891) erreichen, in welches das Schrei-

[1] Dies nimmt den Titel von Bourkes evolutionärem Rücklauf zu den Apachen wieder auf. Siehe »Vesper Hours of the Stone Age« in: *The American Anthropologist* 3, Januar 1890, S. 55–63.

[2] Morgans Buch wurde später von Karl Kautsky und W. Eichhoff mit dem Titel *Die Urgesellschaft* ins Deutsche übersetzt und in dem denkwürdigen Jahr 1891 veröffentlicht. Zusätzlich zu seinem Einfluß auf die Geschichte der Skatalogie wurde das Buch durch Marx (der Notizen für ein ausführliches Studium anfertigte) und Engels (der Teile des Materials für sein Buch *Der Ursprung der Familie, des Privateigentums und des Staates,* Zürich 1884, wiederverwandte) auch noch Gegenstand einer materialistischen Aneignung.

ben oder Abschreiben des umfangreichen Manuskripts und seine Veröffentlichung fällt. Diese Analogie wird allerdings dadurch kompliziert, daß Morgan sorgfältigere, kulturelle Klassifizierungen vorgenommen und frühere, mittlere und höhere Stadien sowohl für die Wildheit wie für das Barbarentum bis zum Aufkommen des phonetischen Alphabets und der Schrift konstruiert hat, mit der natürlich erst die eigentliche Zivilisation anhebt.

Vom Standpunkt des Evolutionsmodells aus erscheint John Bourke viel weniger als Außenseiter. Vielmehr wird man ihn als Vertreter der normalen Wissenschaft ansehen, der versuchte, sich selbst eine Nische für seinen eher ungewöhnlichen Studiengegenstand zu schaffen. Aber ungeachtet der Abseitigkeit seines Themas, möchte sich das Buch als ein bedeutender Beitrag zum Wissen innerhalb dieses langfristigen Forschungsprojektes verstanden wissen. Die Kultur- und Gesellschaftstheoretiker der vorangegangenen Generation wandten das Evolutionsmodell auf die Geschichte der politischen Institutionen (Morgans *Ancient Society*), die Geschichte rechtlicher Institutionen (Henry Maines *Ancient Law,* 1861), die Naturgeschichte der Gesellschaft (Herbert Spencers *Descriptive Sociology,* 1873) und die Geschichte der Religion (E. B. Tylors *Primitive Culture,* 1871) an. Eben zu der Zeit, als Bourke seinen Skatalog zusammenstellte, beglaubigte die erste zweibändige Auflage von J. G. Frazers *The Golden Bough* (1890) die Entwicklung der Religion von der primitiven Magie zur modernen Wissenschaft.

Man kann den Eindruck, den dieses letztgenannte Buch bei Bourke hinterließ, nicht hoch genug einschätzen. Der aufstrebende Folklorist schrieb sogar eine Besprechung, die er an Frazer sandte. Die Semantik dieses Schriftstücks macht deutlich, daß er immer noch Exkremente in seinem Kopf wälzte. In seiner Würdigung von *The Golden Bough* scheint Bourke sich auf den Auswurf seiner eigenen skatalogischen Fragmente zu beziehen oder auf ihren Beitrag zum Wissen. »Dieses Buch beweist die Tatsache, daß es kaum ein Fragment der Volkskunde gibt, das nicht dazu verwandt werden kann, einer sehr wichtigen Aufgabe in der Anthropologie nachzukommen.«[1] Eine ähnliche Behauptung findet sich im »Vorwort« zum Skatalog, in dem das schmutzige Fragment der Volkskunde vom exkrementellen Anthropologen in ein allumfassendes Evolutionsschema eingefügt wird. Indem er wiederum die Überreste als Abfall leugnet, besteht Bourke darauf, daß eine sorgfältige skatalogische Analyse für jede Evolutionstheorie der kulturellen Entwicklung von Wert sein müsse, die »auf allen vieren« beginne, weil »alles, was auf den primitiven Menschen Bezug nimmt, für diejenigen der Forschung und Prüfung würdig sei, die sich mit seiner Geschichte und Entwicklung vertraut machen wollen«.[2] Das Evolutionsmodell hatte seine Nützlichkeit für die Biologie, Linguistik, Archäologie, Paläontologie usw. erwiesen und die Humanwissenschaften Soziologie, Psychologie und Anthropologie mitbegründet. Warum nicht auch die Skatalogie?

Das evolutionstheoretische Studium der Kultur stützte sich auf die *vergleichende Methode.* Diese Methode nahm die anthropozentrischen Voraussetzung der entstehenden Ethnologie und der anderen Humanwissenschaften auf, die die menschliche Gattung in den Mittelpunkt des Blickfeldes rückten. Sie stimmt mit Bourkes erstem Motto im Skatalog überein, das dem vorzüglich betitelten Buch *Chips from a German Workshop* des vergleichenden Sprachwissenschaftlers und Mythologen F. Max Müller entnommen ist. »Das eigentliche Studium der Menschheit ist der Mensch.« (Natürlich hat Müller diesen Satz nur zitiert und nicht geprägt.) Geht man davon aus, daß alle Menschen dieselbe psychische Struktur haben, dann gibt es keinen Grund, warum man nicht zwischen zwei Kulturen zu jeder Zeit und hinsichtlich jedes Gegenstandes, der sich auf den Menschen bezieht (einschließlich der Exkremente), Vergleiche ziehen und Gegensätze finden können sollte. Schließlich ist das alles nur menschlich. Unter dieser Maßgabe ist es leicht, der Logik zu folgen,

[1] Bourke berichtet in seinem *Tagebuch,* daß er die Besprechung am 5. Januar 1891 weggeschickt hat. Sie ist am Ende von Band 100 seines Tagebuches eingeklebt worden.

[2] *Scatalogic Rites,* S. 2.

die zu einem vergleichenden Studium der skatalogischen Riten aller Völker führt.[1]

Bislang scheint die vergleichende Methode nur räumlich motiviert. Aber da es ums Überleben des Stärkeren geht, muß es auch ein verfängliches zeitliches Moment geben. Denn die Methode gründete auf der Überzeugung, daß kulturelle, in der Gegenwart beobachtbare Systeme Ähnlichkeiten zu ausgelöschten Kulturen aufweisen müssen, und daß diese Vergleiche nur dann einen Sinn machen, wenn sie systematisch klassifiziert und auf einer zeitlichen Linie des kulturellen Fortschritts und der Evolution aufgereiht werden. Die vergleichende Methode führt zu der historischen Vermutung, daß zeitgenössische primitive Gesellschaften gehemmte Entwicklungen auf dem Weg in die Zivilisation darstellen und diese Rückständigkeit in ihren Praktiken und Überzeugungen als Überreste alter Gesellschaften oder prähistorischer Kulturen zur Schau stellen.

Dies führt zu der einfachen Schlußfolgerung, daß unsere kulturelle Vergangenheit ihre kulturelle Gegenwart ist. Sie läßt die ethnographische Feldforschung aus dem Versuch, kulturelles Anderssein zu erforschen, in das narzißtische Studium der Geschichte unserer eigenen Vorfahren umschlagen, die wir in ihrem Spiegelbild zu erblicken meinen.[2] Wenn der Ethnologe den Wilden oder den Barbaren erforscht, untersucht er in Wirklichkeit die kulturellen Überbleibsel der Geschichte unserer westlichen Zivilisation. Die missionarischen Anstrengungen der Ethnologie des Bergens waren der Versuch, *unsere* Ver-

[1] Trotzdem übersieht dieses Vorgehen einen inneren Widerspruch, will es doch eine Wissenschaft, die davon handelt, was vom Menschen übrigbleibt, Wissenschaften einverleiben, die den Menschen in den Mittelpunkt rücken sollen.

[2] Diese implizite Voraussetzung beeinflußt Bourkes Analyse des Harntanzes der Zuñi. In dem Buch *Schmutzige Riten*, Berlin 1991), weist Stephen J. Greenblatt auf die davon ganz verschiedene Möglichkeit hin, daß der Harntanz der Zuñi ein possenhaftes Zerrbild der christlichen Messe sein könnte. Wenn dies der Fall ist, zeigte ihre Gegenwart unsere Gegenwart in ihrem verzerrten Spiegel. Das ganze Unternehmen der *Scatalogic Rites* wäre dann auf einem fatalen Irrtum gegründet, was sie zu einer noch größeren Papierverschwendung machen würde, als Bourke es sich jemals träumen ließ.

gangenheit nicht weniger als die ihrige in letzter Minute zu retten. Diese Ansicht findet sich in dem Werk des schottischen Aufklärers Adam Ferguson und seiner Bewertung der Indianer. »Wie in einem Spiegel sehen wir in der gegenwärtigen Lage dieser Völker die Züge unserer eigenen Ahnen . . .«[1] Dieses ehrwürdige Relikt einer Kulturtheorie spiegelt sich mit kleineren Veränderungen ein Jahrhundert später in Morgans entsprechender Paraphrase wieder. »Daraus folgt, daß die Geschichte und die Erfahrung der amerikanischen Indianerstämme mehr oder weniger genau die Geschichte und Erfahrung unserer eigenen Vorfahren in der Urzeit auf der entsprechenden Entwicklungshöhe repräsentiert.«[2]

Als Ethnograph weicht John G. Bourke kein Jota von der Parteilinie der vergleichenden Methode seiner Vorläufer ab. Nachdem er »solch kühne Geister« wie Major John W. Powell, Lewis H. Morgan und Dr. Francis Parkman gepriesen hat, bricht er in eine sich selbst beglückwünschende Würdigung der amerikanischen Anthropologie aus. Selbst das »mehr oder weniger« aus *Ancient Society* findet einen Ort in dieser getreu übernommenen Fassung der Evolutionsdoktrin. Das Alte im Neuen auferstehen lassend, schifft sich Bourkes Ethnographie zu einer rückläufigen transatlantischen Entdeckungsreise ein, um die Überreste zurückzubringen, die die europäische Zivilisation und ihre Geschichte bergen sollten.

> Die amerikanischen Anthropologen erhalten heute anerkennende Beachtung von Gelehrten der Alten Welt, die sich bewußt sind, daß alle Beobachtungen der primitiven Gesellschaft, die wir nun auf unserer Seite des Ozeans machen, sich mehr oder weniger darauf anwenden lassen, wie die primitive Gesellschaft vor Jahrhunderten in Europa und an anderen Orten aussah.[3]

[1] Adam Ferguson, *An Essay on the History of Civil Society* (1767), New. ed. Basil 1789, S. 123. Deutsch: *Versuch über die Geschichte der bürgerlichen Gesellschaft,* Frankfurt am Main 1986, S. 202.

[2] *Ancient Society,* New York 1877, S. 7. Deutsch: *Die Urgesellschaft,* S. XV., Neudruck der Ausgabe Stuttgart 1908.

[3] John G. Bourke, »The Snake Ceremonials at Walpi«, a. a. O. S. 193.

Im Zusammenstoß mit gegenwärtigen primitiven Lebensformen begegnet der skatalogische Ethnograph den Überresten und Relikten des prähistorischen Menschen. Als »Wissenschaft der Überreste« könnte die Skatalogie zum vorzüglichen Studienobjekt des Evolutionsmodells werden. Aber in der Vergangenheit war die Ethnologie des Bergens auf »das Studium der Zierate, Waffen und anderer Überbleibsel der primitiven Völker« beschränkt. Der »Erdenrest« war tabu geblieben und gehörte nicht zum Studium der »anderen Überbleibsel«. Die *Scatalogic Rites* sollten dieses schreckliche Versäumnis nachholen, indem sie die ausgestoßenen Relikte in der Folklore und den Ritualen der zeitgenössischen Wilden aufspürten. Dadurch, daß er Himmels- und Höllenmächte auf eine außerordentliche Weise umkehrt, die eine Ambivalenz gegenüber dem Kot und eine Umwertung aller Werte (vom Schmutz zur Heiligkeit) aufweist, macht Bourke einen Zug, der »vielleicht die brutalste von ihnen [der religiösen Formen]« umdreht und die Skatalogie mit dem Studium der primitiven Religionen verbündet, indem er den Kot zu einem »Überlebsel des geistigen Lebens« umformt. Der exkrementelle Ethnologe versucht, die Prophezeiung und Forderung eines seiner Kollegen zu erfüllen: »Sicherlich wird die Zeit kommen, wo man jedes Überlebsel des geistigen Lebens der vorgeschichtlichen Menschheit, das sich bis zu unserer Zeit erhalten hat und das in der Folklore abgeschlossen lebender, noch auf einer primitiven Stufe stehender Völker zu finden ist, gerade so hoch bewerten wird wie diese primitiven Überbleibsel.«

Aus diesem und anderen Abschnitten wird deutlich, daß Bourke nicht daran zweifelte, daß die *Scatalogic Rites of All Nations* einen Beitrag zur sich entwickelnden Disziplin der Geschichte religiöser Institutionen lieferten — aufgrund der »größeren Beachtung, die jetzt alle Formen der primitiven Religion finden«. Nach seiner Selbsteinschätzung sollte das Buch Tylors Geschichte des Animismus in *Primitive Culture* zur Seite gestellt werden oder Frazers Geschichte der religiösen Mythen in *The Golden Bough,* da es eine ethnographische Untersuchung über die Entwicklung der Religion aus primitiven Vorläufern ist. Der religiöse Ursprung der skatalogischen Riten bietet etwas an, was weder er noch sein Leser zurückweisen können, trotz (oder gerade wegen) des Ekels. »Daß diese ekelhaften Gebräuche ganz bestimmt einen religiösen Ursprung haben, wird niemand zu leugnen wagen, der die hierauf bezüglichen, im folgenden in Unmenge beigebrachten Angaben aufmerksam gelesen hat.«[1] Was dies betrifft, muß eine dritte Behauptung dem zweifachen anthropozentrischen Urteil, das den Anfang und das Ende vom *Buch des Unrats* bildet, hinzugefügt werden. Diese Formulierung ist der Ausgangspunkt für eine skatalogische Zuspitzung: Das eigentliche Studium der Menschheit ist der Mensch. Das Studium des Menschen ist das Studium der Religion des Menschen. Das Studium der Religion des Menschen ist das Studium des Kots des Menschen.

Der verehrungswürdige, heilige Unrat des Dalai-Lamas liefert im Kern eine Fallstudie der skatalogischen Fundamente aller religiösen Institutionen. Sie unterstreicht auch Dominique Laportes scharfsinnige, heilig-profane Geschichte »Von der Göttlichen Scheiße«.[2] Ob dieses Paradox ein skatologischer Witz ist oder nicht, es führt jedenfalls zu einer impliziten Skato-Theologie, die der Endpunkt einer Kette logischer und der Ursprung einer Kette historischer Überlegungen ist. Diese Erkenntnis verleiht Antonin Artauds rhetorischer Frage in *Le Théâtre de la cruauté* einen neuen Wert: »Kennen Sie etwas schmählich Fäkaleres als die Geschichte Gottes?« Das Bourkesche Projekt kehrt diese Behauptung um: Kennen Sie etwas schmählich Göttlicheres als die Geschichte der Fakälien?[3]

In einem weiteren Teil der vergleichenden Methode überschneidet sich der skatalogische Trieb mit der evolutionären Kulturtheorie. Die Überreste der prähistorischen und primitiven Gesellschaften hinterlassen einen

[1] Alle Zitate der letzten beiden Abschnitte sind den *Scatalogic Rites*, S. 2f., entnommen.

[2] Dominique Laporte, *Eine gelehrte Geschichte der Scheiße*, Frankfurt 1991, S. 117–122.

[3] Zitiert in Jacques Derrida, »Die soufflierte Rede«, in: *Die Schrift und die Differenz*, Frankfurt am Main 1972, S. 278.

Nachgeschmack in den kulturellen Praktiken der fortgeschritteneren Zivilisationen. Gemeint ist die Lehre oder After-Lehre der »Überlebsel« *(survivals)*, die Tylor am weitesten ausführt.[1] Obwohl Morgan diesen spezifischen Ausdruck nicht verwandte, enthalten seine Schriften viele ähnliche Konstrukte mit skatalogischen Untertönen: Relikte, Spuren, Zutagetretendes und Überreste.[2] Die Idee der Überlebsel läßt den biologischen Begriff des rudimentären Organs (z.B. der Blinddarm) in die Kulturwissenschaft eingehen. Ein Überlebsel ist ein skatalogischer Anachronismus, das etwas hinüberrettet, was hätte zurückbleiben sollen. Im Gegensatz zur Lehre vom »Überleben des Stärkeren« ist das kulturelle Überlebsel ein gesellschaftlicher Blindgänger. Um Tylors Definition dieses veralteten Konstrukts von Veraltetsein zu zitieren: »Es sind allerhand Vorgänge, Sitten, Anschauungen und so fort, welche durch Gewalt oder Gewohnheit in einen neuen Zustand der Gesellschaft mitgeschleppt worden sind, der von demjenigen, in dem sie ursprünglich ihre Heimat hatten, verschieden ist; und so bleiben sie als Beweise und Beispiele eines älteren Culturzustandes, aus dem sich ein neuerer entwickelt hat.«[3] In diesem Modell, das kulturelle Entwicklung als Fortschritt auffaßt, ist ein »bloßes Überlebsel« nicht mehr als das Relikt einer vergangenen und niederen Stufe der Gesellschaft in einer fortgeschritteneren, und schon auf dem besten Wege, ausgelöscht zu werden.

Die Problematik der kulturellen Überlebsel durchzieht die unterschiedlichsten Schriften Bourkes. Es ist ein handliches Erklärungsmittel im Rüstzeug des exkremen-

[1] Zur Geschichte der Lehre, der ein langes Nachleben beschieden war, vgl. Margret Hogden, *The Doctrine of Survivals,* London 1936. Zur Erörterung ihrer Bedeutung für Tylor vgl. J.W. Burrow, *Evolution and Society: A Study in Victorian Social Theory,* Cambridge 1968, S. 234–259.

[2] Marvin Harris legt eine bündige Zusammenfassung des Problems der »Survivals« in den theoretischen Debatten vor. Vgl. *The Rise of Anthropological Theory,* London 1969, S. 164–69.

[3] E.B.Tylor, *Primitive Culture,* London 1871, Bd. 1, S. 16. Ins Deutsche übersetzt von J.W. Spengler und Fr. Poske, *Die Anfänge der Cultur,* 2. Bd., Leipzig 1873.

tellen Ethnologen, mit dessen Hilfe sich die verschiedenartigsten Sitten in die antiquarische Abteilung abschieben oder auf den Abfallhaufen werfen lassen. Wenn die Apachen ihren ehebrecherischen Frauen die Nasen einschlagen, sagt Bourke voraus, daß dieses Rudiment mit der Hebung des zivilisatorischen Niveaus bald verschwinden wird. In einem Aufsatz über die Riten im Tal des Rio Grande legt Bourke eine Fallstudie vor, die deutsche Leser entweder besonders anziehen oder abstoßen wird. Die Frage des Überlebsels wird auf das Würstchen angewandt. Aber ob das heutige mexikanische Würstchen ein uraltes, schon stinkendes Überbleibsel der alten teutonischen Gesellschaft oder das heutige deutsche Würstchen das Überlebsel eines veralteten Brauchs ist, der sich aus einer primitiveren und prähistorischen Gesellschaft hinübergerettet hat, ist für Bourke und seine Auffassung, wer denn hier der Barbar ist, keine Frage. »Würstchen sind in Mexiko sehr beliebt; möglicherweise sind sie die einzigen noch erkennbaren Überlebsel der teutonischen Abstammungslinie des mexikanischen Volkes.«[1] Merkwürdig genug macht der Skataloge keine vergleichbaren Bemerkungen darüber, wie sich das Kotwürstchen des Narrenfestes in Deutschland in diese mexikanischen Verbindungen der Überlebsel-Kette einfügen ließe.[2] Schließlich klammert Bourke die Überlebsel, wie es sich gehört, in seinem letzten Aufsatz ein: »Notes on Language and Folk-Usages of the Rio Grande Valley (With Especial Regard to Survivals of Arabic Custom)«.[3]

Die Einführung der skatalogischen Possen der Hanswürste im Narrenfest läßt das Gespenst der Parodie als ein Element auftreten, das die Ausübung jedes kulturellen Überlebsels begleitet. Durch sein Vermögen, die Dinge

[1] John G. Bourke, »Popular Medicine, Customs, and Superstitions of the Rio Grande«, in: *Journal of American Folk-Lore* 7, April bis Juni 1894, S. 131.

[2] Der Leser sei auf den Eintrag *Europäer* in der vorliegenden Ausgabe verwiesen. Dort kann er nachlesen, wie die Überlebsel des Narrenfestes erklärt und die Zuñi, Neu-Mexiko und Mitteleuropa miteinander in Verbindung gebracht werden können. S. *Scatalogic Rites,* Kapitel 3.

[3] *Journal of American Folk-Lore* 9, April–Juni 1896, S. 81–116.

herauszulösen und auszustoßen, droht das anachronistische Überlebsel alles zum Gegenstand seines Spottes zu machen. Dies erklärt, warum der Skataloge vom Burlesken und vom Studium der Überlebsel in einem Atemzug spricht. Die veralteten Irrläufer, die der exkrementelle Ethnologe ausgräbt, können nur Gelächter hervorrufen. Im Kapitel »Burlesque Survivals« (Possenhafte Überlebsel) unterstreicht Bourke in der zweifachen Berufung auf Tylor, die seine Behauptung zum Thema der Überreste beglaubigen soll, die Kluft zwischen der »ernsten Tätigkeit« der Urgesellschaft und des jetzigen parodistischen Zeitvertreibs — dem »Spiel« der Nachkommen und den Sitten, die der »Lächerlichkeit« anheimgefallen sind.[1]

Der Skataloge tritt in der Rolle des Dramaturgen auf, der die lachhaften Relikte und die verächtlichmachenden Possen auf dem Weg in die kulturelle Vollkommenheit Revue passieren läßt. Diese Art skatalogischen Humors könnte man ihrer Natur nach als selbstherrlich und geringschätzig auffassen — als herablassendes Naserümpfen und überhebliches Gelächter, das auf die regressiven Überreste hinunterblickt. Aber wenn wir den Fortschritts- und Entwicklungsgedanken als Bezugsrahmen für die Analyse der Überlebsel fallenließen, könnte sich herausstellen, daß Bourkes Sammlung und Zitate skatalogischen Wissens immer schon für das Possenspiel reizvoll waren und es immer sein werden. Skatalogischer Humor wird sich in stürmisches Gelächter und Vergnügen verwandeln, wenn wir sehen, wie die Überreste und Überlebsel (am Ende) ihr Spiel mit uns treiben.

Die Wissenschaft der Überreste kann nicht darauf beschränkt werden, ein Zweig des Studiums kultureller Evolutionen zu sein. Tatsächlich wird man die Skatalogie als »Skatalysator« der ganzen vergleichenden Methode betrachten müssen. Sie versetzt dem ganzen Projekt einen Schlag, einen Stoß und einen Tritt in den Hintern. Die vergleichende Methode lebt von den Resten. Wenn sie vor und zurück, durch Raum und Zeit, eilt, bezieht sie ihre Kraft zum Vergleich und zur Beurteilung der

[1] Tylor, zitiert in *Scatalogic Rites,* Kapitel 48, S. 433.

Ähnlichkeiten und Unterschiede zwischen Kulturen und Epochen allein aus der überschüssigen Bedeutung und den methaphorischen Übertragungen, die durch den skatalogischen Überrest katalysiert werden. Angesichts solcher Verschiebungen muß selbst Bourke gestehen, daß seine kunterbunte Sammlung von Überlebseln möglicherweise nichts mit Harn und Kot zu tun hat. Es gibt viele Vermutungen und vielleicht auch viel Wunschdenken in den konstruierten Geschichten der vergleichenden Methode. Zum Beispiel beschreibt Bourke ein Ritual in Madagaskar, das »Bad der Königin«. Die gerade dem Bade entstiegene königliche Hoheit besprengt ihre ergebenen Untertanen, indem sie das schmutzige Badewasser in einer zeremoniellen Waschung über sie ausgießt. Bourke vermutet nun: »Das Besprengen mit dem Wasser ist vielleicht das Überlebsel einer älteren Sitte, bei der man die Besprengung mit dem Harn ausführte.«[1] Vielleicht. Vielleicht war es aber auch immer Wasser. Auf dieser Ebene könnte man als Substitut auch Wein oder irgendeine andere Flüssigkeit nehmen. Für die eine Vermutung würde nicht mehr als für die andere sprechen. Nicht daß Bourkes Spekulationen zu den Überlebseln auf fadenscheinigen Belegen beruhten, als ob ein strenger vorgehender Wissenschaftler es besser gemacht hätte. Vielmehr hinterlassen die Substitutionsanalogien bleibende und unausräumbare Zweifel darüber, ob man wirklich ein Überlebsel gefunden hat. Aufgrund seines verrückten Charakters (schließlich ist es weit entfernt von Tylors »ursprünglicher Heimat«) macht das Überlebsel auf die implizite Gefahr der *Aftergelehrsamkeit* aufmerksam, die der skatalogischen Praxis der vergleichenden Methode innewohnt.

Aber weil er sich eilends der Überreste entledigen will, übersieht Bourke den problematischen ontologischen Status des skatalogischen Überlebsels. Statt dessen verwandelt sich der analoge klägliche Rest in ein rationales Prinzip. Im Gegensatz dazu behauptet Bourke, das Überlebsel böte den schnellsten Weg, um zum Ursprung zu-

[1] Ebd., S. 232.

rückzukehren, sofern man die Ethnologie des Bergens als eine philosophische Untersuchung durchführt. In die Fußstapfen Tylors tretend, beschäftigt er sich mit einem der beliebten Steckenpferde der Kulturforschung seiner Zeit — Überlebseljagd. Als Überlebsel-Jäger konnte der skatalogische Soldat und Wissenschaftler die miteinander verwobenen Strategien der Wiedergewinnung und Beseitigung gleichzeitig verfolgen. Die erste Hälfte ist nur eine weitere Variante des Themas der skatalogischen Einordnungen und Bergungsaktionen. Die Zitate und Wiederholungen, die Rudimente und zerfetzten Reste fügen sich ein, wenn die Überlebsel zusammengestückelt und -geflickt werden, um den skato-theologischen Ursprung zu beleuchten und aus den Überresten ein Ganzes zu gewinnen.

> Man kann sich in der philosophischen Untersuchung des Ursprungs der Religionen keinen vernünftigeren Grundsatz zu eigen machen als den, der uns lehrt, wie wichtig es ist, in der Kunde und den Sitten des Volkes nach Rudimenten und zerstückelten Resten zu suchen, die, wenn man sie zusammensetzt, Licht auf ihre ursprüngliche Absicht und Zweckmäßigkeit werfen.[1]

Am anderen Ende steht die erklärte Absicht des Überlebsel-Jägers, solche Rudimente auszulöschen. Wie den indianischen Rest muß man das kulturelle Überlebsel als eine bedrohte Art betrachten, deren Existenz eben durch die Überlebsel-Jäger gefährdet ist. Für Tylor war die Ethnologie »wesentlich eine Wissenschaft der Reformation«, denn sie spürt die lächerlichen Überlebsel in der modernen Kultur auf und beschleunigt ihre Vertilgung aus dem zivilisierten Leben. Im letzten Abschnitt seines Buches *Primitive Culture* sehen wir, wie Tylor Rekruten von Hauptmann Bourkes Kaliber für seine ethnologische Armee von Überlebsel-Jägern und Scharfschützen sucht. »Schwieriger und zu Zeiten sogar schmerzlicher ist die andere Aufgabe der Ethnographie, die Überreste einer

[1] *Popular Medicine, Customs and Superstitions of the Rio Grande*, a.a.O., S. 131.

alten rohen Cultur, die in schädliche Superstitionen übergegangen sind, bloßzustellen und als reif zur Zerstörung zu kennzeichnen.«[1] Man spürt, wie anziehend diese zielgerichtete Tätigkeit für den soldatischen Skatalogen und seine Besessenheit ist, die Überreste um jeden Preis zu beseitigen.

Bourkes Skatalogie befolgt dieses ethnologische Reformprogramm: Sie stellt die exkrementellen Überreste bloß, um sie als reif für die Zerstörung zu kennzeichnen. Denn wenn die *Scatalogic Rites of All Nations* bloße Überlebsel in der Gegenwart sind, müssen sie in Zukunft verschwinden. Schon im »Vorwort« wenden sich die Dinge gemäß den Theorien der kulturellen Evolution zum Besseren. Der Fortschritt gleicht einer rektalen Temperaturmessung, die angibt, wie die Zivilisation sich selbst vom krankhaften Problem des Kots heilt. Aus diesem Grund hielt J.H. Porter das Buch vom Standpunkt einer aufgeklärteren Wissenschaft für »einen Beitrag zur Geschichte der Superstition«.[2] Der Skatalog liefert Zeugnis und Beweis für den Fortschritt der Menschen und für den skatalogischen Rückschritt. »Nach der früheren allgemeinen Verbreitung solcher Verirrungen sowohl der Vernunft als auch der religiösen Triebe der Menschheit und nach ihrer gegenwärtigen Zurückdrängung oder Einschränkung kann man den Fortschritt der menschlichen Gesittung aufwärts und vorwärts am besten bemessen.«[3] Für Bourke verlaufen Zurückdrängung und Einschränkung der Skatalogie und der Religion parallel. Skatalogie und Religion teilen denselben Ursprung und dasselbe Schicksal (d.h. die Entmystifizierung der Welt durch Wissenschaft und Vernunft). Gemeinsam steigen sie auf und gehen sie unter. Deshalb besteht er im »Vorwort« darauf, daß »diese beiden großen Religionskörper«, d.h. das Judentum und das Christentum, dabei sind, sich selbst von den

[1] *Primitive Culture,* a.a.O. Bd. II, S. 410. (Deutsch: Bd. II, S. 456).

[2] J.H.Porter, *Scatalogic Rites in All Ages,* S. 1 (eines zwölfseitigen Manuskripts), Nebraska State Historical Society.

[3] *Scatalogic Rites,* S. III (Vorwort). In der Übersetzung von Krauss, die im allgemeinen übernommen wird, findet sich anstelle von »Verirrungen« *(aberrations)* der Ausdruck »Anschauungen«, der nicht allein farbloser, sondern hier auch falsch ist. (Anm. d. Übersetzerin.)

sogenannten »Schmutzflecken« zu befreien und zu reinigen, so wie Bourke in seinem endgültigen Urteil, daß es sich bei diesen um bloße Überlebsel handelt, »jedes gegenteilige Beispiel«[1] wegwischt.

Im Lichte dieses Fortschritts ist es möglich, eine implizite Philosophie der Geschichte aus der Abhängigkeit des Skatalogs von evolutionären Kulturtheorien herauszufiltern. Es ist furchtbar zu verkündigen, was dieses »geistige Relikt« zu erwarten hat: Alles in allem wird die Geschichte der Zivilisation zu einem Vorwärts- und Aufwärtsschreiten, das den Aufstieg des Menschen von der Skatalogie zur Eschatologie nachvollzieht. Wie fragwürdig dieser Versuch auch ist, im Schlußwort zu den *Scatalogic Rites* rekrutiert Bourke die Mathematik, um seine eschatologische Vision vom menschlichen Fortschritt und von der unvermeidlichen, durch die Evolution vorgezeichneten Auslöschung des Problems der Skatalogie zu unterstützen.

> Denn sie zeigt uns, wenn wir uns eines Ausdrucks der Mathematik bedienen dürfen, daß wir durch das Integral des menschlichen Fortschritts zwischen dem Nullpunkt, bei dem diese ekelhaften Gebräuche in voller Kraft standen, als dem einen Grenzwert und Anno Domini 1891 als dem anderen, den genauen Umfang menschlichen Fortschritts in allem, was Zivilisation heißt, besser zu erfassen vermögen.[2]

Nur die Eschatologie kann und wird diese Integralaufgabe lösen. Am Anfang waren die Reste. Bourkes Philosophie der Weltgeschichte beginnt in der exkrementellen Ursuppe. Der Anfangspunkt mißt den absoluten Scheißegrad. Wir erfahren, daß skatalogische Riten im Ursprung der Geschichte »in voller Kraft« standen. Zur Ableitung dieses Anfangspunktes hat Bourke sich auf einen (Vor)begriff des Wilden in den Schriften Morgans gestützt und ihn in eine skatalogische Prämisse verkehrt. Auf diese Weise vermag der Skataloge den Wilden, den Kot und den Begriff der Null auf einen Streich in seine

[1] Ebd., S. 3

[2] Ebd., S. 467.

Gleichung aufzunehmen. Der Begriff der Null liefert ihm einen mathematischen Ausdruck, um die völlige Abwertung der Wilden zu vollziehen, von der aus die Morgansche Evolution starten kann (oder auch nicht). »Die Jägerkultur ist der Nullpunkt der menschlichen Gesellschaft, und solange der rote Mann unter ihrem Fluch stand, gab es keine Hoffnung auf seine Höherentwicklung.«[1] Natürlich springt einem der Fehler in Morgans herabwürdigender Darstellung sofort in die Augen, wenn man entdeckt, daß die ziemlich zivilisierten Griechen und Römer die Zahl Null nicht benutzten. Tatsächlich entstammt eben jenes Symbol, das in einem Argument gegen die Wilden verwandt wird, einem Zahlensystem, das die präkolumbianischen Mayas entwickelt hatten.[2]

Mittlerweile haben wir den anderen Endpunkt der mathematischen Gleichung erreicht: die Gegenwart. Es ist belanglos, ob das genaue Datum dieses Punktes das Jahr 1891 oder 1991 nach Chr. ist. Für Bourke mißt der gegenwärtige Zustand der Zivilisation exakt, wie weit wir fortgeschritten sind und uns entwickelt haben; oder anders gesagt, er mißt, bis zu welchem Grade die skatalogischen Riten aller Völker ausgelöschte Überreste geworden sind und bis zu welchem Grade sie immer noch als veraltete Überlebsel übrigbleiben. In dieser kritischen Lage beschleunigen die ethnographischen Bloßstellungen des skatalogischen Reformers den Anbruch des Jüngsten Gerichts durch das Hinscheiden der letzten Überlebsel. Wenn wir die Jahrhunderte mit Hilfe dieses

[1] L.H.Morgan, *The League of the Iroquois*, Rochester, N.Y., 1851, S. 143. Eine ähnliche Summierung (»... ist in der Wildheit gleich null...«) findet sich in *Ancient Society*, S. 6 (Deutsche Ausgabe S. XV). Für eine ausführliche Erörterung der Null als Ausgangspunkt kann der Leser sich ans vierte Kapitel (»The Zero of Human Society: The Idea of the Savage«) des Buches von Roy Harvey Pearce, *Savagism and Civilisation: A Study of the Indian and the American Mind*, Berkeley 1988, wenden.

[2] Eine elegante Darstellung der Transmutationen und Permutationen, die der Begriff der Null durch die Hochfinanz, die perspektivische Malerei und die Mathematik erfahren hat, findet sich in Brian Rotman, *Signifying Nothing: the Semiotics of Zero*, London 1987. Leider fehlt ein Anhang zum Verhältnis zwischen der Null und den skatalogischen Wissenschaften.

Flußdiagrammes für Exkremente und im stillschweigenden Glauben an die Evolution überspringen, wird eine Zeit, sofern wir dann noch von Zeit reden können, der skatalogischen Auslöschung und des eschatologischen Sieges kommen. Ganz am Ende der oberen Grenze wird es weder Überreste noch Erdenreste geben. Dieses eher spekulative Ende entlarvt den Skatalogen schließlich doch noch als Eschatologen. Amen.[1]

Das skatalogische Forschungsprogramm war mit den Strategien der Ausrottung, der Abfallentsorgung, der Bergungsethnologie und der Überlebseljagd als Möglichkeiten übersät, sich des Problems der Überreste, trotz der Überreste, zu entledigen. Mit Hilfe der evolutionären Kulturtheorie und einer Dosis mathematischer Metaphorik wird sogar eine alles umfassende historische Erzählung in Gang gesetzt, die dem besessenen Streben des Skatalogen dienlich sein soll, um mit den Überresten fertig zu werden und sich von den Überlebseln zu befreien. In John Bourkes ziemlich einseitiger utopischer Darstellung wird der Bergungsethnologe gerettet, und die Reste werden am Ende zum Schweigen gebracht. Der Vorhang fällt vor der Skatalogie, vor dem Harntanz und dem possenhaften Schauspiel der Kultur.

Post-Mortem. Als der Skataloge nicht mehr seinen täglichen Geschäften als Tagebuchschreiber nachkommen kann, sucht er am Ende Verstärkung durch einen Überlebenden. Nach 120 Bänden analer Zwanghaftigkeit vertritt eine weibliche Hand den leidenden Papier-Medizinmann und schreibt den Rest. Die Erzählung des skatalogischen Lebens endet mit einem selbsterklärten Zeugnis seiner Verstopfung. »6. Juni 1896. Dr. Pepper, Da Costa und Morton haben eine Konsultation abgehalten, auch

[1] Bourkes reformierte, säkularisierte Eschatologie ließe sich mit Martin Luthers skato-eschatologischen Phantasien über die Auferstehung vergleichen. »Gott wird schließlich die Seele des Gläubigen auferstehen lassen, und dann werden die kotigen Teile von der Menschheit abfallen.« Zitiert nach Dieter J. Rollfinke, »Scatology«, in: Jean-Charles Seigneuret, *Dictionary of Literary Themes and Motives,* Westport 1988, S. 1117–1126, hier 1120.

gestern schon. Habe die letzten drei Tage völlige Verstopfung gehabt« (120: 59). Man kann förmlich Paullini hören, wie er im Hintergrund flüsternd seinem Nacheiferer in der Skatalogie und dessen Ärzten eine besonders zubereitete Medizin aus seiner *Heilsamen Dreck-Apotheke* anbietet. Diese Vertreter einer hoch entwickelten Medizin hätten nur den Skatalog ihres Patienten aufschlagen müssen, um die richtige Behandlung für ihn zu finden. »Gegen Verstopfung hilft Menschenkot, innerlich genommen, oder Menschenharn innerlich, ferner Kot von Schweinen, Mäusen, jungen Hühnern, Gänsen, Sperlingen, Elstern oder Tauben, innerlich.«[1] Wir wissen nicht, was sie ihm verschrieben haben; doch was immer es auch war, jede Hilfe kam zu spät. Eine Obduktion förderte die eher klinische Botschaft eines Aneurysmas der Abdominalaorta (oder des letzten unverdaulichen Dinges) zutage. Bourke hat die Erfüllung seiner weltumfassenden eschatologischen Visionen gemäß seiner Theorie der kulturellen Evolution, die der Skatalogie ein Ende bereitet, nicht erlebt. Aber wenigstens konnte er die Dinge in einem begrenzten Rahmen unter Kontrolle bringen. Es mag bezeichnend sein oder nicht, jedenfalls starb der Skataloge ohne eine Darmentleerung. Aber nachdem dieses Problem gelöst war, hinterließ die Leiche das größere, wie man sich seiner Überreste in ihrer brutalsten Gestalt und der Relikte seines geistigen Lebens entledigen könnte.

Es überlebten ihn: seine Frau, seine Kinder und *The Scatalogic Rites of All Nations.*

[1] *Scatalogic Rites,* S. 316f.

Was nun noch übrigbleibt, ist eine Danksagung für die Hilfe von Martin Bauer, Jeannine Fiedler und Christiane Goldmann. Sie alle werden Überreste ihrer Gedanken in diesem Nachwort finden.

INHALT

DAS BUCH DES UNRATS von John Gregory Bourke ist im Juli 1992 als einundneunzigster Band der ANDEREN BIBLIOTHEK im Eichborn Verlag, Frankfurt am Main, erschienen.

Der Titel des amerikanischen Originals lautet: *Scatalogic Rites of all Nations.* A Dissertation upon the Employment of Excrementitious Remedial Agents in Religion, Therapeutics, Divination, Witchcraft, Love-Philters, etc., in all Parts of the Globe. Based upon Original Notes and Personal Observation, and upon Compilation from over One Thousand Authorities. Not for General Perusal. Washington, D.C.: W.H. Lowdermilk & Co. 1891.

Eine deutsche Übersetzung und Bearbeitung des Werks von Friedrich S. Krauss und Hermann Ihm, mit einem Geleitwort von Sigmund Freud, ist als VI. Band der *Beiwerke zum Studium der Anthropophyteia. Jahrbücher für folkloristische Erhebungen und Forschungen zur Entwicklungsgeschichte der geschlechtlichen Moral* erschienen, und zwar unter dem Titel *Der Unrat in Sitte, Brauch, Glauben und Gewohnheitrecht der Völker.* Leipzig: Ethnologischer Verlag 1913. Privatdruck. Nur für Gelehrte, nicht für den Buchhandel bestimmt.

Auf dieser Edition beruht die vorliegende Auswahl, die Louis Kaplan getroffen, bearbeitet und mit einem Essay versehen hat. Christiane Goldmann hat Kaplans Text ins Deutsche übersetzt. Redaktionelle Mitarbeit: Jeannine Fiedler.